はじめての
音響数値シミュレーション
プログラミングガイド

日本建築学会 編

コロナ社

本書関係委員

建築音響数値解析環境整備［若手奨励］特別研究委員会
(2009 年 4 月–2011 年 3 月)

委員長	大嶋　拓也
幹　事	石塚　崇
委　員	江田　和司　　大久保　寛　　岡本　則子
	奥園　健　　鈴木　久晴　　谷川　将規
	富来　礼次　　星　和磨

執筆担当者

第 1 章	大嶋　拓也	
第 2 章	2.1	大嶋　拓也
	2.2	鈴木　久晴　　大嶋　拓也
	2.3	大嶋　拓也
	2.4	大嶋　拓也
第 3 章	鈴木　久晴	
第 4 章	石塚　崇	
第 5 章	鈴木　久晴	
第 6 章	大久保　寛	
第 7 章	星　和磨	
付　録	A.1	大嶋　拓也
	A.2	星　和磨
	A.3	石塚　崇

まえがき

　簡単に本書のご紹介と，執筆に至った経緯を述べてみようと思います．本書では，音響数値計算のための数値シミュレーションの手法をいくつか取り上げ，その特徴，基礎理論と定式化，コーディングについて説明しています．対象としている読者は，理工系を専門とする大学4年生以上の方々です．取り上げている計算手法は

- 有限要素法

- 境界要素法

- 時間領域有限差分法

- CIP 法

- 音線法

の5つです．学生時代に私どもが数値計算に取り組んだときは，何だか敷居の高い理論書と，何だか敷居の高いプログラミング言語しかなくて，こんなに多くの解析手法を流して学ぶのはけっこう大変でした．もっと概要が簡単にわかって，簡単なコードも載っていて，簡単な解析ならそのコードを改造していけばできてしまう，そんな本があればいいのに，との願望がありました．

　それから少し時間も経って，環境はだいぶ変わり，理論書もわかりやすいものが出てきて，コンピュータも速くなって，プログラミング言語も可読性と速度をある程度両立するものも出てきました．もちろん，オープンソースという社会の動きの盛り上がりもありました．今なら全体像を簡単に把握できる，ドキュメントやサンプルコードが作れるのではないかとの欲望に変わってきました．

　そんな話を，有志のメンバーで話している間に，[若手奨励] 特別研究委員会公募制度を知り，公募が採択されて建築音響数値解析環境整備の特別研究委員会という形で活動を行うことができ，執筆に至った，というのがこのプロジェクトの開始経緯です．この委員会では終始，どんな音響数値シミュレーションの本なら読みたくなるか，じっくり議論しながら書くことができました．そんな経緯もあって，本書では

- はじめて数値計算に取り組む方でも短時間で手法の概要をつかめる

- 簡単なサンプルコードが付いていて，計算を走らせることができる

ということを目的にしています。解析理論の説明については数学的な正確さはもちろん心がけていますが，大まかな論理の流れを提供し，コーディングに支障のない程度に記述することを最優先としています。また，コーディングには Python という言語を採用しました。Python を採用したのは，言語としての理解のしやすさはもちろんですが，Scipy や Matplotlib などの科学技術計算用のパッケージが揃っているのが理由です。もちろん，Python はすべてオープンソースで作られていてコミュニティも活発なので，無料で言語の処理系を入手できて，覚えた後も継続して使っていくことが可能です。数値解析のコーディングでは

- 節点情報，要素情報を保持するデータ構造

- 密行列・疎行列などの行列データの取扱い

- 逆行列を数値的に解く (それも，密行列・疎行列の)

- 解かれた節点や格子点の物理量に応じた可視化

などの実装テクニックが必要となりますが，それらをすべて自分で組んでいくのは大変です。Python に SciPy や matplotlib などのパッケージを導入していくことで，それらを自分で書く時間を節約できますし，何より解析をしたいという意欲がそがれることもありません。

本書を読んだ後に

- 何となく理論がわかったな

- 自分の解析のためのコーディングを始めてみようかな

という感覚を持っていただければ，本書の目的は達成かな，と思っています。本書で用いているサンプルコードやライブラリは (http://www.openacoustics.org) という URL で公開しています。サポートフォーラムも準備していますので，読んでいて何か質問や意見があれば，いつでも著者らにコンタクトを取ることもできます。

本書が，読者のみなさまのお役に立てれば，これ以上の喜びはありません。

2012 年 11 月

    日本建築学会　建築音響数値解析環境整備 [若手奨励] 特別研究委員会

目　　次

1. はじめに

1.1 音響数値シミュレーション手法の紹介 …………………………………… *1*
1.2 古典的手法 …………………………………………………………………… *2*
　1.2.1 波動音響学的手法 ……………………………………………………… *2*
　1.2.2 幾何音響学的手法 ……………………………………………………… *4*
1.3 比較的新しい手法 …………………………………………………………… *4*
　1.3.1 時間領域有限要素法 …………………………………………………… *5*
　1.3.2 高速多重極境界要素法 ………………………………………………… *6*
　1.3.3 CIP 法 …………………………………………………………………… *6*
1.4 本書の概要 …………………………………………………………………… *6*
1.5 波動方程式の導出 …………………………………………………………… *7*
　1.5.1 連続の式 ………………………………………………………………… *7*
　1.5.2 運動方程式 ……………………………………………………………… *9*
　1.5.3 波動方程式 ……………………………………………………………… *10*
引用・参考文献 …………………………………………………………………… *11*

2. Python, NumPy, および SciPy 入門

2.1 はじめに ……………………………………………………………………… *13*
2.2 Python について …………………………………………………………… *13*
　2.2.1 実行と基本構文 ………………………………………………………… *14*
　2.2.2 関数の定義と呼び出し ………………………………………………… *16*
　2.2.3 パッケージのインポート ……………………………………………… *17*
　2.2.4 変数とデータ型 ………………………………………………………… *18*
　2.2.5 数値演算 ………………………………………………………………… *18*
　2.2.6 コンテナ型 ……………………………………………………………… *19*

2.2.7	制　御　文 ……………………………………………………	20
2.2.8	文 字 列 操 作 …………………………………………………	21

2.3　NumPy …………………………………………………………………… 22
　2.3.1　NumPy パッケージの使用 …………………………………………… 22
　2.3.2　NumPy 配列の作成 …………………………………………………… 22
　2.3.3　NumPy 配列要素へのアクセス ……………………………………… 24
　2.3.4　配　列　の　演　算 ………………………………………………… 26
　2.3.5　定　　　　　数 ……………………………………………………… 27
　2.3.6　格子点の生成 ………………………………………………………… 27

2.4　SciPy ……………………………………………………………………… 28
　2.4.1　SciPy パッケージの使用 …………………………………………… 28
　2.4.2　NumPy との関係 ……………………………………………………… 28
　2.4.3　疎行列の取扱い ……………………………………………………… 29
　2.4.4　特　殊　関　数 ……………………………………………………… 30
　2.4.5　数　値　積　分 ……………………………………………………… 30

引用・参考文献 ……………………………………………………………… 31

3. 有限要素法

3.1　有限要素法の数学的基礎 ……………………………………………… 32
　3.1.1　音場の離散化 ………………………………………………………… 32
　3.1.2　基礎積分方程式 ……………………………………………………… 33
　3.1.3　離　散　化 …………………………………………………………… 34

3.2　コーディングの基礎 -sampleFem1.py- ………………………………… 39
　3.2.1　音場の形を決め，節点と要素に分解する ………………………… 39
　3.2.2　要素ごとに積分計算を行い，要素マトリクスを計算する ……… 41
　3.2.3　要素マトリクスを重ね合わせ，全体マトリクスを構築する …… 42
　3.2.4　マトリクス方程式を解き，各節点での音圧を計算する ………… 43

3.3　コーディングの応用 -sampleFem2.py- ………………………………… 45
　3.3.1　メッシャを使った離散化 …………………………………………… 45
　3.3.2　可　視　化 …………………………………………………………… 47

引用・参考文献 ……………………………………………………………… 53

4. 境界要素法

- 4.1 境界要素法の数学的基礎 ……………………………………………… 54
  - 4.1.1 手法の概要 ……………………………………………………… 54
  - 4.1.2 基礎積分方程式 ………………………………………………… 56
  - 4.1.3 離散化 …………………………………………………………… 60
  - 4.1.4 境界積分 ………………………………………………………… 63
- 4.2 コーディングの基礎 -sampleBem1.py- ………………………………… 70
  - 4.2.1 モジュールのインポート ……………………………………… 72
  - 4.2.2 解析条件の初期設定 …………………………………………… 73
  - 4.2.3 関数群の定義 …………………………………………………… 74
  - 4.2.4 連立方程式の構築 ……………………………………………… 76
  - 4.2.5 連立方程式を解く ……………………………………………… 80
  - 4.2.6 観測点における音圧の計算 …………………………………… 80
  - 4.2.7 2次元境界要素法サンプルコード1 …………………………… 82
- 4.3 コーディングの応用 -sampleBem2.py- ………………………………… 85
  - 4.3.1 外部メッシャを使った離散化 ………………………………… 85
  - 4.3.2 被積分関数の効率化 …………………………………………… 89
  - 4.3.3 可視化 …………………………………………………………… 90
  - 4.3.4 2次元境界要素法サンプルコード2 …………………………… 94
- 引用・参考文献 ……………………………………………………………… 98

5. 時間領域有限差分法

- 5.1 時間領域有限差分法の数学的基礎 ……………………………………… 100
  - 5.1.1 特徴 ……………………………………………………………… 100
  - 5.1.2 音場の離散化 …………………………………………………… 101
  - 5.1.3 基礎方程式と離散化 …………………………………………… 102
  - 5.1.4 音源条件 ………………………………………………………… 104
  - 5.1.5 境界条件 ………………………………………………………… 106
- 5.2 コーディングの基礎 -sampleFDTD1.py- ……………………………… 107

5.2.1　音圧，粒子速度について格子点を確保する ················· 107
　5.2.2　格子点ごとに更新式を実行し，次時刻の音響量を計算する ········ 108
　5.2.3　音源位置の格子点に音圧波形を与え，目的の時間波形を得る ······· 110
　5.2.4　可　視　化 ·· 111
5.3　コーディングの応用 -sampleFDTD2.py- ······················ 114
　5.3.1　省メモリ化 ·· 115
　5.3.2　インピーダンス境界条件 ······························· 115
　5.3.3　より進んだ可視化 ··································· 117
　5.3.4　高　速　化 ·· 118
引用・参考文献 ··· 121

6. CIP(constrained interpolation profile) 法

6.1　CIP 法の数学的基礎 ······································ 122
　6.1.1　特　　徴 ·· 122
　6.1.2　数値分散と数値散逸による誤差について ···················· 123
　6.1.3　外部吸収境界について ································ 125
　6.1.4　支配方程式と特性曲線法（移流方程式）を用いた定式化 ········· 125
　6.1.5　CIP 法による 2 次元音場解析のための離散化 ················· 128
　6.1.6　CIP 法の計算手順のまとめ ····························· 132
　6.1.7　音　源　設　定 ····································· 136
　6.1.8　境　界　条　件 ····································· 136
6.2　コーディングの基礎 -sampleCIP1.py- ······················· 137
　6.2.1　音圧，粒子速度，および特性曲線について格子点分の変数を確保する ········ 138
　6.2.2　初期音圧分布を与える ································ 139
　6.2.3　格子点ごとに音圧，粒子速度から特性曲線を計算する ··········· 140
　6.2.4　格子点ごとに更新式を実行し，つぎの時刻の特性曲線を計算する ······ 140
　6.2.5　格子点ごとに特性曲線から音圧，粒子速度を計算する ··········· 142
6.3　コーディングの応用 -sampleCIP2.py- ······················· 151
　6.3.1　計算量の削減のための工夫 ······························ 151
　6.3.2　2 次元音場のスナップショット表示 ······················· 152
6.4　コーディングの応用 -sampleCIP3.py- ······················· 157

引用・参考文献 ……………………………………………………………… 164

7. 音　線　法

7.1 音線法に必要となる幾何音響学の基礎 ……………………………… 166
　7.1.1 音　波　の　表　現 …………………………………………… 166
　7.1.2 境界面における音波の振る舞い ……………………………… 168
　7.1.3 波 動 性 の 考 慮 ……………………………………………… 169
7.2 幾何音響学に基づくシミュレーション ………………………………… 169
7.3 音線法を実行するうえでの注意点 ……………………………………… 170
　7.3.1 音粒子の数，受音エリアの大きさ，および室容積の関係 …… 171
　7.3.2 入力形状と音波の関係 ………………………………………… 173
7.4 プログラミングの前に …………………………………………………… 173
7.5 コーディングの基礎 -sampleRay1.py- ………………………………… 177
　7.5.1 グローバル変数 ………………………………………………… 178
　7.5.2 メインルーチン ………………………………………………… 179
　7.5.3 関 数 の 定 義 ………………………………………………… 184
　7.5.4 音 源 の 生 成 ………………………………………………… 189
　7.5.5 sampleRay1.py 実行例 ………………………………………… 191
　7.5.6 sampleRay1.py 全プログラム ………………………………… 192
7.6 コーディングの応用 -sampleRay2.py- ………………………………… 201
　7.6.1 プログラムの概要 ……………………………………………… 201
　7.6.2 sampleRay2.py メインルーチンプログラム ………………… 204
　7.6.3 sampleRay2.py 実行例 ………………………………………… 206
引用・参考文献 ……………………………………………………………… 207

付　　録 …………………………………………………………………… 208

A.1 Windows への OpenAcoustics パッケージのインストール ………… 208
　A.1.1 Python のインストール ……………………………………… 208
　A.1.2 NumPy, SciPy, および matplotlib のインストール ………… 209
　A.1.3 OpenAcoustics パッケージのインストール ………………… 209
A.2 Mac OS X への OpenAcoustics パッケージのインストール ……… 210

A.2.1	OS のバージョンと Python のバージョン関係	210
A.2.2	Python, NumPy, SciPy, および matplotlib のインストール	210
A.2.3	Gmsh のインストールと設定	211
A.2.4	OpenAcoustics パッケージのインストール	211

A.3 Linux への OpenAcoustics パッケージのインストール ……………… 212
   A.3.1 Ubuntu ……………………………………………………………… 212
   A.3.2 NumPy，SciPy，および matplotlib のインストール …………… 212
   A.3.3 Gmsh のインストール ……………………………………………… 212
   A.3.4 OpenAcoustics パッケージのインストール ……………………… 213

引用・参考文献 …………………………………………………………………… 214

索　　　引 ………………………………………………………………………… 215

1 はじめに

1.1 音響数値シミュレーション手法の紹介

音響数値シミュレーション手法は，音響伝搬における音の回折，干渉のような，いわゆる音の波動性の考慮の有無によって

- 波動音響学的手法：音の波動的な性質を含めた，音響伝搬現象の微視的なモデル化による手法

- 幾何音響学的手法：音の波動性を無視し，音響エネルギーの伝搬を幾何学的にモデル化する手法

に大別される。このうち，前者の波動音響学的手法はさらに，以下に大別される。

- 周波数領域解法：ある周波数における定常解を求める手法

- 時間領域解法：過渡的な音響伝搬現象の進行を時々刻々，アニメーションのコマのように時間を進めながら追う手法

前者の代表例としては境界要素法 (boundary element method, BEM) および有限要素法 (finite element method, FEM)，後者の代表例としては時間領域有限差分法 (finite-difference time-domain method, FDTD 法) があげられる。これら 3 手法はいずれも 1990 年代前半までにはおおむね基礎が築かれた，いわば古典的手法といえる。しかしながらそれで終わることなく，今世紀に入っても今日に至るまで，大規模問題解析のための手法開発[1),2)]や，既存

表 1.1 おもな音響数値シミュレーション手法の一覧
（太字は本書で扱う手法）

		古典的手法	比較的新しい手法
波動音響学的手法	周波数領域解法	**有限要素法** **境界要素法**	高速多重極境界要素法
	時間領域解法	**時間領域有限差分法**	時間領域有限要素法 **CIP 法**
幾何音響学的手法		虚像法 音線法	

の解法を組み合わせて，特定の問題により即した手法の開発[3],[4]が続けられている。

一方，後者の幾何音響学的手法は，1960年代後半から導入が図られてきた，音響数値シミュレーション手法としては最も歴史の長い手法群といえる[5]。

以上の議論から，現在知られている音響数値シミュレーション手法を整理して示すと，**表1.1**のとおりであり，バリエーションに富んだ手法群となっている（表中の太字は本書で扱う手法である）。1.2節では，これら各種手法のうち20世紀中に完成された比較的古典的な手法を，1.3節ではそれ以降の比較的新しい手法を概説する。

1.2 古 典 的 手 法

1.2.1 波動音響学的手法

波動音響学的手法は，計算力学分野全般において適用される汎用的な離散化手法によって後述の波動方程式を離散化し，音の波動的な振る舞いを予測する手法である。前述のとおり，前世紀中におおむね完成された古典的な数値シミュレーション手法の代表として，周波数領域解法では有限要素法および境界要素法，時間領域解法では時間領域有限差分法があげられる。いずれもシミュレーションを行う対象となる音場領域，ないしはその境界面を小空間または面に分割して解くのが特徴であり，分割された領域または面のそれぞれは要素またはセルといい，それらの集合はメッシュと呼ばれる（**図1.1**）。

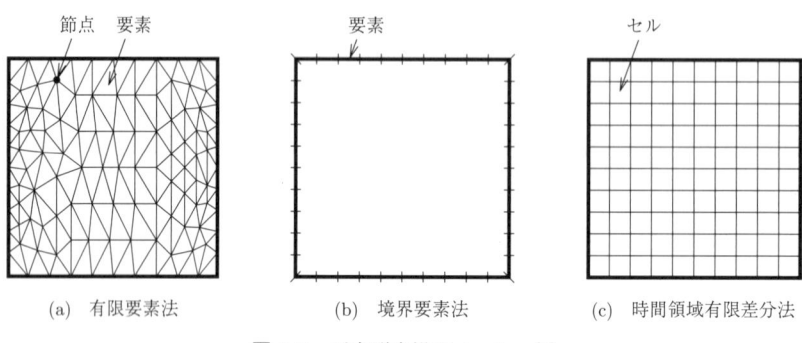

図 1.1 正方形音場のメッシュ例

これら古典的手法はいずれも汎用性が高く，適切な境界条件と組み合わせることで，幅広い問題に適用可能である。計算力学全般において確立された理論的基盤の適用，原理的な精度の高さ，および汎用性の高さといった点から，これらの波動音響学的手法，および1.3節以降に述べるこれらをルーツとする各種発展手法の適用事例は大幅に増加しつつある[6]。

（1）**有限要素法**　有限要素法では，本来，無限の自由度（問題規模）を有する対象音場の空間全体を，図 1.1(a) に示したように有限個の要素に分割し，要素ごとに定義された節点において音場を表現する。系の振る舞いは，質量行列および剛性行列によって記述され，もっぱら周波数領域における表現が用いられる。解析領域全体を要素分割する必要があるため，自由度は大きくなりがちであるが，系の振る舞いを記述する行列は疎行列であるため，解法の工夫によって演算負荷の低減が可能である[7]。開領域の扱いには無限要素導入などの工夫が必要であるため，閉空間への適用が主となる[8]。

有限要素法は，最も汎用的な計算工学的手法のひとつであるゆえ，メッシュ生成などの前処理（プリプロセッシング）および可視化などの後処理（ポストプロセッシング）ソフトウェアが充実しており，その展開も連成問題や設計変数の最適化への適用[9]など多様である。

（2）**境界要素法**　境界要素法では，波動方程式を対象領域空間の境界面における積分方程式に変換して，おもに周波数領域で解く。図 1.1(b) に示したように，対象空間の境界面のみメッシュ分割すればよいため，メッシュ分割が比較的容易であること，開領域問題のための特別な境界条件が不要であることが特徴といえる[10]。境界面のみメッシュ分割を行うため，空間全体をメッシュ分割する有限要素法などと比較して自由度は大幅に低減されるが，伝搬系を表すマトリクスが密行列となるため行列計算の演算量が多く，演算負荷上は他手法と比較して必ずしも有利ではない。

ただし，1.3.2 項に述べる高速多重極境界要素法が近年になって導入されたことにより，演算負荷上の問題が大幅に低減された。それによって一気に実用性の高い手法となりつつある。

（3）**時間領域有限差分法**　時間領域解法とは，音場の初期状態からの過渡的な現象の推移を時間発展的に解く手法であり，解析結果の可視化，また，音響数値シミュレーション独特の解析結果提示手法である可聴化に優れる。時間領域有限差分法は，時間領域解法の代表的なものであり，音響伝搬媒質に関する連続の式，および運動方程式を，図 1.1(c) に示したような直交メッシュ上で，時々刻々少しずつ時間を進めながら解く手法である。静止媒質を前提とするため，両式ともに簡単な形式であり，コーディングが容易である。さらに，音圧および粒子速度を，格子上および時間軸上で交互に配置するスタガード格子を利用し，時間方向を陽的に積分するため，有限要素法や境界要素法で必要な音響伝搬系を表すマトリクスの構成および求解が不要である。そのため，波動音響学的手法としては，比較的少ない計算機資源で解析が可能である。

一方，基本的に直交メッシュを用いてシミュレーションを行うため，不整形室などの複雑形状の解析に工夫を要すること，波長当りの必要格子数が他の手法と比較して多めとなる（1 波長に 10～20 セルが必要）のが，短所といえる。

1.2.2 幾何音響学的手法

幾何音響学的手法の主要なものとしては，音源から放射された多数の音線の軌跡を追跡する音線法，境界面における音の反射によって生成される音源の虚像を順次求める虚像法などがあげられる。両者の図式的表現については，後出第7章の図 **7.6** を参照されたい。

波動性に根ざす現象の再現は（特にそれらを考慮した手法を導入しない限り）不可能であり，それゆえ厳然たる理論的背景を有するとはいえないとされる[11]。しかしながら，少ない計算機資源によって，大規模空間における音響伝搬をシミュレート可能であり，ヨーロッパでは，商用の幾何音響シミュレーションソフトウェアを設計ツールとして用いた建築音響設計が盛んである[12]。

前項で述べたように歴史の長い手法であることから，純然たる幾何音響学の計算手法論としての研究は，もはや今日的でないといえる。しかしながら，前処理段階における幾何的複雑度の自動制御による周波数別の拡散性考慮[13]，幾何的要素自動低減の研究[14] など，シミュレーションを支援する周辺技術との接点において，いまだに研究が続いている。

（1）音線法 音線法は，音源から多数の音響エネルギー粒子を全方向に放出し，時々刻々粒子を進行させながら，壁面での反射履歴およびエネルギー減衰を追跡する手法である。虚像法と比較すると，反射音の到来方向，到達時間が必ずしも正確でない[12]。しかしながら，計算負荷が壁面数と音線数の積に対して比例関係であるため，虚像法と比較して長時間の音場計算が容易であり，さまざまな問題に対する汎用性が高い。とりわけ，残響減衰過程のシミュレーションに有効とされている[15]。

（2）虚像法 虚像法は閉空間内の音源に対し，空間を囲む壁面を鏡面と見なして虚像の位置を多重反射にわたって求めていく手法であり，実音源と虚音源群からの音の和により，空間内の音の強さが求められる。虚像法は音線法と比較して，反射音の到来方向，到達時間などが正確に求まるため，建築音響設計における初期反射音構造やエコー障害の検討に有効とされている。反面，反射次数の増加に伴って計算負荷が指数関数的に増大するため，高次の虚音源追跡は困難である[12]。

1.3 比較的新しい手法

以上に見たような汎用の音響数値シミュレーション技術に関する研究は，前世紀におおむね完成された感がある。今世紀に入ってからのシミュレーション技術開発は，おおむね

1. これら古典的手法の大規模解析への特化

2. 特定のアプリケーションのための手法開発

の2点を大きな柱としているように思われる。以下ではこのうち，前者について解説する。

波動音響学に基づいた汎用手法に共通する欠点として，自由度の2〜3乗の計算負荷が要求され，それゆえ問題が大規模となるほど膨大な計算機資源が必要となることがあげられる。表1.2は，有限要素法および境界要素法における必要計算機資源を，解析対象の代表寸法Lおよび波数k，有限要素法および境界要素法における解析自由度N_f・N_bの関係で表している[5]。有限要素法で直接解法を用いた場合，計算時間は自由度の2乗，メモリに関しては自由度に比例したオーダーの所要量となる。解析対象の代表寸法との比較で見れば，空間全体を要素分割するため代表寸法のそれぞれ6乗，3乗のオーダーとなる。一方，境界要素法で直接解法を用いた場合，それぞれ自由度の3乗，2乗のオーダーであり，代表寸法に対しては，境界面のみ要素分割するためそれぞれ6乗，4乗のオーダーとなる。このように，大規模になるほど急速に増大する，必要な計算機資源の問題に対して，いくつかの汎用手法が近年新たに提案されている。

表 1.2 有限要素法・境界要素法の演算負荷[5]

手法		自由度	演算量	メモリ使用量
有限要素法	直接解法	$N_\mathrm{f} \propto (kL)^3$	$O(N_\mathrm{f}^2) \sim O((kL)^6)$	$O(N_\mathrm{f}) \sim O((kL)^3)$
	反復解法		$O(N_\mathrm{f}) \sim O((kL)^3)$	
境界要素法	直接解法	$N_\mathrm{b} \propto (kL)^2$	$O(N_\mathrm{b}^3) \sim O((kL)^6)$	$O(N_\mathrm{b}^2) \sim O((kL)^4)$
	反復解法		$O(N_\mathrm{b}^2) \sim O((kL)^4)$	
	高速多重極境界要素法		$O(N_\mathrm{b}) \sim O((kL)^2)$	$O(N_\mathrm{b}) \sim O((kL)^2)$

1.3.1 時間領域有限要素法

有限要素法による音場解析は，振動問題との連成，モード解析との親和性から周波数領域における適用が主であったが，近年は時間応答を算出可能な時間領域有限要素法 (time-domain finite element method, TD-FEM) が注目されている。その時間領域有限要素法による大規模音場解析を実現すべく，効率的な反復解法の導入が行われている[16),17]。表1.2にも示したように，有限要素法における反復解法は直接解法と比較して，演算量を自由度に比例するオーダまで低減が可能であるが，さらに，反復解法のなかでも効率的かつ自由度に対する反復回数の安定した手法を使用することで，演算量の自由度に対する良好な比例係数が得られることを示している。また，大規模計算に不可欠である並列計算の導入についても，128プロセッサまでの良好な並列スケーリングを報告している[2]。

1.3.2 高速多重極境界要素法

有限要素法では，解析対象空間全体の要素分割が必要なのに対し，境界要素法による解析では，領域境界面の要素分割のみでよい。したがって，大規模複雑形状となるほど有限要素法に対するメッシュ生成の負荷が小さくなるのが，境界要素法を実務へ適用するうえでの大きな利点のひとつとされる。しかしながら，計算負荷については表 1.2 に示したように反復解法を導入しても有限要素法より不利であった。それに対して高速多重極境界要素法[1]では，演算量およびメモリ使用量ともにおおむね自由度に比例するオーダーまでの低減を図っており[18]，境界要素法の大規模問題への適用性を大幅に改善している。

1.3.3 CIP 法

従来の FDTD 法による時間領域解析では，安定条件による制約から，きわめて小さな時間ステップを取る必要があり，長時間応答の計算においては大きな計算負荷となっていた。それに対して各種の改善手法が提案されており，CIP (constrained interpolation profile) 法[19],[20]もそのひとつである。物理量とともにその空間微分値を陽に計算することで，時間進展に伴う数値分散（位相誤差）の蓄積を大幅に抑えているのが特徴である。また，メモリ使用量に対する演算量が比較的多く，計算のほとんどが単純な積和演算に帰着するため，近年の計算機ハードウェアに見られる高速ベクトル積和演算機構との親和性が高いのが特徴である[21]。ただし，境界においても空間微分を考慮する必要があり，FDTD 法と比較すると境界条件の取扱いはやや複雑である。

1.4 本書の概要

以上のように，現代の音響数値シミュレーション手法は実にバリエーションに富んでいる。これらのうち本書では，古典的かつ最も主要な波動音響学的手法である有限要素法，境界要素法，時間領域有限差分法の 3 手法，および汎用性の高い幾何音響学的手法として音線法，さらに，比較的新しいが，今後の発展が期待される波動音響学的手法として CIP 法を取り上げる。

これら各手法に対して，まずはじめに，最低限の数学的議論から，プログラミングに即した数式である離散化式の導出を行う。なお，各手法の詳細な理論的背景については，他書に譲る。例えば，文献15) を参照されたい。

ついで，離散化式をプログラムへと変換する過程であるコーディングを，コーディング例を示しながら詳細に解説する。さらに例題 1 （コーディングの基礎）として，手計算でも追試可能な最小限の問題を設定し，途中計算の数値も示しながらシミュレーション手法の流れを

追う。最後に現実的な問題への適用を意識し，例題1よりやや複雑な問題である例題2（コーディングの応用）を設定して，シミュレーション条件の入力や結果の後処理のプログラミング例を含めたシミュレーション全体の流れを追う。

コーディングに使用するプログラミング言語としては，数値シミュレーションのプログラミングで従来多用されてきたコンパイラ言語のFortranやCに代わって，インタプリタ言語のPython[22]，およびその科学技術演算パッケージであるNumPy[23]とSciPy[24]，さらにデータ可視化パッケージのmatplotlib[25]を使用している。Pythonでは，コンパイラ言語で必要な変数宣言やメモリ確保などの記述，および人間が記述したコードをコンピュータが直接実行可能なバイナリプログラムに変換するコンパイルが不要である。そのためPythonによるプログラミングでは，それら枝葉のコードやコンパイル作業を省略し，アルゴリズムの要点を簡潔に提示しつつ，即座にプログラムを実行して結果を確認することが可能である。なお，Python, NumPyおよびSciPyについては，2章を参照されたい。

1.5 波動方程式の導出

波動音響学的手法においては，音響伝搬は波動方程式に従うことを前提としている。したがって，本方程式が各種の音響数値シミュレーション手法導出の出発点となる。ここでは，その波動方程式を導出する。

本書で扱う音響伝搬とは，気体媒質（一般的には空気）の振動が伝搬する現象である。また，その様相は，大気圧との差分で表される圧力差である音圧pと，音響問題を扱うときにひとかたまりとして扱える媒質の微小部分の運動速度である粒子速度$\boldsymbol{u} = (u_x, u_y, u_z)$を用いて，連続の式と，運動方程式と呼ばれる2つの式によって表される。以下ではまず，これら2式を導出し，ついで2式から波動方程式を導出する。

1.5.1 連 続 の 式

連続の式とは，ある体積内を流出入する媒質質量の収支に関する方程式であり，質量収支に関する保存を表すことから，質量保存式とも呼ばれる。

いま，図**1.2**のように，媒質中に各辺が座標軸に沿った直方体の微小体積$\Delta x \Delta y \Delta z$を考える。このとき，時刻$t$から$t + \Delta t$の間に$x$の面を通じて微小体積へ流入する媒質の質量は

$$（媒質密度）\times （時刻 t における x の面での体積流量） \times \Delta t \tag{1.1}$$

である。このうち媒質密度は音圧の伝搬によって時空間的に変動する量であるが，通常，変動量は微小なので平衡時（大気圧）状態の密度ρ_0で代表させ，さらに当該面内における媒質

8   1. はじめに

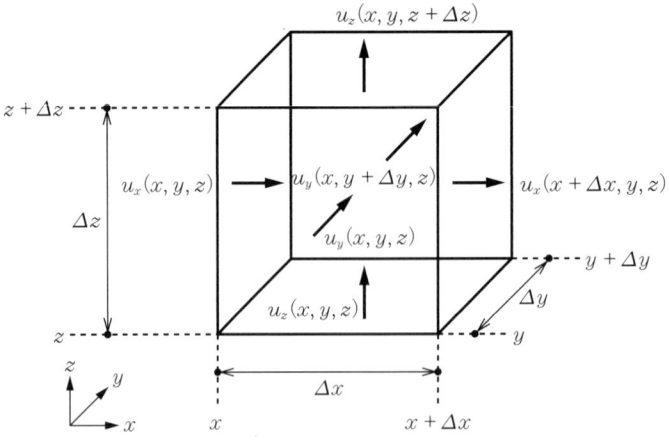

図 1.2　微小体積内の質量収支

の粒子速度を一定と考え，これを $u_x(x,y,z,t)$ とする†と，式 (1.1) は

$$\rho_0 u_x(x,y,z,t)\Delta y \Delta z \Delta t$$

となる．一方，$x+\Delta x$ の面においては，速度成分が x 軸に対し負方向のときに流入となるので

$$-\rho_0 u_x(x+\Delta x,y,z,t)\Delta y \Delta z \Delta t$$

である．y 軸と z 軸方向にも同様に考えると，微小体積の表面全体における流入質量は，y，z 方向の粒子速度をそれぞれ $u_y(x,y,z,t)$，$u_z(x,y,z,t)$ とすると，以下のようになる．

$$\begin{aligned}\rho_0 \Delta t \{&(u_x(x,y,z,t)-u_x(x+\Delta x,y,z,t))\Delta y \Delta z \\ &+(u_y(x,y,z,t)-u_y(x,y+\Delta y,z,t))\Delta x \Delta z \\ &+(u_z(x,y,z,t)-u_z(x,y,z+\Delta z,t))\Delta x \Delta y\}\end{aligned} \quad (1.2)$$

この流入質量による微小体積の質量変化は，時空間変動も含めた密度を $\rho(x,y,z,t)$ とすると

$$(\rho(x,y,z,t+\Delta t)-\rho(x,y,z,t))\Delta x \Delta y \Delta z \quad (1.3)$$

である．また，密度の変化量は，以下のように体積弾性率 κ を使って，平衡状態の密度と音圧 $p(x,y,z,t)$ の変化量で表すことができる[26]．

$$\rho(x,y,z,t+\Delta t)-\rho(x,y,z,t) = \frac{\rho_0}{\kappa}\left(p(x,y,z,t+\Delta t)-p(x,y,z,t)\right)$$

---

† x の面における粒子速度を面の中心点で代表させると考えれば，当該点における粒子速度は $u_x(x,y+\Delta y/2,z+\Delta z/2,t)$ であるが，表記上の煩雑さを避けるために $u_x(x,y,z,t)$ と表す．図 1.2, 図 1.3, および本節の以降の記述も同様である．

これを式 (1.3) に代入して

$$\frac{\rho_0}{\kappa}\left(p(x,y,z,t+\Delta t)-p(x,y,z,t)\right)\Delta x \Delta y \Delta z$$

と表される。これを式 (1.2) と等しいとおき，整理すると

$$\frac{p(x,y,z,t+\Delta t)-p(x,y,z,t)}{\Delta t}=-\kappa\left(\frac{u_x(x+\Delta x,y,z,t)-u_x(x,y,z,t)}{\Delta x}\right.$$
$$+\frac{u_y(x,y+\Delta y,z,t)-u_y(x,y,z,t)}{\Delta y}$$
$$\left.+\frac{u_z(x,y,z+\Delta z,t)-u_z(x,y,z,t)}{\Delta z}\right)$$

上式において Δx, Δy, Δz, Δt をすべて 0 に近づけた極限を考えると

$$\frac{\partial p}{\partial t}=-\kappa\left(\frac{\partial u_x}{\partial x}+\frac{\partial u_y}{\partial y}+\frac{\partial u_z}{\partial z}\right) \tag{1.4}$$

が得られる。これが連続の式である。

1.5.2　運動方程式

運動方程式は，微小体積内の媒質の運動に対して，ニュートンの運動方程式

(質量) × (加速度) = (外力)

を適用したものである。前項と同様に，図 **1.3** のような微小体積 $\Delta x \Delta y \Delta z$ を考える。このとき，x 軸方向の運動に着目すると，上式の左辺は

(質量) = (密度) × (体積), (加速度) = (速度の時間微分)

であることから

$$\rho_0 \Delta x \Delta y \Delta z \frac{\partial u_x}{\partial t} \tag{1.5}$$

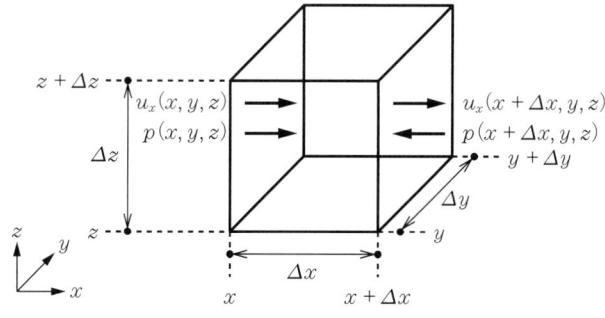

図 **1.3**　微小体積の x 方向の運動

となる。また右辺は

$$(外力) = (微小体積表面の圧力) \times (圧力のかかる面の面積)$$

であることから，x の面および $x+\Delta x$ の面それぞれにかかる圧力の差が，微小体積に対する外力に寄与することを考慮して

$$(p(x,y,z,t) - p(x+\Delta x,y,z,t))\,\Delta y \Delta z$$

となる。これが式 (1.5) と等しいとおき，整理すると

$$\frac{\partial u_x}{\partial t} = -\frac{1}{\rho_0}\frac{p(x+\Delta x,y,z,t) - p(x,y,z,t)}{\Delta x}$$

上式において $\Delta x \to 0$ の極限をとると

$$\frac{\partial u_x}{\partial t} = -\frac{1}{\rho_0}\frac{\partial p}{\partial x} \tag{1.6}$$

が得られる。これが x 軸方向の運動方程式である。y, z 軸方向も同様に考えると，それぞれの方向の運動方程式が得られる。

$$\frac{\partial u_y}{\partial t} = -\frac{1}{\rho_0}\frac{\partial p}{\partial y}, \quad \frac{\partial u_z}{\partial t} = -\frac{1}{\rho_0}\frac{\partial p}{\partial z} \tag{1.7}$$

1.5.3 波動方程式

式 (1.4) の連続の式の両辺を時刻 t で微分すると

$$\frac{\partial^2 p}{\partial t^2} = -\kappa\left(\frac{\partial^2 u_x}{\partial x \partial t} + \frac{\partial^2 u_y}{\partial y \partial t} + \frac{\partial^2 u_z}{\partial z \partial t}\right) \tag{1.8}$$

が得られる。式 (1.6) を x で，式 (1.7) を y, z で両辺偏微分して，式 (1.8) に代入すると

$$\frac{\partial^2 p}{\partial t^2} = \frac{\kappa}{\rho_0}\left(\frac{\partial^2 p}{\partial x^2} + \frac{\partial^2 p}{\partial y^2} + \frac{\partial^2 p}{\partial z^2}\right) \tag{1.9}$$

を得る。さらに，右辺の x, y, z に関する微分演算子を

$$\nabla^2 = \frac{\partial^2}{\partial x^2} + \frac{\partial^2}{\partial y^2} + \frac{\partial^2}{\partial z^2}$$

と定義し，波動の伝搬速度，すなわち音速を

$$c = \sqrt{\frac{\kappa}{\rho_0}}$$

とおくと，式 (1.9) は

$$\frac{\partial^2 p}{\partial t^2} = c^2 \nabla^2 p$$

を得る。これが音響伝搬に関する波動方程式である。

引用・参考文献

1) T. Sakuma and Y. Yasuda. Fast multipole boundary element method for large-scale steady-state sound field analysis, part i: Setup and validation. *Acta Acustica united with Acustica*, Vol. 88, No. 4, pp. 513–525, 2002.

2) 奥園健, 大鶴徹, 富来礼次, 岡本則子, 巳之口俊史. 時間領域有限要素法による室内音場解析 - その 3 element-by-element 法に基づく並列計算の適用とその効果 -. 日本建築学会大会学術講演梗概集, Vol. D-1, No. 40174, pp. 379–380, 2008.

3) 豊田政弘, 高橋大弐. 騒音振動問題に対する FDTD 解析の試み. 日本音響学会 2007 年秋季研究発表会講演論文集, No. 1-6-8, pp. 987–988, 2007.

4) 横田孝俊, 平尾善裕, 山本貢平. FDTD 法と PE 法を組み合わせた屋外音場解析手法に関する検討. 日本音響学会講演論文集, pp. 759–760, 3 2005.

5) 佐久間哲哉. 室内音響設計におけるシミュレーション技術の活用. 日本音響学会誌, Vol. 57, No. 7, pp. 463–469, 2001.

6) 日本建築学会 (編). 音環境の数値シミュレーション —波動音響解析の技法と応用—. 日本建築学会, 東京, 2011.

7) 岡本則子, 安田洋介, 大鶴徹, 富来礼次. 有限要素音場解析への Krylov 部分空間法の適用 反復解法を利用した大規模音場数値解析 その 2. 日本建築学会環境系論文集, No. 610, pp. 11–18, 2006.

8) 萩原一郎. 有限要素法による音場の数値解析. 騒音制御, Vol. 31, No. 4, pp. 255–262, 2007.

9) 鮫島俊哉, 平手小太郎, 安岡正人. 音場伝達関数の極の分布に基づく室境界条件最適設計手法. 日本建築学会計画系論文集, No. 511, pp. 9–, 1998.

10) 佐久間哲哉. 境界要素法による音場の数値解析. 騒音制御, Vol. 31, No. 4, pp. 248–254, 2007.

11) 尾本章. 幾何音響学の考え方. 音響技術, No. 129, pp. 2–7, 2005.

12) 石田康二. 幾何音響学に基づく各種シミュレーション手法について. 音響技術, No. 129, pp. 14–23, 2005.

13) 星和磨, 羽入敏樹, 関口克明. 室形状の周波数別自動生成を組み込んだ音線法による音響シミュレーション. 日本建築学会環境系論文集, Vol. 73, No. 625, pp. 267–274, 2008.

14) Samuel Siltanen, Tapio Lokki, and Lauri Savioja. Geometry reduction in room acoustics modeling. *Acuta Acustica United with Acustica*, Vol. 94, pp. 410–418, 2008.

15) 日本建築学会. 室内音場予測手法 - 理論と応用 -. 丸善, 2001.

16) 奥園健, 大鶴徹, 岡本則子, 富来礼次. 反復解法を適用した時間領域有限要素法による室内音場解析. 日本建築学会環境系論文集, Vol. 73, No. 628, pp. 701–706, 2008.

17) 富来礼次, 大鶴徹, 岡本則子, 奥園健, 前田若菜. 有限要素法による残響室法吸音率の測定精度の改善 - 測定値の変化要因と改善策の検討 -. 日本音響学会 2008 年秋季研究発表会, pp. 1159–1162, 2008.

18) T. Oshima, Y. Yasuda, and T. Sakuma. A high-efficiency implementation of fast multipole boundary element method. *Proc. ICA 2004 (Kyoto)*, No. Mo5.B2.4 (in CD-ROM), pp. I–487–I–490, 2004.

19) Y. Tachioka, Y. Yasuda, and T. Sakuma. Application of the constrained interpolation profile method to room acoustic problems: Examination of boundary modeling and spatial/time discretization. *Acoust. Sci. and Tech.*, Vol. 33, No. 1, pp. 21–32, 2012.
20) 大久保寛, 呉星冠, 土屋隆生, 田川憲男, 竹内伸直. 境界面の取り扱いを考慮したCIP法による音波伝搬数値シミュレーション. 日本音響学会2007年秋季研究発表会講演論文集, No. 1-9-2, pp. 1329–1330, 2007.
21) 大久保寛. 音場の数値計算における新しい展開: (3) 特性曲線とCIP法. 海洋音響学会誌, Vol. 38, No. 1, pp. 1–10, 2011.
22) http://www.python.org/. 2010年12月12日閲覧.
23) http://numpy.scipy.org/. 2010年12月12日閲覧.
24) http://www.scipy.org/. 2009年4月11日閲覧.
25) http://matplotlib.sourceforge.net/. 2010年12月12日閲覧.
26) 伊藤毅. 音響工学原論, 上巻. コロナ社, 1955. pp.593–703.

2 Python，NumPy，およびSciPy入門

2.1　は　じ　め　に

　本章では，本書で使用するプログラミング言語のPython，Python用の数値演算ライブラリであるNumPy，さらにNumPy上に構築されている科学技術演算ライブラリパッケージのSciPyについて解説する．Pythonの言語仕様，およびこれらのライブラリの機能はきわめて多岐にわたるため，本章では本書掲載のサンプルコード読解に必要な内容に絞って解説する．

　本章で述べられるPythonの文法は最小限であるため，さらなる学習には，既刊の市販書を参照されたい．例えば，プログラミング言語の初学者には『みんなのPython 改訂版』[1]を，他言語を習得済みで，それらとPythonとの違いを手早く学びたい場合は『Python チュートリアル 第2版』[2]を推奨する．

　また，ウェブ上のリソースとしては，日本Pythonユーザ会のサイト[3]に『Python チュートリアル』や『Python 標準ライブラリ』などが日本語で用意されている．また，英語の情報であるが，MATLABユーザには，MATLABとSciPyの相違点を一覧にしたSciPyウェブサイト上のNumPy for Matlab Users[4]が有用である．

2.2　Pythonについて

　Pythonは，オープンソースの汎用プログラミング言語で，世界的に人気がある．言語の特性については，すでにさまざまな書籍で語られているので，改めて書くこともないが

- 言語の文法が非常にシンプルで，習得しやすい
- 標準で付属するライブラリの完成度が高く，実用的なコードを短時間で書くことができる
- 世界的に見ると開発者が非常に多く，拡張ライブラリも豊富に揃っている

- Fortran, C 言語で書いたコードを比較的簡単に取り込むことができ，過去の資産を活かすことができる

- 研究用途，ローカルアプリ，WEB 開発などカバーできる範囲が広い

という点を重視して，本書で使用する言語として採用した。

2.2.1 実行と基本構文

（1） **Python プログラムの実行**　　Python はインタプリタ（キーボードからの 1 行ずつのプログラム入力画面）上で実行することもできるし，スクリプト（プログラムファイル）を実行することもできる。インタプリタで実行する場合は，Windows ならスタートメニューから「アクセサリ」内の「コマンド プロンプト」，Linux 系の OS または Mac OS ならシェルまたはターミナルを起動し

───── 実行例 2.1 ─────
```
python
```

とコマンド入力し，さらに Enter を入力する（以下，コマンド入力およびインタプリタ入力では同様）と

───── 実行例 2.2 ─────
```
>>> Python 2.7.2 (default, Aug  1 2011, 18:04:34)
[GCC 4.2.1 (Based on Apple Inc. build 5658) (LLVM build 2335.9)] on darwin
Type "help", "copyright", "credits" or "license" for more information.
>>>
```

などと出力され，インタプリタが起動してプログラムの入力を待ってくれる。続けて

───── 実行例 2.3 ─────
```
>>> a = 1
>>> print a
```

と入力すると，a という変数に代入された値 1 が

───── 実行結果 2.4 ─────
```
1
```

のように出力される。

スクリプトとして実行する場合は，適当なテキストエディタで

───── プログラム 2-1 ─────
```
a = 1
print a
```

と書かれたファイルを作成し，例えば **test.py** という名前で保存する。

その後，コマンドプロンプトまたはシェルから

―― 実行例 2.5 ――
```
python test.py
```

とすると

―― 実行結果 2.6 ――
```
1
```

と出力される。ちょっとした構文の確認や実行は，インタプリタによる実行のほうが便利であるが，プログラムを書くのであればスクリプトファイルを作成して実行することになる。

　（**2**）**インデント**　　インタプリタによる実行，スクリプトファイルともに留意しなければならないのが，インデント（行頭の字下げ）である。例えば条件分岐や繰返し処理などは，インタプリタによる実行の場合

―― 実行例 2.7 ――
```
>>> a = 0
>>> if a == 1:
...     print "a is 1"
... else:
...     print "a is not 1"
...
a is not 1
```

または，スクリプトファイルの場合

―― プログラム 2-2 ――
```
a = 0
if a == 1:
    print "a is 1"
else:
    print "a is not 1"
```

のように，処理ブロック（条件に応じて実行される部分や繰り返し実行される部分）を必ずインデントして書く。他のプログラミング言語では，インデントは単なる見た目の調整であるが，Python の場合にはインデントが文法的な意味をもつため，注意が必要である。インデント自体はタブでもスペースでもよく，また字下げする文字数も任意であるが，同じ量の字下げでもタブによるものとスペースによるものは区別されるため，混在は避けたほうがよい。

　（**3**）**コメント**　　プログラム中の#以下，行末まではコメントとして見なされ，実行されない。例えば，先ほどの処理にコメントを付けると

―― プログラム 2-3 ――
```
if a == 1: # Case where a = 1
    print "a is 1"
```

```
else: # Case where a != 1
    print "a is not 1"
```

のようになる。

また，特殊なコメント文の使い方として，プログラムの文字コードを決定する構文がある。すなわち，スクリプトの1行目に

——— プログラム 2-4 ———
```
# -*- coding: utf-8 -*-
```

または，簡略記法として

——— プログラム 2-5 ———
```
#coding=utf8
```

と書けば，Python はそのスクリプトファイルが UTF-8 の文字コードで書かれていると認識する。

この行がないと，スクリプトファイルは，ASCII コードまたはシステムのデフォルトエンコーディング（日本語 Windows なら CP932）で書かれているものとして動作する。そのため，日本語のファイル名やコメントを書いてしまうと，スクリプトを実行する際に不具合が出ることになる。通常は，`coding=utf8` を指定し，スクリプトファイルも UTF-8 の文字コードで保存しておけば問題ない。ただし日本語 Windows 環境で，「メモ帳」などの UTF-8 に対応しないエディタを使用している場合は，`coding=cp932` を指定してスクリプトの作成を行うのがよいだろう。

2.2.2 関数の定義と呼び出し

値を返す関数，返さない関数ともに，`def` 文によって定義することができる。以下は値を返さない関数である。

——— 実行例 2.8 ———
```
>>> def myfunc(): # 関数の定義
...     print "1"
...
>>> myfunc() # 関数の呼び出し
1
```

値を呼び出し側に返すためには，`return` 文を使用する。

```
─────────── 実行例 2.9 ───────────
>>> def myfunc(x):
...     return x * x
...
>>> myfunc(2)
4
```

2.2.3 パッケージのインポート

Python プログラミングにおいて頻繁に使われる関数などは，一般にパッケージまたはモジュールと呼ばれる関数群にまとめられる。Python には，時間に関する処理，数学関数などさまざまなパッケージが付属している。さらに，別途ダウンロードするパッケージとしては，本書でも使用する NumPy, SciPy などの高度な数学演算ライブラリ，matplotlib のようなグラフ作成ライブラリなどがあげられる。これらを Python プログラムから使えるようにするには，インポートと呼ばれる操作を行う。例えば，時間に関する処理を行うパッケージである time から，プロセッサが使用した時間 (Windows では，経過時間) を取得する関数である clock() 関数と，指定された秒数だけ実行を止める sleep() 関数を使うには

```
─────────── 実行例 2.10 ───────────
>>> import time # time パッケージをインポートする
>>> time.clock() # time パッケージ内の clock() 関数を呼び出す
0.033604000000000002 # 数値は実行のタイミングにより変化する
>>> time.sleep(1) # 1 秒間，実行を止める
```

のように，import 文によってパッケージをインポートし，"パッケージ名.関数名()" によって呼び出す。また，別の方法として

```
─────────── 実行例 2.11 ───────────
>>> from time import clock # time パッケージから，clock() 関数のみをインポートする
>>> clock() # time パッケージ内の clock() 関数を呼び出す
0.033604000000000002
>>> sleep(1) # sleep() 関数はインポートされていないので，エラーになる
Traceback (most recent call last):
  File "<stdin>", line 1, in <module>
NameError: name 'sleep' is not defined
```

のように，"from パッケージ名 import 関数名" の構文でインポートを行うと，インポートされた関数を，"パッケージ名." の部分を省略して "関数名()" のみによって呼び出すことができる。さらに，この構文では，プログラム内で使用する関数をすべて列挙する必要があるが，インポートする関数名として "*" を使うと，そのパッケージ内のすべての関数をインポートすることができる。

―― 実行例 2.12 ――
```
>>> from time import *  # time パッケージから，すべての関数をインポートする
>>> clock()  # clock() 関数を呼び出す
0.033604000000000002
>>> sleep(1)  # sleep() 関数も呼び出せる
```

2.2.4 変数とデータ型

Python では，変数には動的な型付けがなされる。例えば，インタプリタやスクリプトファイルで

―― 実行例 2.13 ――
```
>>> a = 1
```

のように変数 a に値を代入することで，a は整数型の 1 という値をもつ変数ということになる。

Python の基本的なデータ型には，整数 (int) 型，多倍長整数 (long) 型，ブール (bool) 型，浮動小数点 (float) 型，複素数 (complex) 型，文字列 (str) 型，Unicode 文字列 (unicode) 型，そして関数 (function) 型がある。また，ある変数がどのデータ型に型付けされているかは，type() 関数で調べることができる。以上を例示すると

―― 実行例 2.14 ――
```
>>> a = 1  # 整数 (int) 型
>>> a = 1L  # 多倍長整数 (long) 型
>>> a = True  # ブール (bool) 型。真，偽を表す定数として True, False が用意されている
>>> a = 1.0  # 浮動小数点 (float) 型
>>> a = 1 + 1j  # 複素数 (complex) 型。j は虚数単位を表す
>>> a = 'string'  # 文字列 (str) 型
>>> a = "string"  # 文字列型 (文字列を囲む記号として，シングルまたはダブルクォートのいずれも使用可)
>>> a = u"string"  # Unicode 文字列 (unicode) 型
>>> def myfunc():  # 関数の定義
...     print "1"
...
>>> myfunc()  # 関数の呼び出し
1
>>> a = myfunc  # 関数 (function) 型
>>> a()  # 同じ関数を，別の名前で呼び出せる
1
>>> type(a)  # 変数の型を調べるには，type() 関数を使用する
<type 'function'>
```

のようになる。

2.2.5 数 値 演 算

Python のデータ型のうち，整数型，多倍長整数型，浮動小数点型，複素数型は，四則演算

などの数値演算が可能である。

――― 実行例 2.15 ―――
```
>>> 2 + 3 # 加算
5
>>> 2 - 3 # 減算
-1
>>> 2 * 3 # 乗算
6
>>> 2 / 3 # 除算。除数, 被除数とも整数の場合, 剰余は切り捨てられる
0
>>> 2 % 3 # 剰余
2
>>> 2 ** 3 # べき乗 (2 の 3 乗)
8
>>> complex(2, 3) # 実部 2, 虚部 3 の複素数
(2+3j)
```

Python 標準の数学関数のパッケージである math パッケージをインポートすることで, 三角関数などの数学関数を使うことができる。

――― 実行例 2.16 ―――
```
>>> import math # 数学関数パッケージをインポート
>>> math.cos(1.0) # 余弦。角度はラジアン単位で与える
0.54030230586813977
>>> math.sin(1.0) # 正弦
0.8414709848078965
>>> math.acos(1.0) # 逆余弦
0.0
```

2.2.6 コンテナ型

データの集合を表すデータ型であるコンテナ型には, リスト型 (いわゆる配列), タプル型 (変更不可の配列), 辞書型 (連想配列), 集合型 (重複を許可しない配列) がある。例を示すと

――― 実行例 2.17 ―――
```
>>> a = [1, 2, 3, 4] # リスト型
>>> print a[0] # リストの要素を参照するには, 要素番号を [ ] で囲む。Python では, 最初の要素の番号は 0 である
1
>>> a = (1, 2, 3, 4) # タプル型
>>> print a[0]
1
>>> a[0] = 2 # エラー！ (タプル型の要素には代入できない)
>>> a = {"first":1, "second":2, "third":3} # 辞書型
>>> print a["first"]
1
```

となる (集合型は少し複雑なので省略した)。

2.2.7 制　御　文

制御文としては，if 文，while 文，for 文の 3 つが用意されている。

（**1**）**if　文**　if 文による条件分岐は，条件を記述するための if，その条件が成り立たなかったときに，さらに別の条件を与える elif，いずれの条件も成り立たなかった場合の処理を記述する else を用いて

―― 実行例 **2.18** ――
```
>>> a = 10
>>> if a >= 10:
...     print "a >= 10"
... elif a >= 5:
...     print "5 <= a < 10"
... else:
...     print "a < 5"
...
```

と書くことができる。また，if 文を入れ子にすることも可能で

―― 実行例 **2.19** ――
```
>>> a = 10
>>> b = 5
>>> if a >= 10:
...     print "a >= 10"
...     if b >= 10:
...         print "and b >= 10"
...     else:
...         print "but b < 10"
...
```

と書くことができる。もし，条件分岐のなかで何もしない場合は

―― 実行例 **2.20** ――
```
>>> a = 10
>>> if a >= 10:
...     print "a >= 10"
... else:
...     pass
...
```

のように，pass 文を書いてインデント位置を明示する必要がある。

（**2**）**while 文**　while 文による繰返しは

―― 実行例 **2.21** ――
```
>>> a = 10
>>> while a >= 0:
...     print "a is ", a
...     a -= 1
...
```

と書くことできる。この例では，aという変数が0になるまでprintし続け，aが0になったら終了するという処理を書いている。

（3） for 文 for文による繰返しは，例えば

―― 実行例 2.22 ――
```
>>> for i in range(5): # 5回繰り返す
...     print i
0
1
2
3
4
>>> for i in range(0, 5, 2): # 0から4まで2刻みで繰り返す
...     print i
0
2
4
```

と書ける。リストなどのデータに対してもfor文を適用することができ

―― 実行例 2.23 ――
```
>>> l = ["a", "b", "c", "d", "e"] # リスト作成
>>> for a in l: # リストの中身を，ひとつずつ取得しながらaに代入
...     print a
a
b
c
d
e
```

と書くことができる。

2.2.8 文字列操作

文字列には通常の文字列とUnicode文字列とがあり

―― 実行例 2.24 ――
```
>>> a = "通常文字列"
>>> b = u"Unicode 文字列"
```

と書いて区別する。Unicode文字列は，Unicode体系で内部的に処理される。一方，通常文字列はプログラム自体の文字コードによる文字列として解釈される。例えば

―― プログラム 2-6 ――
```
# -*- coding: utf-8 -*-
```

とスクリプトの1行目に書いてあれば，その通常文字列はUTF-8の文字コードであると認

識される。

文字列に関する操作としては

```
─── 実行例 2.25 ───
>>> a = "test"
>>> print a[0:2]  # 0 文字目から 1 文字目まで取り出し
'te'
>>> print a + "1"  # 文字列の連結
test1
>>> b = "test1,test2"
>>> c = b.split(",")  # ',' で文字列を分割してリストに
>>> print c
['test1', 'test2']
```

などがあげられる。

2.3 NumPy

NumPyは，おもに任意次元数の配列を格納し，また配列に関する演算を，通常のPythonプログラムから高速に行うためのパッケージである。Pythonの通常の配列が任意の型を要素として含むことができるのに対し，NumPyの配列は，ひとつの配列オブジェクトに含まれる要素の型を，1種類のみに限定しているのが特徴である。それによって，効率的な記憶領域の使用および高速な演算が可能となっている。

2.3.1 NumPy パッケージの使用

NumPyパッケージは，numpyパッケージをインポートすることによって使用可能となる。ただし，本書のプログラムでは，使用する個別のサブパッケージを明示するために

```
─── 実行例 2.26 ───
from パッケージ名 import サブパッケージ名 (もしくはパッケージに含まれる関数名，クラス名)
```

の構文を用いてインポートしている。例えば本節で使用する arange, array, dot, linalg, linspace, sin, zeros の各サブパッケージをインポートする場合は，以下のようにする。

```
─── 実行例 2.27 ───
>>> from numpy import arange, array, dot, linalg, linspace, sin, zeros
```

2.3.2 NumPy 配列の作成

（1）配列の作成　　NumPyにおける配列は，Pythonのリスト，またはタプルから array() 関数によって変換することができる。Pythonの1次元リスト [1, 2, 3] からNumPyの1

次元配列を作成するには，つぎのようにする．

―― 実行例 2.28 ――
```
>>> a = array([1, 2, 3]) # [1, 2, 3] から配列を作成
>>> a # 作成された配列を表示
array([1, 2, 3]) # 整数型の配列
```

Python のリストと異なり，NumPy の配列はすべての要素が同じ型で構成されるため，例えば実数 1.0 を要素として含むリスト [1.0, 2, 3] を配列に変換すると，整数であった 2，3 も実数に拡張され，配列 a はデフォルトの実数型である倍精度実数 (float64) の配列となる．

―― 実行例 2.29 ――
```
>>> a = array([1.0, 2, 3]) # [1.0, 2, 3] から配列を作成
>>> a
array([ 1.,  2.,  3.]) # 実数型の配列
```

同様に，Python の 2 次元リスト [[1, 2, 3], [4, 5, 6]] から 2 次元配列を作成することができる．

―― 実行例 2.30 ――
```
>>> a = array([[1, 2, 3], [4, 5, 6]]) # [[1, 2, 3], [4, 5, 6]] から配列を作成
>>> a
array([[1, 2, 3],
       [4, 5, 6]])
```

各要素が 0 で初期化された配列を作成するには，zeros() を用いる．zeros() の引数としては，要素数を与える．

―― 実行例 2.31 ――
```
>>> a = zeros(4) # 全要素が 0 で 4 要素の配列を作成
>>> a
array([ 0.,  0.,  0.,  0.])
```

デフォルトでは，倍精度実数の配列となる．

各要素の値が均等に並べられた 1 次元配列を作成するには，linspace() または arange() を用いる．linspace() には，最初の要素の値，最後の要素の値，要素数を引数として渡す．例えば，最初の要素が 0，最後の要素が 10，要素数 6 の配列を作成するには以下のようにする．

―― 実行例 2.32 ――
```
>>> a = linspace(0, 10, 6) # 最初の要素が 0, 最後の要素が 10, 要素数 6 の配列を作成
>>> a
array([  0.,   2.,   4.,   6.,   8.,  10.])
```

この場合も，デフォルトの型は倍精度実数型となる．

一方 arange() には，最初の要素の値，最後の要素に入るべき値のつぎの値，増分を渡す。例えば，最初の要素が 0，最後の要素が 10，増分が 2 の配列を作成するには以下のようにする。

―― 実行例 2.33 ――
```
>>> a = arange(0, 12, 2)  # 最初の要素が 0, 最後の要素の次の値が 12, 増分 2 の配列を作成
>>> a
array([ 0,  2,  4,  6,  8, 10])
```

arange() では，配列の型は与えられた引数の型から決定される。上記例の場合は，整数型となっている。型を明示的に指定するには，引数 dtype に型の名前を与える。

―― 実行例 2.34 ――
```
>>> a = arange(0, 12, 2, dtype='float64')  # 上の例と同様, ただし, 配列の型は倍精度実数
>>> a
array([  0.,   2.,   4.,   6.,   8.,  10.])
```

〔2〕 **配列の要素数取得と変更** 配列の全要素数は，配列の size 属性により得られる。配列の各次元における要素数は，shape 属性によりタプルとして得られる。

―― 実行例 2.35 ――
```
>>> a = array([[1, 2, 3], [4, 5, 6]])
>>> a.size  # 配列の全要素数
6
>>> a.shape  # 配列の各次元における要素数
(2, 3)
```

shape 属性にタプルを代入し，配列の各次元の要素数を変更することもできる。例えば上の例に続き，以下のようにできる。

―― 実行例 2.36 ――
```
>>> a.shape = (3, 2)  # 配列の各次元の要素数を変更
>>> a
array([[1, 2],
       [3, 4],
       [5, 6]])
```

2.3.3　NumPy 配列要素へのアクセス

〔1〕 **1次元配列** 配列要素へのアクセスは，基本的には Python のリストと同様，[ ] 内に要素番号を指定することによって行う。最初の要素が要素番号 0 である。1 次元配列の要素番号を直接指定する例を，以下に示す。

―― 実行例 2.37 ――
```
>>> a = linspace(0, 10, 6) # 最初の要素が 0，最後の要素が 10，要素数 6 の配列を作成
>>> a
array([  0.,   2.,   4.,   6.,   8.,  10.])
>>> a[2] # 要素番号 2 の要素にアクセス (最初の要素は要素番号 0 であることに注意)
4.0
>>> a[-1] # 最後の要素にアクセス
10.0
```

要素番号を直接指定するほか，コロン (:) を使った範囲の指定が可能である．コロンの前の値がアクセスされる最初の要素番号，コロンの後の値のひとつ手前の値が，アクセスされる最後の要素番号となる．省略された場合は，それぞれ配列の最初 (要素番号 0)，および配列の最後までと見なされる．上の例に続けて，以下のようにすることができる．

―― 実行例 2.38 ――
```
>>> a[2:4] # 要素番号 2, 3 の部分配列を取得 (要素番号 4 のひとつ手前までであることに注意)
array([ 4.,  6.])
>>> a[3:] = 1 # 要素番号 3 から最後の要素まで，1 を代入
>>> a
array([ 0.,  2.,  4.,  1.,  1.,  1.])
>>> a[:5] = 3 # 最初から要素番号 4 までの要素に，3 を代入
>>> a
array([ 3.,  3.,  3.,  3.,  3.,  1.])
>>> a[:] = 5 # 全要素に 5 を代入
>>> a
array([ 5.,  5.,  5.,  5.,  5.,  5.])
```

範囲指定を用いた場合，得られた部分配列はもとの配列のコピーでなく，もとの配列への参照であることに注意が必要である．したがって，得られた配列の内容を書き換えた場合，もとの配列の内容も同様に書き換えられることになる．例えば上の例に続けて，以下のようにすることができる．

―― 実行例 2.39 ――
```
>>> b = a[2:4] # a の要素番号 2, 3 の部分配列を取得し，b に代入
>>> b
array([ 5.,  5.])
>>> b[:] = 0 # b のすべての要素に 0 を代入
>>> b
array([ 0.,  0.]) # b の要素は当然，すべて 0 となる
>>> a
array([ 5.,  5.,  0.,  0.,  5.,  5.]) # a の対応する要素も，書き換えられて 0 となる
```

（ 2 ） **多次元配列**　　多次元配列の各要素へアクセスする場合，各次元の要素を [ ] 内にカンマ (,) で区切って指定する．

26   2. Python，NumPy，および SciPy 入門

─── 実行例 **2.40** ───
```
>>> a = array([[1, 2, 3], [4, 5, 6]]) # 2 次元配列を作成
>>> a # 作成された配列を確認
array([[1, 2, 3],
       [4, 5, 6]])
>>> a[1, 2] # 要素番号 (1, 2) の要素にアクセス
6
>>> a[:,1] = 7 # 要素数 3 の各部分配列の要素番号 1 の要素に，7 を代入
>>> a
array([[1, 7, 3],
       [4, 7, 6]])
>>> a[1,:] = 8 # 要素番号 1 の部分配列すべての要素に，8 を代入
>>> a
array([[1, 7, 3],
       [8, 8, 8]])
>>> a[:,:] = 9 # 全要素に 9 を代入
>>> a
array([[9, 9, 9],
       [9, 9, 9]])
```

2.3.4 配 列 の 演 算

（**1**） **配列に対する演算**　　配列どうしの演算は，配列の各要素へのアクセスを for 文によって繰り返すことによって可能であるほか，NumPy の大きな特徴として，配列自体を用いて演算を記述することも可能である。例えば，配列 a，b を以下のように用意して

─── 実行例 **2.41** ───
```
>>> a = linspace(0, 10, 6)
>>> b = zeros(a.size) # a と同じ要素数の配列 b を作成
```

b = 2 * a + 3 を計算する場合，for 文によって各要素を計算する場合は以下となる。

─── 実行例 **2.42** ───
```
>>> for elemI in range(a.size): b[elemI] = 2 * a[elemI] + 3 # 各要素ごとに計算
...  # Enter を押す
>>> b
array([  3.,   7.,  11.,  15.,  19.,  23.])
```

また，配列自体を用いて記述すると，以下となる。

─── 実行例 **2.43** ───
```
>>> b = 2 * a + 3
>>> b
array([  3.,   7.,  11.,  15.,  19.,  23.])
```

　一般に後者の配列自体の演算として記述する方が演算が高速であるため，可能な限り後者の記述法を用いることが望ましい。ただし，本書のプログラムでは，各要素への具体的な演

算の明確化，およびわかりやすさを重視して，前者の記法も多用している．

（2）配列に対して使用可能な関数 数学関数の多くは，配列に対して使用可能である．上の例に続けて，以下のような演算が可能である．

―― 実行例 2.44 ――
```
>>> sin(a) # a の全要素に対して，sin 関数を計算する
array([ 0.        ,  0.90929743, -0.7568025 , -0.2794155 ,  0.98935825,
       -0.54402111])
>>> dot(a, b) # a と b の内積を計算する
530.0
```

（3）線形代数演算 NumPy の `linalg` サブパッケージには，代数演算に関連した関数がまとめられている．`linalg.solve()` は，2次元配列として表された行列 A，1次元配列として表されたベクトル b を与えると，$Ax = b$ を満たすベクトル x を求める関数である．また，`linalg.norm()` は，与えられたベクトルのノルム (大きさ) を求める関数である．

―― 実行例 2.45 ――
```
>>> A = array([[1, 2], [3, 4]]) # 行列 A
>>> b = array([5, 6]) # ベクトル b
>>> linalg.solve(A, b) # A x = b を満たすベクトル x を求める
array([-4. ,  4.5])
>>> linalg.norm(b) # ベクトル [5, 6] のノルム，すなわち sqrt(5 * 5 + 6 * 6) を求める
7.810249675906654
```

2.3.5 定　　数

NumPy では，いくつかの数学的に重要な定数も定義されている．例えば円周率 π は，`pi` として定義されている．

―― 実行例 2.46 ――
```
>>> from numpy import pi
>>> pi
3.1415926535897931
```

2.3.6 格子点の生成

NumPy には，等間隔の格子点を指定するための任意次元配列を生成する関数 `mgrid()` が用意されている．配列の生成は

―― 実行例 2.47 ――
```
mgrid[始値 1:終値 1:増分 1, 始値 2:終値 2:増分 2, ...]
```

の形式で，各次元の値の範囲 (始値〜終値) および増分を指定する．ここで，終値は生成された配列に含まれないことに注意を要する．

―― 実行例 2.48 ――
```
>>> from numpy import mgrid
>>> mgrid[0:3:1.5, 0:4:2]
array([[[ 0. ,  0. ],
        [ 1.5,  1.5]],

       [[ 0. ,  2. ],
        [ 0. ,  2. ]]])
```

2.4 SciPy

SciPy は，NumPy などの多くの数学ライブラリの上に構築された，科学技術演算のためのパッケージであり，NumPy の機能を包含している。

2.4.1 SciPy パッケージの使用

SciPy は，scipy パッケージをインポートすることによって使用可能となる。本書のプログラムでは，NumPy と同様に SciPy においても使用する個別のサブパッケージを明示してインポートしているため，例えば，特殊関数群を使用するために special サブパッケージをインポートする場合は，以下のようにする。

―― 実行例 2.49 ――
```
>>> from scipy import special
```

2.4.2 NumPy との関係

前項で述べたように，SciPy は NumPy の上に構築されている。したがって，NumPy の関数を SciPy からインポートして使用したり，NumPy と同様の方法による配列へのアクセス，演算が可能である。例えば，2.3.4 項 (1) において NumPy によって行ったのとまったく同じ配列演算を，SciPy のインポートによって以下のように行うことも可能である。

―― 実行例 2.50 ――
```
>>> from scipy import linspace, zeros # linspace, zeros を SciPy からインポート
>>> a = linspace(0, 10, 6)
>>> b = zeros(a.size)
>>> b = 2 * a + 3
>>> b
array([  3.,   7.,  11.,  15.,  19.,  23.])
```

同じことが linalg などのサブパッケージに属する関数 (linalg.norm(),linalg.solve() など) にもいえ，これらの関数も SciPy のインポートによっても使用可能である。

2.4.3 疎行列の取扱い

後出 3.2.3 項の有限要素法における全体マトリクスの構築では，全体マトリクスが一般に疎行列 (ほとんどの要素の値が 0 である行列) となる．疎行列を NumPy の 2 次元配列として扱うと効率が悪いため，SciPy には疎行列を効率よく扱うためのサブパッケージ scipy.sparse が用意されている．

疎行列を表現するためのクラスは数種類用意されているが，疎行列を作成する際には通常，(行列における) 行ベースの連結リスト (linked list, LIL) 形式によって疎行列を表現するクラスである lil_matrix が使われる．行列の各要素へのアクセスは，NumPy と同様，[] 内に要素番号を指定することによって行う．

――― 実行例 2.51 ―――
```
>>> from scipy.sparse import lil_matrix
>>> A = lil_matrix((4, 4))
>>> A[0, 1] = A[1, 0] = A[2, 3] = A[3, 2] = 2
>>> A[0, 1]
2.0
```

ただし，NumPy 配列と異なり，Python コマンド入力に単に行列名を入力しても，行列の全要素が表示されることはない．例えば上の例に続けて "A" と入力しても，A の全要素が表示されるのではなく，A が LIL 形式の疎行列オブジェクトである旨が表示されるのみである．

――― 実行例 2.52 ―――
```
>>> A
<4x4 sparse matrix of type '<type 'numpy.float64'>'
with 4 stored elements in LInked List format>
```

さらに，連結リストによる疎行列オブジェクトどうしの演算を行うと，演算結果は疎行圧縮行列 (compressed sparse row, CSR) 形式によって疎行列を表現する csr_matrix クラスに変換される．後述のマトリクス方程式ソルバへの入力となる疎行列は，この CSR 形式である必要がある．行列表現形式の変換は，上の例に続けて以下のようにして確かめることができる．

――― 実行例 2.53 ―――
```
>>> A + A
<4x4 sparse matrix of type '<type 'numpy.float64'>'
with 4 stored elements in Compressed Sparse Row format>
```

疎行列どうしの演算を行うことなく LIL 形式を CSR 形式に変換するには，lil_matrix クラスの tocsr() を使用する．上の例に続けて，以下のように入力する．

30   2. Python, NumPy, および SciPy 入門

──────────── 実行例 2.54 ────────────
```
>>> A = A.tocsr()
>>> A
<4x4 sparse matrix of type '<type 'numpy.float64'>'
with 4 stored elements in Compressed Sparse Row format>
```

疎行列からなるマトリクス方程式を解くためには，関数 spsolve()(sparse matrix solver) が scipy.sparse.linalg.dsolve サブパッケージに用意されている (linalg は linear algebra, dsolve は direct factorization solver の略)。前述のとおり，入力となる行列は CSR 形式である必要がある。上の例に続けて，以下のように解くことができる。

──────────── 実行例 2.55 ────────────
```
>>> from numpy import array
>>> b = array([1, 2, 3, 4]) # 右辺ベクトル [1, 2, 3, 4] を作成
>>> from scipy.sparse.linalg.dsolve import spsolve
>>> spsolve(A, b)
array([ 1. ,  0.5,  2. ,  1.5]) # 解 [1, 0.5, 2, 1.5] が求められた
```

2.4.4 特殊関数

SciPy の special サブパッケージには，特殊関数群が収められている。

──────────── 実行例 2.56 ────────────
```
>>> from scipy import special
>>> special.j0(1) # 第 1 種 0 次のベッセル関数
0.76519768655796649
>>> special.y0(1) # 第 2 種 0 次のベッセル関数
0.088256964215677697
>>> special.j1(1) # 第 1 種 1 次のベッセル関数
0.44005058574493355
>>> special.y1(1) # 第 2 種 1 次のベッセル関数
-0.7812128213002888
>>> special.struve(1, 1) # Struve 関数
0.19845733620194436
```

2.4.5 数値積分

SciPy の integrate サブパッケージには，積分に関連した関数が集められており，なかでも quadrature() 関数は，境界要素法の要素積分において必要な，Gauss 積分法による数値積分のために使用される。引数には，積分する関数および積分区間を与える。quadrature() 関数の返り値は，積分値および積分での反復処理における最終反復残差のタプルである。

───── 実行例 2.57 ─────
```
>>> from scipy.integrate import quadrature
>>> def f(x): return x * x # 関数 f(x) を定義
... # Enter を押す
>>> integral, residual = quadrature(f, 0, 1) # f(x) を，区間 [0, 1] において積分
>>> integral # 積分値
0.33333333333333315
>>> residual # 残差
1.1102230246251565e-16
```

引用・参考文献

1) 柴田淳. みんなの Python. ソフトバンク クリエイティブ, 東京, 改訂版, 2009.
2) Guido van Rossum. Python チュートリアル. オライリー・ジャパン, 東京, 第 2 版, 2010.
3) http://www.python.jp/. 2010 年 12 月 12 日閲覧.
4) http://www.scipy.org/NumPy_for_Matlab_Users. 2010 年 12 月 12 日閲覧.

3 有限要素法

　有限要素法は，場全体を有限個の要素に分割し，要素間の応力や変位を連立させて解く手法である。重み付き残差法を数学的な基礎として1950年代に構造力学の分野で考案され，その後，コンピュータの発展とともに，流体，音響分野でも一般的に用いられるようになっている[1]〜[4]。

　有限要素法は，場を離散化し，後述する式 (3.32) の全体マトリクスを構成し，連立一次方程式を解く，という手順で計算が行われる。厚みをもつ複数種の積層多孔質材と空気間の音響伝搬など，異なる媒質がある場合も，要素マトリクスを変えて全体マトリクスを構成するだけでよく，柔軟性に富んだ手法であるといえる。有限要素法には

- 境界に合わせて要素を作れるので，複雑な形状にも対応可能

- 媒質内部の解析が容易である（要素マトリクスの変更だけで対応可能であるから）

- 固有値解析が可能で，室の性質をモード理論で説明することができる

といったメリットがあり

- 理論体系が比較的複雑である

- メッシュの生成が容易ではない

- 大規模の音場計算の場合，計算機資源を多く必要とする

といったデメリットがある。

　本章では，波動方程式に Galerkin 法を適用する手法で定式化を示し，有限要素法の特徴について述べ，コーディングについても説明する。

3.1 有限要素法の数学的基礎

3.1.1 音場の離散化

　以降の定式化とコーディング手順の流れをつかみやすくするため，有限要素法でどのように音場を離散化するのかを説明する。図 3.1 が 2 次元音場の離散化のイメージであり，離散

化する前の音場が，図 (a) である。音場は，適当なインピーダンス境界で囲まれている。それを，有限要素法で離散化したのが，図 (b) である。ちょうど，長方形のガラスが粉々に割れたようなイメージである。それぞれの破片にあたる部分を，「要素」と呼び，要素の端の点を「節点」と呼ぶ。定式化の流れについては後述するが，全節点の連立方程式を解くことで，節点ごとに音圧がどのような値になるのかを求めることができる。また，要素の内部の音圧についても，補間を行うことで精度よく求めることができる。図 (c) は，要素の分け方（メッシュの切り方ともいう）について，異なる分け方を示したものである。有限要素法では要素ごとの大きさが一定である必要はなく，また，要素の密度も一定である必要はない。流れの解析などに用いるときは，流れの時空間的変化率が大きく精度の必要な部位に，細かな要素を割り当てることも一般的に行われるようである。

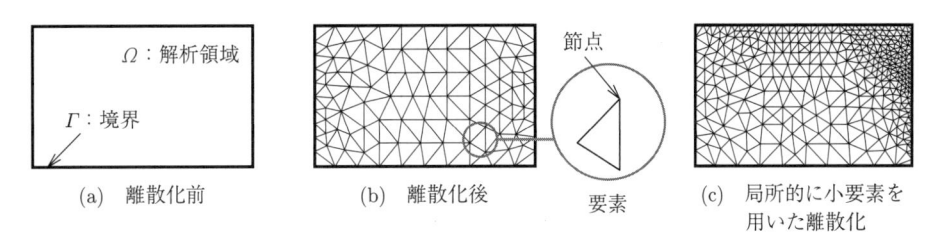

図 3.1 有限要素法のための離散化された音場のイメージ

3.1.2 基礎積分方程式

今，図 3.1(a) に示した，Γ という境界の内部 Ω を解析するとする。音場内の速度ポテンシャルについての波動方程式は

$$\nabla^2 \phi - \frac{1}{c^2}\frac{\partial^2 \phi}{\partial t^2} = 0 \tag{3.1}$$

で表される。ただし，ϕ は速度ポテンシャル，c は音速であり，音場は音源をもたないものとする。解析的に ϕ が求まるのはごく限られた境界条件のときだけとなるため，数値的に求めていくことになる。最終的な関数形が得られないとして，ϕ が近似的な離散関数であったとすると

$$\nabla^2 \phi - \frac{1}{c^2}\frac{\partial^2 \phi}{\partial t^2} = 近似誤差 \tag{3.2}$$

となるだろう。重み付き残差法は，対象関数を離散化したときの誤差を最小にするために重み関数を近似関数全体にわたって乗じ，領域内部全体で積分して 0 にする，ということを行う。近似誤差を重み関数全体で最小化しようという発想で行われている。さて，音源をもつ音場内の速度ポテンシャルについての波動方程式は

34 3. 有限要素法

$$\nabla^2 \phi - \frac{1}{c^2}\frac{\partial^2 \phi}{\partial t^2} = q \tag{3.3}$$

となる。ただし，q は音源の分布関数である。いま，重み付き残差法を適用するため，重み関数 w を乗じ，領域全体にわたって積分を行う。

$$\int_\Omega \left(\nabla^2 \phi - \frac{1}{c^2}\frac{\partial^2 \phi}{\partial t^2}\right) w\, d\Omega = \int_\Omega q w\, d\Omega \tag{3.4}$$

左辺第 1 項は，Green の定理を用いると

$$\int_\Omega \nabla^2 \phi w\, d\Omega = -\int_\Omega \mathrm{grad}\phi \cdot \mathrm{grad} w\, d\Omega - \int_\Gamma \frac{\partial \phi}{\partial \boldsymbol{n}}\, d\Gamma \tag{3.5}$$

のように書ける。これを式 (3.4) に代入すると

$$-\int_\Omega \mathrm{grad}\phi \cdot \mathrm{grad} w\, d\Omega - \int_\Gamma \frac{\partial \phi}{\partial \boldsymbol{n}}\, d\Gamma - \frac{1}{c^2}\int_\Omega \frac{\partial^2 \phi}{\partial t^2} w\, d\Omega = \int_\Omega q w\, d\Omega \tag{3.6}$$

となる。さらに領域境界での速度ポテンシャルの法線方向微分は，境界表面の法線方向の音響インピーダンス Z_n を使って

$$\frac{\partial \phi}{\partial \boldsymbol{n}} = -u_n = -\frac{p}{Z_n} = -\frac{\rho}{Z_n}\frac{\partial \phi}{\partial t} \tag{3.7}$$

のように書ける。ただし，u は粒子速度，ρ は媒質密度，p は音圧である。この関係を用いて式 (3.6) を整理すると

$$\int_\Omega \mathrm{grad}\phi \cdot \mathrm{grad} w\, d\Omega + \frac{1}{c^2}\int_\Omega \frac{\partial^2 \phi}{\partial t^2} w\, d\Omega - \rho \int_\Gamma \frac{1}{Z_n}\frac{\partial \phi}{\partial t} w\, d\Gamma = -\int_\Omega q w\, d\Omega \tag{3.8}$$

となる。これが，基礎積分方程式となる。この式 (3.8) について有限要素法を適用し，数値的に解ける形に変形していく。

3.1.3 離 散 化

まず，図 3.2 に示すように領域を N 個に分割し，n 番目の要素について考えていく。n 番目の要素内で試験関数を

$$\phi = \sum_{i=1}^{I} N_i \phi_{n,i} \tag{3.9}$$

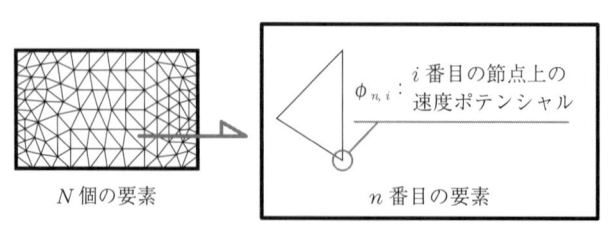

図 3.2 n 番目の要素

というように設定する．ただし，$\phi_{n,i}$ は，n 番目の要素の i 番目の節点の速度ポテンシャル，N_i は内挿関数，I は要素の節点数である．ここから，重み関数 w を試験関数と同一のものとする Galerkin 法を採用して，重み関数 w を

$$w = \sum_{i=1}^{I} N_i \phi_{n,i} \tag{3.10}$$

と設定する．ここから，式 (3.8) の各項をマトリクス形式に分解していく．まず，左辺の第 1 項目は

$$\int_\Omega \mathrm{grad}\phi \cdot \mathrm{grad}w \, d\Omega = \int_\Omega \mathrm{grad}\sum_{i=1}^{I} N_i \phi_{n,i} \cdot \mathrm{grad}\sum_{j=1}^{I} N_j \phi_{n,j} \, d\Omega$$

$$= \int_\Omega \left(\sum_{i=1}^{I} \frac{\partial N_i}{\partial x}\phi_{n,i} \sum_{j=1}^{I} \frac{\partial N_j}{\partial x}\phi_{n,j} + \sum_{i=1}^{I} \frac{\partial N_i}{\partial y}\phi_{n,i} \sum_{j=1}^{I} \frac{\partial N_j}{\partial y}\phi_{n,j} + \sum_{i=1}^{I} \frac{\partial N_i}{\partial z}\phi_{n,i} \sum_{j=1}^{I} \frac{\partial N_j}{\partial z}\phi_{n,j} \right) d\Omega \tag{3.11}$$

と書くことができ，マトリクスで表現すると

$$\int_\Omega \mathrm{grad}\phi \cdot \mathrm{grad}w \, d\Omega =$$

$$\begin{bmatrix} \phi_{n,1} & \phi_{n,2} & \cdots & \phi_{n,I} \end{bmatrix} \begin{bmatrix} \int_\Omega \frac{\partial N_1}{\partial x}\frac{\partial N_1}{\partial x} d\Omega & \int_\Omega \frac{\partial N_1}{\partial x}\frac{\partial N_2}{\partial x} d\Omega & \cdots & \int_\Omega \frac{\partial N_1}{\partial x}\frac{\partial N_I}{\partial x} d\Omega \\ & \int_\Omega \frac{\partial N_2}{\partial x}\frac{\partial N_2}{\partial x} d\Omega & \cdots & \int_\Omega \frac{\partial N_2}{\partial x}\frac{\partial N_I}{\partial x} d\Omega \\ & & \ddots & \vdots \\ & & & \int_\Omega \frac{\partial N_I}{\partial x}\frac{\partial N_I}{\partial x} d\Omega \end{bmatrix} \begin{bmatrix} \phi_{n,1} \\ \phi_{n,2} \\ \vdots \\ \phi_{n,I} \end{bmatrix}$$

$$+ \begin{bmatrix} \phi_{n,1} & \phi_{n,2} & \cdots & \phi_{n,I} \end{bmatrix} \begin{bmatrix} \int_\Omega \frac{\partial N_1}{\partial y}\frac{\partial N_1}{\partial y} d\Omega & \int_\Omega \frac{\partial N_1}{\partial y}\frac{\partial N_2}{\partial y} d\Omega & \cdots & \int_\Omega \frac{\partial N_1}{\partial y}\frac{\partial N_I}{\partial y} d\Omega \\ & \int_\Omega \frac{\partial N_2}{\partial y}\frac{\partial N_2}{\partial y} d\Omega & \cdots & \int_\Omega \frac{\partial N_2}{\partial y}\frac{\partial N_I}{\partial y} d\Omega \\ & & \ddots & \vdots \\ & & & \int_\Omega \frac{\partial N_I}{\partial y}\frac{\partial N_I}{\partial y} d\Omega \end{bmatrix} \begin{bmatrix} \phi_{n,1} \\ \phi_{n,2} \\ \vdots \\ \phi_{n,I} \end{bmatrix}$$

$$+ \begin{bmatrix} \phi_{n,1} & \phi_{n,2} & \cdots & \phi_{n,I} \end{bmatrix} \begin{bmatrix} \int_\Omega \frac{\partial N_1}{\partial z}\frac{\partial N_1}{\partial z} d\Omega & \int_\Omega \frac{\partial N_1}{\partial z}\frac{\partial N_2}{\partial z} d\Omega & \cdots & \int_\Omega \frac{\partial N_1}{\partial z}\frac{\partial N_I}{\partial z} d\Omega \\ & \int_\Omega \frac{\partial N_2}{\partial z}\frac{\partial N_2}{\partial z} d\Omega & \cdots & \int_\Omega \frac{\partial N_2}{\partial z}\frac{\partial N_I}{\partial z} d\Omega \\ & & \ddots & \vdots \\ & & & \int_\Omega \frac{\partial N_I}{\partial z}\frac{\partial N_I}{\partial z} d\Omega \end{bmatrix} \begin{bmatrix} \phi_{n,1} \\ \phi_{n,2} \\ \vdots \\ \phi_{n,I} \end{bmatrix} \tag{3.12}$$

と書ける．すなわち，$\boldsymbol{K}_n$，$\boldsymbol{\Phi}$ というマトリクスを

$$\boldsymbol{K}_n = \begin{bmatrix} \int_\Omega \operatorname{grad} N_1 \cdot \operatorname{grad} N_1 \, d\Omega & \int_\Omega \operatorname{grad} N_1 \cdot \operatorname{grad} N_2 \, d\Omega & \cdots & \int_\Omega \operatorname{grad} N_1 \cdot \operatorname{grad} N_I \, d\Omega \\ & \int_\Omega \operatorname{grad} N_2 \cdot \operatorname{grad} N_2 \, d\Omega & \cdots & \int_\Omega \operatorname{grad} N_2 \cdot \operatorname{grad} N_I \, d\Omega \\ & & \ddots & \vdots \\ & & & \int_\Omega \operatorname{grad} N_I \cdot \operatorname{grad} N_I \, d\Omega \end{bmatrix} \tag{3.13}$$

$$\boldsymbol{\Phi}_n = \begin{bmatrix} \phi_{n,1} & \phi_{n,2} & \cdots & \phi_{n,I} \end{bmatrix}^T \tag{3.14}$$

と定義すると，式 (3.12) は

$$\int_\Omega \operatorname{grad}\phi \cdot \operatorname{grad} w \, d\Omega = \boldsymbol{\Phi}_n^T \boldsymbol{K}_n \boldsymbol{\Phi}_n \tag{3.15}$$

の形で表すことができる。ここで，$\boldsymbol{K}_n$ は対称行列となっている。

つぎに，第 2 項目は

$$\int_{\Omega_n} \frac{\partial^2 \phi}{\partial t^2} w \, d\Omega = \frac{\partial^2}{\partial t^2} \int_{\Omega_n} \left(\sum_{i=1}^I N_i \phi_{n,i} \sum_{j=1}^I N_j \phi_{n,j} \right) d\Omega \tag{3.16}$$

と書けるので，マトリクスで表すと

$$\int_{\Omega_n} \sum_{i=1}^I N_i \phi_{n,i} \sum_{j=1}^I N_j \phi_{n,j} \, d\Omega =$$

$$\begin{bmatrix} \phi_{n,1} & \phi_{n,2} & \cdots & \phi_{n,I} \end{bmatrix} \begin{bmatrix} \int_{\Omega_n} N_1 N_1 \, d\Omega & \int_{\Omega_n} N_1 N_2 \, d\Omega & \cdots & \int_{\Omega_n} N_1 N_I \, d\Omega \\ & \int_{\Omega_n} N_2 N_2 \, d\Omega & \cdots & \int_{\Omega_n} N_2 N_I \, d\Omega \\ & & \ddots & \vdots \\ & & & \int_{\Omega_n} N_I N_I \, d\Omega \end{bmatrix} \begin{bmatrix} \phi_{n,1} \\ \phi_{n,2} \\ \vdots \\ \phi_{n,I} \end{bmatrix} \tag{3.17}$$

と書ける。ここでも，$\boldsymbol{M}_n$ なるマトリクスを

$$\boldsymbol{M}_n = \frac{1}{c^2} \begin{bmatrix} \int_{\Omega_n} N_1 N_1 \, d\Omega & \int_{\Omega_n} N_1 N_2 \, d\Omega & \cdots & \int_{\Omega_n} N_1 N_I \, d\Omega \\ & \int_{\Omega_n} N_2 N_2 \, d\Omega & \cdots & \int_{\Omega_n} N_2 N_I \, d\Omega \\ & & \ddots & \vdots \\ & & & \int_{\Omega_n} N_I N_I \, d\Omega \end{bmatrix} \tag{3.18}$$

と定義すると，式 (3.17) は第 1 項目と同様に

$$\frac{1}{c^2} \int_{\Omega_n} \sum_{i=1}^I N_i \phi_{n,i} \sum_{j=1}^I N_j \phi_{n,j} \, d\Omega = \boldsymbol{\Phi}_n^T \boldsymbol{M}_n \boldsymbol{\Phi}_n \tag{3.19}$$

と書くことできる。ここで，$\boldsymbol{M}_n$ は対称行列となっている。

続いて，第 3 項目については

$$\int_{\Gamma_n} \frac{1}{Z_n} \frac{\partial \phi}{\partial t} w \, d\Gamma = \frac{\partial}{\partial t} \int_{\Gamma_n} \frac{1}{Z_n} \sum_{i=1}^{I} N_i \phi_{n,i} \sum_{j=1}^{I} N_j \phi_{n,j} \, d\Gamma \tag{3.20}$$

と書くことができ，マトリクスを用いて書くと

$$\int_{\Gamma_n} \frac{1}{Z_n} \sum_{i=1}^{I} N_i \phi_{n,i} \sum_{j=1}^{I} N_j \phi_{n,j} \, d\Gamma =$$

$$\begin{bmatrix} \phi_{n,1} & \phi_{n,2} & \cdots & \phi_{n,I} \end{bmatrix} \frac{1}{Z_n} \begin{bmatrix} \int_{\Gamma_n} N_1 N_1 \, d\Gamma & \int_{\Gamma_n} N_1 N_2 \, d\Gamma & \cdots & \int_{\Gamma_n} N_1 N_I \, d\Gamma \\ & \int_{\Gamma_n} N_2 N_2 \, d\Gamma & \cdots & \int_{\Gamma_n} N_2 N_I \, d\Gamma \\ & & \ddots & \vdots \\ & & & \int_{\Gamma_n} N_I N_I \, d\Gamma \end{bmatrix} \begin{bmatrix} \phi_{n,1} \\ \phi_{n,2} \\ \vdots \\ \phi_{n,I} \end{bmatrix} \tag{3.21}$$

と表すことができる。ここでも，$\boldsymbol{C}_n$ なるマトリクスを

$$\boldsymbol{C}_n = -\frac{1}{Z_n} \begin{bmatrix} \int_{\Gamma_n} N_1 N_1 \, d\Gamma & \int_{\Gamma_n} N_1 N_2 \, d\Gamma & \cdots & \int_{\Gamma_n} N_1 N_I \, d\Gamma \\ & \int_{\Gamma_n} N_2 N_2 \, d\Gamma & \cdots & \int_{\Gamma_n} N_2 N_I \, d\Gamma \\ & & \ddots & \vdots \\ & & & \int_{\Gamma_n} N_I N_I \, d\Gamma \end{bmatrix} \tag{3.22}$$

とすると，式 (3.20) は

$$\int_{\Gamma_n} \frac{1}{Z_n} \sum_{i=1}^{I} N_i \phi_{n,i} \sum_{j=1}^{I} N_j \phi_{n,j} \, d\Gamma = \boldsymbol{\Phi}_n^T \boldsymbol{C}_n \boldsymbol{\Phi}_n \tag{3.23}$$

のようにマトリクス表現することができる。ここで，$\boldsymbol{C}_n$ は対称行列となっている。また，音源の分布関数 q については

$$\int_{\Omega_n} qw \, d\Omega = \int_{\Omega_n} q \sum_{i=1}^{I} N_i \phi_{n,i} \, d\Omega = \begin{bmatrix} \phi_{n,1} & \phi_{n,2} & \cdots & \phi_{n,I} \end{bmatrix} \begin{bmatrix} q_1 \int_{\Omega_n} N_1 \, d\Omega \\ q_2 \int_{\Omega_n} N_2 \, d\Omega \\ \vdots \\ q_I \int_{\Omega_n} N_I \, d\Omega \end{bmatrix} \tag{3.24}$$

と，マトリクスを用いて表現できる。ここでも，$\boldsymbol{q}_n$ なるベクトルを

$$\boldsymbol{q}_n = \begin{bmatrix} q_1 \int_{\Omega_n} N_1 \, d\Omega & q_2 \int_{\Omega_n} N_2 \, d\Omega & \cdots & q_I \int_{\Omega_n} N_I \, d\Omega \end{bmatrix}^T \tag{3.25}$$

と定義すると

$$\int_\Omega qw\,d\Omega = \boldsymbol{\Phi}_n^T \boldsymbol{q}_n \tag{3.26}$$

と書ける。例えば点音源を仮定し，ある節点 i 上だけ体積速度 Q_i で駆動する場合は

$$\boldsymbol{q}_n = \begin{bmatrix} 0 & \cdots & 0 & Q_i & 0 & \cdots 0 \end{bmatrix}^T \tag{3.27}$$

のような形式になる。

さて，これですべての項についてマトリクス表現することができた。要素内のすべての項をマトリクス方程式として書くと

$$\frac{1}{c^2}\boldsymbol{M}_n\ddot{\boldsymbol{\Phi}} - \rho\boldsymbol{C}_n\dot{\boldsymbol{\Phi}} + \boldsymbol{K}_n\boldsymbol{\Phi} = -\boldsymbol{q} \tag{3.28}$$

となる。ここでさらに，N 個すべての要素を埋めた $\boldsymbol{M}'$, $\boldsymbol{C}'$, $\boldsymbol{K}'$, $\boldsymbol{q}'$ というマトリクスを考える。

$$\boldsymbol{M}' = \begin{bmatrix} \boldsymbol{M}_1 & 0 & \cdots & 0 \\ 0 & \boldsymbol{M}_2 & \cdots & 0 \\ 0 & 0 & \vdots & \vdots \\ 0 & 0 & \cdots & \boldsymbol{M}_N \end{bmatrix}, \quad \boldsymbol{K}' = \begin{bmatrix} \boldsymbol{K}_1 & 0 & \cdots & 0 \\ 0 & \boldsymbol{K}_2 & \cdots & 0 \\ 0 & 0 & \vdots & \vdots \\ 0 & 0 & \cdots & \boldsymbol{K}_N \end{bmatrix}, \tag{3.29}$$

$$\boldsymbol{C}' = \begin{bmatrix} \boldsymbol{C}_1 & 0 & \cdots & 0 \\ 0 & \boldsymbol{C}_2 & \cdots & 0 \\ 0 & 0 & \vdots & \vdots \\ 0 & 0 & \cdots & \boldsymbol{C}_N \end{bmatrix}, \quad \boldsymbol{q}' = \begin{bmatrix} \boldsymbol{q}_1 \\ \boldsymbol{q}_2 \\ \vdots \\ \boldsymbol{q}_N \end{bmatrix} \tag{3.30}$$

ただし，これらは同一節点の情報を重複して含んでいるので，そのまま全体方程式を立てても何の情報も得られない。そこで，重複した節点に対応するマトリクス要素を重ね合わせて (足し合わせて)，音場全体のマトリクス方程式を書くと

$$\frac{1}{c^2}\boldsymbol{M}\ddot{\boldsymbol{\Phi}} - \rho\boldsymbol{C}\dot{\boldsymbol{\Phi}} + \boldsymbol{K}\boldsymbol{\Phi} = \boldsymbol{q} \tag{3.31}$$

となる。$\boldsymbol{M}$, $\boldsymbol{C}$, $\boldsymbol{K}$, $\boldsymbol{q}$ は，$\boldsymbol{M}'$, $\boldsymbol{C}'$, $\boldsymbol{K}'$, $\boldsymbol{q}'$ の重複した節点を重ね合わせたマトリクスであり，全体マトリクスと呼ばれる。図 **3.3** のようなイメージで想像してもらえればよい。ここで，角周波数 ω の純音で駆動された定常状態の音場を考えるならば

$$\left(-\omega^2\boldsymbol{M} - j\omega\rho\boldsymbol{C} + \boldsymbol{K}\right)\boldsymbol{\Phi} = -\boldsymbol{q} \tag{3.32}$$

となり

$$\boldsymbol{\Phi} = \left(\omega^2\boldsymbol{M} + j\omega\rho\boldsymbol{C} - \boldsymbol{K}\right)^{-1}\boldsymbol{q} \tag{3.33}$$

とすれば，各節点の速度ポテンシャルが求められる。速度ポテンシャルが求まれば

$$p = \rho \frac{\partial \boldsymbol{\Phi}}{\partial t} = j\omega\rho\boldsymbol{\Phi} \tag{3.34}$$

として，音圧を求めることができる．

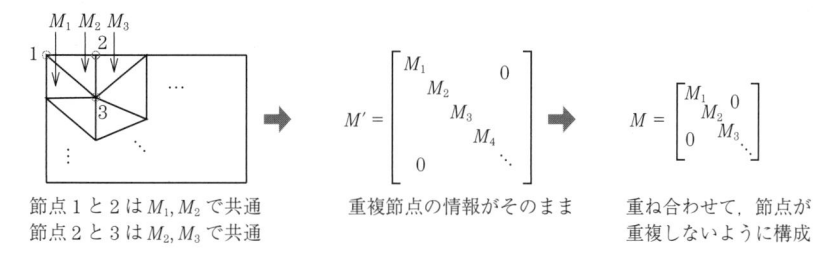

図 3.3 全体マトリクスの構成

3.2　コーディングの基礎 -sampleFem1.py-

本節では，有限要素法のコーディングについて

- 音場の形を決め，節点と要素に分解する

- 要素ごとに積分計算を行い，要素マトリクスを計算する

- 要素マトリクスを重ね合わせ，全体マトリクスを構築する (式 (3.32))

- 全体マトリクスを連立方程式として解き，各節点での音圧を計算する (式 (3.33))

といったステップに分けて考えることにする．

3.2.1　音場の形を決め，節点と要素に分解する

簡便のために図 **3.4**(a) のような各辺長 1 m の正方形の音場を考える．つぎに，正方形の音場を，図 (b) のように要素番号 0, 1 の三角要素 2 つに離散化する．このとき，節点は図 (c) に示すように節点番号 0, 1, 2, 3 の 4 つの節点ができる．

プログラム中で，要素ごとの積分や全体マトリクスへの重ね合わせを行うには，節点の座標や，要素がどの節点からなるかを配列に格納する必要がある．まず，節点 0～3 の 4 つの節点の座標を `nodes` という配列に格納するコードを書くとすれば

―――――― プログラム **3-1** ――――――
```
nodes = array([[0,0], [1,0], [1,1], [0,1]])
```

となる．節点 0～3 の座標を表示するには

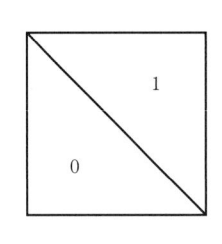

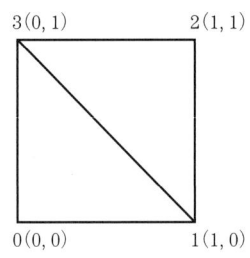

(a) 正方形の音場　　(b) 2つの三角要素に離散化　　(c) 節点のインデックスと座標

図 **3.4**　離散化前後の正方形音場

―― プログラム 3-2 ――
```
print nodes[0,:], nodes[1,:], nodes[2,:], nodes[3,:]
```

となる。また，要素 0, 要素 1 の各要素がどの節点からなるかを elements という配列に格納するコードは

―― プログラム 3-3 ――
```
elements = array([[0,1,3], [1,2,3]])
```

となる。同様に，要素 0, 要素 1 がどの節点からなっているかを表示するには

―― プログラム 3-4 ――
```
print elements[0,:], elements[1,:]
```

になる。基本的に，これらの変数を用いれば，要素ごとの積分のために必要な計算をすべて行うことができるため，やや回りくどい説明ではあるが

- 場を要素に分解し (ここでは三角要素)
- 各節点の座標を変数に格納し (ここでは nodes)
- 各要素がどの節点からなるかを変数に格納する (ここでは elements)

ことが，有限要素法における音場の離散化であると考えてよい。例えば，もっと節点が増えた場合には

―― プログラム 3-5 ――
```
nodes = array([[0,0], [0.1,0], [0.2,0], ... #省略
elements = array([[0,1,7], [1,6,7], [6,2,5], ... #省略
```

などとなるが，実際にはこれらの変数はメッシャなどで生成したメッシュの節点座標を読み込んで使用することになるため，ここではこれ以上の説明は省略することにする。

3.2.2 要素ごとに積分計算を行い，要素マトリクスを計算する

要素ごとの積分については，領域積分になるため，三角要素で考えると各節点の座標があれば計算できることになる．また関数にしておくと便利になるため，例えば`triangularElement`という関数名で要素マトリクスを計算する関数を設計するとプログラム 3-6 のようになる．`triangularElement`関数のなかでの積分計算は，図 3.5 に示すような三角要素を考えている．

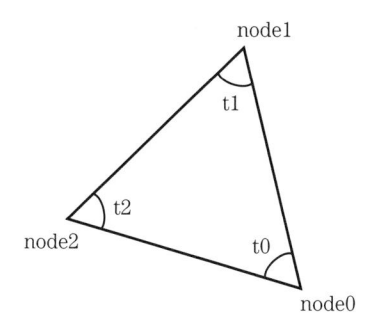

図 3.5 三角要素の例

図 3.5 中の`t0`～`t2`は各頂点の内角を示しており，`node0`～`node2`は，各頂点の座標ベクトルである．要素マトリクスの積分は，三角要素の場合解析的に計算でき

$$\boldsymbol{K}_n = \frac{1}{2}\begin{bmatrix} \cot(\mathtt{t1})+\cot(\mathtt{t2}) & -\cot(\mathtt{t2}) & -\cot(\mathtt{t1}) \\ -\cot(\mathtt{t2}) & \cot(\mathtt{t0})+\cot(\mathtt{t2}) & -\cot(\mathtt{t0}) \\ -\cot(\mathtt{t1}) & -\cot(\mathtt{t0}) & \cot(\mathtt{t0})+\cot(\mathtt{t1}) \end{bmatrix} \tag{3.35}$$

$$\boldsymbol{M}_n = \frac{S}{12c^2}\begin{bmatrix} 2 & 1 & 1 \\ 1 & 2 & 1 \\ 1 & 1 & 2 \end{bmatrix} \tag{3.36}$$

となる．ただし，S は要素の面積，c は音速である．三角形の内角，面積などは各頂点の座標がわかれば計算できるため，最終的にはプログラム 3-6 のようになる．

───── プログラム 3-6 (三角要素の積分関数) ─────

```
def cot(t):
    return 1. / tan(t)

def triangularElement(node0, node1, node2):
    a = node1 - node0
    b = node2 - node1
    c = node0 - node2

    t0 = arccos(dot(-c, a) / (norm(c) * norm(a)))
    t1 = arccos(dot(-a, b) / (norm(a) * norm(b)))
    t2 = arccos(dot(-b, c) / (norm(b) * norm(c)))

    s = (norm(a) + norm(b) + norm(c)) / 2.
    S = sqrt(s * (s - norm(a)) * (s - norm(b)) * (s - norm(c)))
```

```
    K = array([[cot(t1) + cot(t2), -cot(t2), -cot(t1)],
               [-cot(t2), cot(t0) + cot(t2), -cot(t0)],
               [-cot(t1), -cot(t0), cot(t0) + cot(t1)]]) / 2.

    M = array([[2., 1., 1.],
               [1., 2., 1.],
               [1., 1., 2.]]) * S / 12.

    return K, M
```

ここで，要素0，要素1について実際に要素マトリクスを計算すると

$$\boldsymbol{K}_0 = \begin{bmatrix} 1.0 & -0.50 & -0.50 \\ -0.50 & 0.50 & 0.0 \\ -0.50 & 0.0 & 0.50 \end{bmatrix}, \quad \boldsymbol{M}_0 = \frac{1}{c^2}\begin{bmatrix} 0.083 & 0.042 & 0.042 \\ 0.042 & 0.083 & 0.042 \\ 0.042 & 0.042 & 0.083 \end{bmatrix} \quad (3.37)$$

$$\boldsymbol{K}_1 = \begin{bmatrix} 0.50 & -0.50 & 0.0 \\ -0.50 & 1.0 & -0.50 \\ 0.0 & -0.50 & 0.50 \end{bmatrix}, \quad \boldsymbol{M}_1 = \frac{1}{c^2}\begin{bmatrix} 0.083 & 0.042 & 0.042 \\ 0.042 & 0.083 & 0.042 \\ 0.042 & 0.042 & 0.083 \end{bmatrix} \quad (3.38)$$

となる。

3.2.3 要素マトリクスを重ね合わせ，全体マトリクスを構築する

全体マトリクスは，全節点×全節点の大きさをもつ疎行列となるため，SciPyの疎行列クラスを用いれば

―― プログラム 3-7 ――
```
numberOfNodes = nodes.shape[0]
K = lil_matrix((numberOfNodes, numberOfNodes))
M = lil_matrix((numberOfNodes, numberOfNodes))
```

として，全体マトリクスの生成を行うことができる。`nodes`は，先ほど生成した，全節点数×要素の節点数(ここでは3)の大きさの行列であり，`nodes.shape[0]`として全節点を取得している。要素の数だけループして要素マトリクスの計算を行い，全体マトリクスの計算を行うには

―― プログラム 3-8 ――
```
for element in elements:
    # Extract three node coordinates that constitute an element
    node0 = nodes[element[0],:]
    node1 = nodes[element[1],:]
    node2 = nodes[element[2],:]
```

```
        # Calculate elementary matrices
        Kn, Mn = triangularElement(node0, node1, node2)
        Mn /= (343. * 343.)

        # Assemble global system matrices
        for rowIndex in range(Kn.shape[0]):
            for columnIndex in range(Kn.shape[1]):
                K[element[rowIndex],element[columnIndex]] \
                    += Kn[rowIndex,columnIndex]
                M[element[rowIndex],element[columnIndex]] \
                    += Mn[rowIndex,columnIndex]
```

とすればよい。少し理解しづらい部分は

―― プログラム 3-9 ――
```
 K[element[rowIndex],element[columnIndex]] \
     += Kn[rowIndex,columnIndex]
 M[element[rowIndex],element[columnIndex]] \
     += Mn[rowIndex,columnIndex]
```

であるが，要素マトリクス Kn の (rowIndex, columnIndex) の要素が全体マトリクスの (elements[rowIndex], elements[columnIndex]) の要素に対応するため，このようなコードになっている。要素マトリクスの節点インデックスを，全体マトリクスの節点インデックスに変換しているコードと思えばよい。

3.2.4 マトリクス方程式を解き，各節点での音圧を計算する

連立方程式の解法は直接法や反復法など種々の方法が存在し，どれを使うかで計算速度に影響を与えるが，ここでは scipy.linsolve.spsolve という SciPy パッケージの関数を用いることにする。0 番目の節点に 1 の強さの点音源があるとして，音源ベクトルは全節点数×1 の大きさのベクトルであり

―― プログラム 3-10 ――
```
 q = zeros(numberOfNodes)
 q[0] = 1.
```

で設定し

―― プログラム 3-11 ――
```
 omega = 2. * pi * 170.
 phi = spsolve(K - (omega ** 2) * M, q.T)
```

とすれば解くことができ，最後に

44   3. 有限要素法

---- プログラム 3-12 ----

```
print phi
```

として解を出力すればよい．以上をまとめると，プログラム 3-13 のようになる．

---- プログラム 3-13 (有限要素法のコード例) ----

```
from numpy import array, dot
from scipy import pi, arccos, tan, sqrt, zeros
from scipy.linalg import norm
from scipy.sparse import lil_matrix
from scipy.sparse.linalg.dsolve import spsolve

def cot(t):
    return 1. / tan(t)

def triangularElement(node0, node1, node2):
    a = node1 - node0
    b = node2 - node1
    c = node0 - node2

    t0 = arccos(dot(-c, a) / (norm(c) * norm(a)))
    t1 = arccos(dot(-a, b) / (norm(a) * norm(b)))
    t2 = arccos(dot(-b, c) / (norm(b) * norm(c)))

    s = (norm(a) + norm(b) + norm(c)) / 2.
    S = sqrt(s * (s - norm(a)) * (s - norm(b)) * (s - norm(c)))

    K = array([[cot(t1) + cot(t2), -cot(t2), -cot(t1)],
               [-cot(t2), cot(t0) + cot(t2), -cot(t0)],
               [-cot(t1), -cot(t0), cot(t0) + cot(t1)]]) / 2.

    M = array([[2., 1., 1.],
               [1., 2., 1.],
               [1., 1., 2.]]) * S / 12.

    return K, M

nodes = array([[0.,0.], [1.,0.], [1.,1.], [0.,1.]])
elements = array([[0,1,3], [1,2,3]])

numberOfNodes = nodes.shape[0]
K = lil_matrix((numberOfNodes, numberOfNodes))
M = lil_matrix((numberOfNodes, numberOfNodes))

for element in elements:
    node0 = nodes[element[0],:]
    node1 = nodes[element[1],:]
    node2 = nodes[element[2],:]

    Kn, Mn = triangularElement(node0, node1, node2)
    Mn /= (343. * 343.)
```

```
        for rowIndex in range(Kn.shape[0]):
            for columnIndex in range(Kn.shape[1]):
                K[element[rowIndex],element[columnIndex]] \
                    += Kn[rowIndex,columnIndex]
                M[element[rowIndex],element[columnIndex]] \
                    += Mn[rowIndex,columnIndex]
q = zeros(numberOfNodes)
q[0] = 1.

omega = 2. * pi * 170.
phi = spsolve(K - (omega ** 2) * M, q.T)

print phi
```

実際に phi を解くと

$$[\phi_0, \phi_1, \phi_2, \phi_3] = [2.81, -0.255, -2.41, -0.255] \tag{3.39}$$

となる。ただし，ϕ_i は i 番目の節点の速度ポテンシャルである。

3.3 コーディングの応用 -sampleFem2.py-

3.3.1 メッシャを使った離散化

先の例では，節点情報を格納した nodes 変数とインデックス情報を格納した elements 変数を，コード中に埋め込んでいた。より複雑な形状に対応した節点情報とインデックス情報を手動で生成してコードに埋め込むのは現実的でないため，メッシャと呼ばれるプログラムを使用してこれらの変数を作成することになる。

メッシャプログラムは，CAD で使用するファイルを読み込んだり，専用の形状ファイルを読み込んで，種々の節点情報やインデックス情報を生成する。メッシャについては，商用から非商用のものも含めて多数存在するが，ここでは，オープンソースのメッシャプログラムである Gmsh を取り上げる。ファイル 3-1 は Gmsh の形状ファイルの例である。この形状ファイルでは，2次元の正方形音場を表現している。

――――――――――― ファイル 3-1 (Gmsh の形状ファイルの例) ―――――――――――

```
// characteristic length definition
lc = 0.1;

// Definition of points
Point(1) = {0, 0, 0, lc};
Point(2) = {1, 0, 0, lc};
Point(3) = {1, 1, 0, lc};
Point(4) = {0, 1, 0, lc};
```

```
//Definition of lines
Line(1) = {1,2};
Line(2) = {2,3};
Line(3) = {3,4};
Line(4) = {4,1};

//Definition of surface
Line Loop(1) = {1,2,3,4} ;
Plane Surface(1) = {1} ;
```

Gmshの操作そのものを覚え，形状ファイルからメッシュファイルを作成することも可能であるが，プログラミング言語からの呼び出しができると非常に使いやすい。openacousticsでは，Gmshの呼び出し，生成された節点情報とインデックス情報の読み込みをラッピングしたGmshモジュールを用意しており

―― プログラム 3-14 ――
```
from openacoustics.gmsh import *

gmsh = GMsh2D()
gmsh.loadGeo('square.geo', 0.5, order=1)
nodes = gmsh.getNodes()
elements = gmsh.getTriangles("", order=1)
```

などとして，nodes変数やelements変数を作成することができる。Gmshについてのクラスを呼び出すには

―― プログラム 3-15 ――
```
from openacoustics.gmsh import *
```

としてimportを行い

―― プログラム 3-16 ――
```
gmsh = GMsh2D()
```

としてクラスを生成する。ここでは，2次元のメッシュを生成するため，GMsh2Dクラスを用いているが，3次元のメッシュを生成するにはGMsh3Dクラスを呼び出せばよい。

形状ファイルの読み込みは

―― プログラム 3-17 ――
```
gmsh.loadGeo('square.geo', 0.5, order=1)
```

とすればよい。第1引数のsquare.geoは，Gmsh用の形状ファイルへのパスで，ここでは

3.3 コーディングの応用 -sampleFem2.py-

ファイル 3-1 をテキストファイルとして保存したものである。第2引数の 0.5 は，メッシュ生成の際の倍率であり，小さな値にすればするほど，細かいメッシュが生成される。第3引数の order は要素の次元であり，ここでは1次要素を指定している。

クラスから節点の情報を取得するには

―― プログラム 3-18 ――
```
nodes = gmsh.getNodes()
```

とすればよい。これは，サンプルで作成した nodes 変数とまったく同じ形式のデータ構造になっている。また，要素がどの節点からできているかを示すインデックス配列を取得するには

―― プログラム 3-19 ――
```
elements = gmsh.getTriangles("", order=1)
```

とすればよい。これは，サンプルで作成した elements 変数とまったく同じ形式のデータ構造になっている。以上のようなコードで，先ほどのサンプルを組み合わせれば，メッシャを使用したプログラムを比較的簡単に構築することができる。

3.3.2 可 視 化

有限要素法を取り巻く可視化のトピックについては，大規模な可視化も含めると膨大な数になるが，この節では

1. 離散化された音場の可視化

2. 解かれた音響量の可視化

という2つのトピックを想定してサンプルコードを取り上げながら説明をする。

（１） 離散化された音場の可視化　2次元の有限要素法では，離散化した要素のひとつひとつが三角形や四角形などの多角形になる。例えば，図 3.4 では正方形の音場を2つの三角形に離散化している。Python ではさまざまな可視化ライブラリが使用できるが，ここでは，matplotlib という可視化ライブラリを用いて描画することにする。matplotlib は，MATLAB の描画関数を模したライブラリで

- Python で簡単に使用できる

- API の使用が比較的単純で，使いやすい

- EPS など，種々の画像フォーマットで保存できる

といった特長があり，特に大規模な可視化でなければ問題なく用いることができ，TeX や Word などのワープロソフトとも親和性が高い。matplotlib には，PolyCollection という

クラスがあり，複数の多角形を比較的簡単に描画することができる．プログラム 3-20 は，`PolyCollection` クラスを使用して，図 3.4 に示した音場 (2 つの三角形) を描いた例である．実行すると，図 3.6 に示すグラフを表示することができる．

───── プログラム 3-20 (PolyCollection クラスの使用例) ─────

```
from pylab import *
import matplotlib.collections as collections

verts = [ ( (0,0),(0,1),(1,0) ), ( (1,0),(1,1),(0,1) ) ]

col = collections.PolyCollection(verts)
col.set_facecolor((1,1,1,1))

fig=figure()
ax=fig.add_subplot(1,1,1)

ax.add_collection(col)
ax.set_xlim(-0.1,1.1)
ax.set_ylim(-0.1,1.1)
show()
```

`PolyCollection` クラスでは，多角形の頂点情報をもとに多角形を描画する．頂点情報は，座標の Tuple データをリストとして引数で渡すようになっている．例えば，三角形の頂点情報は $((x_0,y_0),(x_1,y_1),(x_2,y_2))$ という Tuple データになり，それらを $[((x_0,y_0),(x_1,y_1),(x_2,y_2)), ((x_3,y_3),(x_4,y_4),(x_5,y_5)),...]$ という形でリストにし，引数で渡すことになる．

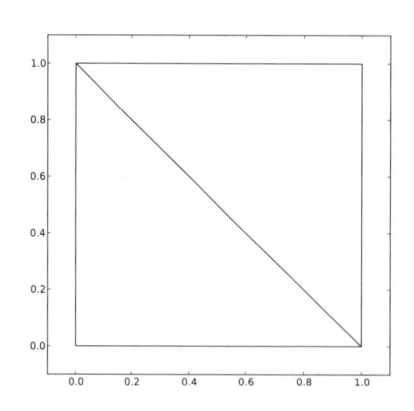

図 3.6 matplotlib を用いた離散化した音場の可視化例

例えば，図 3.4 の要素 1,2 の頂点 (節点) 座標はそれぞれ $(x_0,y_0) = (0,0), (x_1,y_1) = (0,1), (x_2,y_2) = (1,0)$ と $(x_0,y_0) = (1,0), (x_1,y_1) = (1,1), (x_2,y_2) = (0,1)$ となるが，これを Python のコードで表現し，`verts` という変数に頂点情報として格納するとすれば

3.3 コーディングの応用 -sampleFem2.py-

―― プログラム 3-21 ――
```
verts=[((0,0),(0,1),(1,0)),((0,1),(1,1),(1,0))]
```

と書ける。この verts 変数を引数に PolyCollection クラスを生成し，その多角形の塗りを白色にするのは

―― プログラム 3-22 ――
```
col = collections.PolyCollection(verts)
col.set_facecolor((1,1,1,1))
```

と書ける。ここまでくれば

―― プログラム 3-23 ――
```
fig=figure()
```

として，グラフウィンドウを作成し

―― プログラム 3-24 ――
```
ax=fig.add_subplot(1,1,1)
```

として，描画領域 (axis) を作成し，作成した axis に

―― プログラム 3-25 ――
```
ax.add_collection(col)
```

として PolyCollection クラスを追加し

―― プログラム 3-26 ――
```
ax.set_xlim(-0.1,1.1)
ax.set_ylim(-0.1,1.1)
```

とすることで表示範囲を調整し

―― プログラム 3-27 ――
```
show()
```

としてグラフを表示する。これまでの FEM のサンプルでは，x,y 座標の入った配列 nodes とインデックス配列 elements を作成していたが，例えば

―― プログラム 3-28 ――
```
verts=[]
for element in elements:
```

```
node0 = nodes[element[0],:]
node1 = nodes[element[1],:]
node2 = nodes[element[2],:]
verts.append((node0,node1,node2))
```

とすれば，PolyCollection クラスで使用できる座標データを得ることができる．

（2） 解かれた音響量の可視化　　有限要素法では，各節点ごとの音圧の値が得られるため，空間のどの部分で音圧が高いか，などの空間情報を得ることができる．

ここでは，そういった空間情報をひと目でわかるようにするために，要素の中身を各節点の平均値で色付けすることを考える．使用する関数は，先ほどの関数と同じで PolyCollection である．PolyCollection には，facecolor という引数オプションがあり，ここに色として使用する値を指定することができる．

――――― プログラム 3-29 ―――――
```
p=[]
for element in elements:
    p0 = phi[element[0]]
    p1 = phi[element[1]]
    p2 = phi[element[2]]
    p.append((p0+p1+p2)/3.)
```

とすれば，平均値を計算することができる．完全なコードとしては，以下のようになる．

プログラム 3-30 (Gmsh と PolyCollection クラスを使用した FEM コード例 (可視化も含む))
```
# Import required libraries
from numpy import array, dot
from scipy import pi, arccos, tan, sqrt, zeros
from scipy.linalg import norm
from scipy.sparse import lil_matrix
from scipy.sparse.linalg.dsolve import spsolve
from openacoustics.gmsh import *
from matplotlib import cm

# Define a function that returns cotangent of an angle t
def cot(t):
    return 1. / tan(t)

# Takes three node coordinates of a triangular element node0, node1,
# node2 and calculate elementary mass and stiffness matrices [M] and
# [K]
def triangularElement(node0, node1, node2):
    a = node1 - node0
    b = node2 - node1
    c = node0 - node2

    t0 = arccos(dot(-c, a) / (norm(c) * norm(a)))
    t1 = arccos(dot(-a, b) / (norm(a) * norm(b)))
    t2 = arccos(dot(-b, c) / (norm(b) * norm(c)))
```

3.3 コーディングの応用 -sampleFem2.py-

```python
        s = (norm(a) + norm(b) + norm(c)) / 2.
        S = sqrt(s * (s - norm(a)) * (s - norm(b)) * (s - norm(c)))

        K = array([[cot(t1) + cot(t2), -cot(t2), -cot(t1)],
                   [-cot(t2), cot(t0) + cot(t2), -cot(t0)],
                   [-cot(t1), -cot(t0), cot(t0) + cot(t1)]]) / 2.

        M = array([[2., 1., 1.],
                   [1., 2., 1.],
                   [1., 1., 2.]]) * S / 12.

        return K, M

geo = 'square.geo'

# Create an instance of class gmsh
gmsh = GMsh2D()

# Load the .geo file
gmsh.loadGeo(geo, 0.5, order=1)


# Load node indices and coordinates
nodes = gmsh.getNodes()
nodenum = nodes.shape[0] # Number of nodes

# Get the source node number
source = gmsh.getPoints("S")

# Load node numbers of triangular elements
elements = gmsh.getTriangles("", order=1)


# (x, y) coordiates of all nodes: (0, 0), (1, 0), (1, 1), (0, 1)
#nodes = array([[0.,0.], [1.,0.], [1.,1.], [0.,1.]])
# Node numbers that constitutes each of two triangular elements
# (connectivity)
#elements = array([[0,1,3], [1,2,3]])

# Get the number of nodes
numberOfNodes = nodes.shape[0]

# Create elementary matrices
K = lil_matrix((numberOfNodes, numberOfNodes))
M = lil_matrix((numberOfNodes, numberOfNodes))

# Calculate elementary matrices and assemble global system matrices
for element in elements:
    # Extract three node coordinates that constitute an element
    node0 = nodes[element[0],:]
    node1 = nodes[element[1],:]
    node2 = nodes[element[2],:]
```

```
    # Calculate elementary matrices
    Kn, Mn = triangularElement(node0, node1, node2)
    Mn /= (343. * 343.)

    # Assemble global system matrices
    for rowIndex in range(Kn.shape[0]):
        for columnIndex in range(Kn.shape[1]):
            K[element[rowIndex],element[columnIndex]] \
                += Kn[rowIndex,columnIndex]
            M[element[rowIndex],element[columnIndex]] \
                += Mn[rowIndex,columnIndex]

# Set a point source of unit intensity at node 0
q = zeros(numberOfNodes)
q[0] = 1.

# Calculate angular frequency from assumed stationary state at 170 Hz
omega = 2. * pi * 170.

# Solve the system equation
phi = spsolve(K - (omega ** 2) * M, q.T)
phi = abs(phi)

# Print the final solution
import matplotlib.collections as collections
verts=[]
val=[]
for element in elements:
    node0 = nodes[element[0],:]
    node1 = nodes[element[1],:]
    node2 = nodes[element[2],:]
    verts.append((node0,node1,node2))

    p0 = phi[element[0]]
    p1 = phi[element[1]]
    p2 = phi[element[2]]
    val.append((p0+p1+p2)/3.)

col = collections.PolyCollection(verts,cmap=cm.gray)
col.set_array(array(val))
fig=figure()
ax=fig.add_subplot(1,1,1,aspect='equal')
ax.add_collection(col)
fig.show()
```

プログラム 3-30 を実行すると，図 **3.7** のようなコンターが得られる。有限要素法では，要素内の物理量について，線形補間で計算できるため，実際には要素の中身を色付けする際に，節点の値を線形補間した値で描画したいケースもある。執筆時の段階においては，matplotlib は線形補間で多角形の内部を色付けする関数がないため，VTK などのその他の可視化ライ

ブラリに頼ることになる。

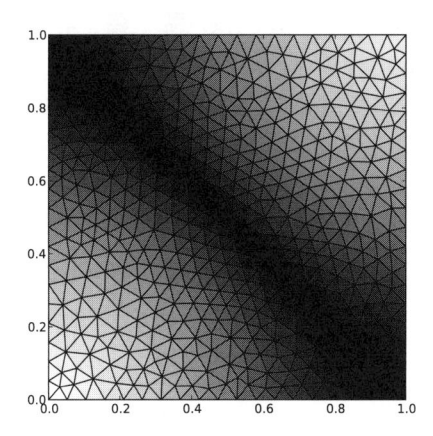

図 **3.7** matplotlib を用いた音場の可視化例

引用・参考文献

1) 菊池文雄. 有限要素法概説 -理工学における基礎と応用-. サイエンス社, 1989. 4. 10.
2) G.M.L. Gladwell. A finite element method for acoustics. *5th Congres International D'Acoustique, Leiege, 1965*, Paper L33.
3) A. Craggs. The use of simple three dimensional acoustic finite elements for determining the natural modes and frequencies of complex shaped enclosures. *J. Sound and Vibration*, Vol. 23, pp. 331–339, 1972.
4) R. J. Astley and W. Eversman. A finite element formulation of the eigen value problem in lined duct with flow. *J. Sound and Vibration*, Vol. 65, pp. 61–74, 1979.

4 境界要素法

境界要素法は，場を形作る境界を有限個の要素に分割し，それらの境界要素上における音圧などに関する連立方程式を解いて場を解析する手法である。本章では，4.1節で理論的背景を解説した後，4.2節では2次元境界要素法のコーディングの基礎，4.3節で外部メッシャによる境界分割と解析結果の可視化について，サンプルコードを示しながら解説する。

境界要素法は，4.1.1項でそのデメリットにあげるように，実際のコーディングに入るまでの理論展開が他の手法と比較して複雑であり，そのことが初学者にとっては高いハードルになりかねない。そこで，とりあえずコードを走らせて手法にふれてみることを目的とする読者は，本章をつぎのように読み進めてもらってもよい。

1）4.1.1～4.1.2(a)
2）4.1.3～4.1.4(1)
3）4.2～4.3

式(4.24)については「波動方程式にいろいろと数学的操作を加えるとこのような式が導ける」と割り切って理解し，それを離散化して導かれる式(4.29)，および境界上の音圧に関する連立方程式(4.34)が境界要素法のコードの中核となることを理解してもらいたい。ただし，上記で省略した部分についても，じっくり取り組めば理解できるよう可能な限りていねいな解説を心がけた。より深く手法を理解して研究や実務に活用したい読者や，3次元解析コードを自作したい読者の参考になれば幸いである。

4.1 境界要素法の数学的基礎

4.1.1 手法の概要

次項で解説するように，波動方程式を変形していくと，音場内のある点における音圧を境界上の音圧に関する積分の形で表すことができる。境界要素法の基本となるこの考え方をイメージしてもらうために，Huygensの原理との比較を図4.1に示す。Huygensの原理によれば，ある瞬間の波面上に多数の要素波源を考えると，各要素波源からの波面の合成がつぎの瞬間の全体の波面となる（図(a)）。一方，境界要素法では，同様に多数の要素音源が境界

4.1 境界要素法の数学的基礎

(a) Huygens の原理 (b) 音場の境界積分表現

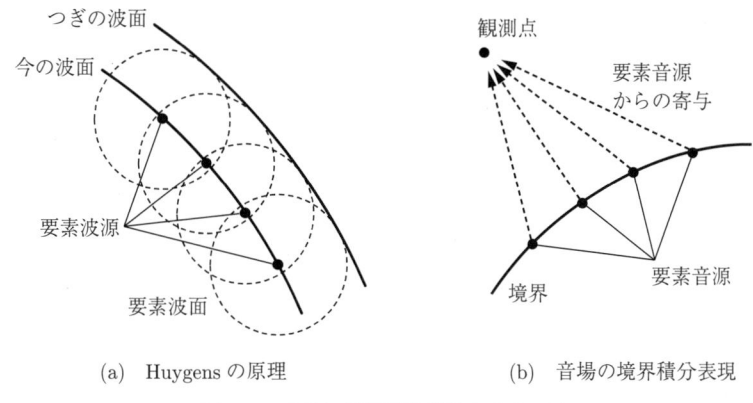

図 4.1 音場の境界積分表現のイメージ

上にあり，各要素音源からの寄与の合成により観測点の音圧が表せると考える（図 (b)）。

音場を境界積分の形で表した式は，観測点を境界上に設定すると境界上の音圧などについての積分方程式となる。それを解いて場を解析する方法は境界積分方程式（boundary integral equation, BIE）法と呼ばれ，1960 年代には音響問題にも適用された[1]。境界要素法は，有限要素法と同様の考え方で境界を要素分割することで，この境界積分方程式を離散化して数値的に解く。そのメリットとしては

- 境界を単純な形状の微小要素に分割することで，複雑な境界で形作られる音場も解析できる

- 境界のみ分割すればよいので，領域全体を分割する場合と比較して，要素分割が容易，かつ未知数の数が少ない

- 音場を囲む境界を無限遠に設定することで，開空間が容易かつ低コストで解析できる

また，デメリットしては

- 理論体系が複雑

- 連立方程式の係数行列が密な非対称行列なので，解を求めるための演算量が多い

- 特定の条件で連立方程式が解けない，あるいは解の精度が著しく低下する場合がある（解の非一意性問題）

といった点があげられる。

本書では，初学者を対象としていること，また他の手法の解説とのバランスから，開空間の解析や解の非一意性問題については扱っていない。これらについては，OpenAcoustics プロジェクトの Web サイト上でフォローしていく予定である。本章で基礎をマスターし，さらに本格的に境界要素法を活用していく際には参照してもらいたい。また，文献2) では，これ

らの問題に加え，高効率解法である高速多重極境界要素法や，さまざまな実際的問題への適用例が紹介されている。

4.1.2 基礎積分方程式

本項では，波動方程式を起点とし，境界要素法の基礎方程式となる境界積分方程式を導くまでの過程を概説する。有限要素法と同様に重み付き残差法を適用し，Green の定理を用いて式変形を行う。有限要素法と異なるのは，Green の定理を二度適用して，領域全体の積分を完全に境界上の積分まで落とし込む点である。

（a） **Helmholtz 方程式**　　ここでは，図 4.2 に示す境界 Γ で規定される音場 Ω を解析することを考える。音場 Ω 内では，任意の点 r における音圧 P についての波動方程式は

$$\nabla^2 P(\boldsymbol{r},t) - \frac{1}{c^2}\frac{\partial^2 P(\boldsymbol{r},t)}{\partial t^2} = -Q(\boldsymbol{r},t) \tag{4.1}$$

で表される。ただし，c は音速，$Q(\boldsymbol{r},t)$ は音源項である。今，音源から周波数 f の純音が継続して発せられており，音場が定常状態にあるとすると，音圧 P は

$$P(\boldsymbol{r},t) = p(\boldsymbol{r})e^{-j\omega t} \tag{4.2}$$

と表せる。ただし，$p(\boldsymbol{r})$ は音圧振幅の空間分布，ω は角周波数（$\omega = 2\pi f$）である。また，音源項も同様に

$$Q(\boldsymbol{r},t) = q(\boldsymbol{r})e^{-j\omega t} \tag{4.3}$$

と表せる。これらの式を代入すると，式 (4.1) の波動方程式は時間依存項 $e^{-j\omega t}$ を省略して

$$\nabla^2 p(\boldsymbol{r}) + k^2 p(\boldsymbol{r}) = -q(\boldsymbol{r}) \tag{4.4}$$

となる。ただし，k は波数（$k = \omega/c = 2\pi f/c$）である。時間依存項を含まない式 (4.4) は，Helmholtz 方程式と呼ばれる微分方程式である。

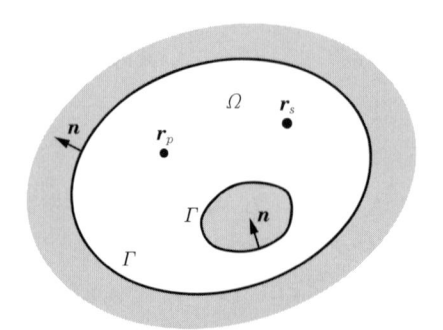

図 4.2　解析音場 Ω と境界 Γ

(**b**) **重み付き残差法，Green の定理**　ここで，重み付き残差法[†1]を適用し，式 (4.4) において両辺に重み関数 w を乗じて音場全体にわたって積分する。

$$\int_\Omega w(\nabla^2 p(\boldsymbol{r}) + k^2 p(\boldsymbol{r}))d\Omega = -\int_\Omega wq(\boldsymbol{r})d\Omega \tag{4.5}$$

つぎに，上式の領域 Ω についての積分から境界 Γ 上の積分へ積分の次元を下げるために，Green の定理を適用する。Green の定理によれば，任意の関数 $\mathcal{F}, \mathcal{G}$ に関して

$$\int_\Omega \mathcal{F}\nabla^2 \mathcal{G} d\Omega = \int_\Gamma \mathcal{F}\frac{\partial \mathcal{G}}{\partial n}d\Gamma - \int_\Omega \mathrm{grad}\mathcal{F}\cdot\mathrm{grad}\mathcal{G} d\Omega \tag{4.6}$$

が成り立つ。ただし，$\frac{\partial}{\partial n}$ は領域 Ω に対して外向き法線方向の微分を表す。上式より式 (4.5) 左辺積分項の第 1 項は，$\mathcal{F} = w, \mathcal{G} = p(\boldsymbol{r})$ として

$$\int_\Omega w\nabla^2 p(\boldsymbol{r})d\Omega = \int_\Gamma w\frac{\partial p(\boldsymbol{r})}{\partial n}d\Gamma - \int_\Omega \mathrm{grad}w\cdot\mathrm{grad}p(\boldsymbol{r})d\Omega \tag{4.7}$$

と書ける。さらに，上式右辺第 2 項は再び Green の定理より，$\mathcal{F} = p(\boldsymbol{r}), \mathcal{G} = w$ として

$$\int_\Omega \mathrm{grad}p(\boldsymbol{r})\cdot\mathrm{grad}w d\Omega = \int_\Gamma p(\boldsymbol{r})\frac{\partial w}{\partial n}d\Gamma - \int_\Omega p(\boldsymbol{r})\nabla^2 w d\Omega \tag{4.8}$$

となる。これらを代入すると，式 (4.5) は以下のように整理される。

$$\int_\Gamma \left(w\frac{\partial p(\boldsymbol{r})}{\partial n} - p(\boldsymbol{r})\frac{\partial w}{\partial n}\right)d\Gamma + \int_\Omega p(\boldsymbol{r})(\nabla^2 w + k^2 w)d\Omega = -\int_\Omega wq(\boldsymbol{r})d\Omega \tag{4.9}$$

(**c**) **Green 関数**　ここで，これまで単に「重み関数」としてきた w について，観測点 $\boldsymbol{r}_p$ と積分変数である点 $\boldsymbol{r}$ に関する Green 関数 $G(\boldsymbol{r}_p, \boldsymbol{r})$ を与える。Green 関数とは，場のある点に単位作用を与えた場合の別のある点における応答を表す関数であり[†2]，ここで考えている定常音場では，右辺を単位強さの点音源項とした以下の Helmholtz 方程式を満たす。

$$\nabla^2 G(\boldsymbol{r}_p, \boldsymbol{r}) + k^2 G(\boldsymbol{r}_p, \boldsymbol{r}) = -\delta(|\boldsymbol{r}_p - \boldsymbol{r}|) \tag{4.10}$$

ただし，δ は Dirac のデルタ関数である。Green 関数 $G(\boldsymbol{r}_p, \boldsymbol{r})$ は，支配方程式 (4.10) に加えて境界条件を与えると具体的に定まる。ここでは，自由音場，すなわち境界がない（もしくは，境界が無限遠にある）として式 (4.10) の基本解

$$G(\boldsymbol{r}_p, \boldsymbol{r}) = \begin{cases} \dfrac{j}{4}H_0^{(1)}(k|\boldsymbol{r}_p - \boldsymbol{r}|) & \text{（2 次元空間）} \\ \dfrac{e^{jk|\boldsymbol{r}_p - \boldsymbol{r}|}}{4\pi|\boldsymbol{r}_p - \boldsymbol{r}|} & \text{（3 次元空間）} \end{cases} \tag{4.11}$$

を与える。ただし，$H_n^{(1)}$ は n 次第 1 種 Hankel 関数である。

[†1] 重み付き残差法については 3.1.2 項も参照されたい。
[†2] Green 関数は，物理場の解析において場の基本応答を表す重要な概念であり，さらに深く理解したい場合は文献3) が参考になる。

（d） 音場の境界積分表現　　式 (4.10) より，式 (4.9) 左辺第 2 項は $w = G(\bm{r}_p, \bm{r})$ として

$$\int_\Omega p(\bm{r})(\nabla^2 G(\bm{r}_p, \bm{r}) + k^2 G(\bm{r}_p, \bm{r}))d\Omega = -\int_\Omega p(\bm{r})\delta(|\bm{r}_p - \bm{r}|)d\Omega \tag{4.12}$$

となる。Dirac のデルタ関数は，その定義

$$\delta(x) = \begin{cases} 0 & (x \neq 0) \\ \infty & (x = 0) \end{cases}, \quad \int_{-\infty}^{\infty} \delta(x)dx = 1 \tag{4.13}$$

から，任意の関数 $\mathcal{H}$ について

$$\int_a^b \mathcal{H}(x)\delta(\alpha - x)dx = \begin{cases} \mathcal{H}(\alpha) & (a < \alpha < b) \\ 0 & (\alpha < a, \quad \alpha > b) \end{cases} \tag{4.14}$$

が成り立つ。これを領域の積分に拡張すれば，$\bm{r}_p$ が領域 Ω 内にある場合，式 (4.12) 右辺は

$$-\int_\Omega p(\bm{r})\delta(|\bm{r}_p - \bm{r}|)d\Omega = -p(\bm{r}_p) \tag{4.15}$$

となる。式 (4.12), (4.15) より，式 (4.9) は

$$\int_\Gamma \left(G(\bm{r}_p, \bm{r})\frac{\partial p(\bm{r})}{\partial n} - p(\bm{r})\frac{\partial G(\bm{r}_p, \bm{r})}{\partial n} \right) d\Gamma - p(\bm{r}_p) = -\int_\Omega G(\bm{r}_p, \bm{r})q(\bm{r})d\Omega$$

さらに

$$p(\bm{r}_p) = \int_\Omega G(\bm{r}_p, \bm{r})q(\bm{r})d\Omega - \int_\Gamma \left(p(\bm{r})\frac{\partial G(\bm{r}_p, \bm{r})}{\partial n} - G(\bm{r}_p, \bm{r})\frac{\partial p(\bm{r})}{\partial n} \right) d\Gamma \tag{4.16}$$

と整理され，観測点 $\bm{r}_p$ における音圧 $p(\bm{r}_p)$ を $p(\bm{r})$ および $\dfrac{\partial p(\bm{r})}{\partial n}$ について境界上で積分した形式で表すことができる。なお，右辺第 1 項に残る領域積分については，後述するように音源分布が定まれば明示的に与えられる。

（e） 境界積分方程式　　つぎに，観測点 $\bm{r}_p$ が境界 Γ 上にある場合を考える。以下，観測点が境界上にあることを明示するために，観測点を $\bm{r}_p^\Gamma$ と記す。式 (4.14) において $a = \alpha$, $b = \alpha + \sigma$ $(0 < \sigma)$ とすると，デルタ関数は偶関数 $(\delta(-x) = \delta(x))$ としての性質をもつので

$$\int_\alpha^{\alpha+\sigma} \mathcal{H}(x)\delta(\alpha - x)dx = \frac{1}{2}\mathcal{H}(\alpha) \tag{4.17}$$

が導かれる[4]。したがって，$\bm{r}_p^\Gamma$ が滑らかな境界（2 次元空間であれば直線，3 次元空間では平面）上にある場合，上式を領域積分に拡張して，式 (4.12) の右辺は

$$-\int_\Omega p(\bm{r})\delta(|\bm{r}_p^\Gamma - \bm{r}|)d\Omega = -\frac{1}{2}p(\bm{r}_p^\Gamma) \tag{4.18}$$

となる[†]。式 (4.15) と式 (4.18) の違いを直感的に理解するために，図 **4.3** に $\bm{r}_p$ のごく近

[†] 点 $\bm{r}_p^\Gamma$ が境界の折れ曲がり部分など"滑らかでない"境界上にある場合は，右辺の音圧 p にかかる係数は 1/2 とならない。そのような場合も含めて式 (4.18) をより一般化するには，積分領域から特異点である $\bm{r}_p^\Gamma$ 近傍をいったん除外し，その除外領域の大きさを 0 に近づける方法で領域積分を評価する[5]（Cauchy の主値積分）。もちろん，この方法によっても，$\bm{r}_p^\Gamma$ が滑らかな境界上にある場合は式 (4.18) が導かれる。

(a) r_p が領域 Ω 内   (b) r_p が境界 Γ 上

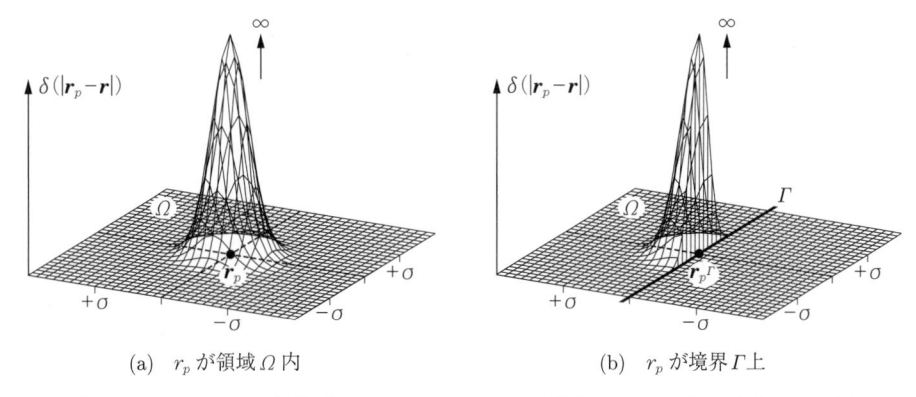

図 **4.3** 点 $\boldsymbol{r}_p$ のごく近傍（$\sigma \to 0$）におけるデルタ関数 $\delta(|\boldsymbol{r}_p - \boldsymbol{r}|)$ の分布イメージ

傍におけるデルタ関数 $\delta(|\boldsymbol{r}_p - \boldsymbol{r}|)$ の分布のイメージを示す。Dirac のデルタ関数はごく狭い範囲にきわめて大きなピークをもつ分布として考えることができる。$\boldsymbol{r}_p$ が領域 Ω 内にある場合は，図 (a) のように積分範囲は分布全体を含み，積分値は 1 となる。一方，$\boldsymbol{r}_p$ が滑らかな境界 Γ 上にある場合（すなわち $\boldsymbol{r}_p^\Gamma$）は，図 (b) のように積分範囲が半分に打ち切られ，積分値は 1/2 となる。式 (4.18) より，観測点 $\boldsymbol{r}_p^\Gamma$ が滑らかな境界 Γ 上にある場合の式 (4.9) は

$$\frac{1}{2}p(\boldsymbol{r}_p^\Gamma) = \int_\Omega G(\boldsymbol{r}_p^\Gamma, \boldsymbol{r}) q(\boldsymbol{r}) d\Omega - \int_\Gamma \left(p(\boldsymbol{r}) \frac{\partial G(\boldsymbol{r}_p^\Gamma, \boldsymbol{r})}{\partial n} - G(\boldsymbol{r}_p^\Gamma, \boldsymbol{r}) \frac{\partial p(\boldsymbol{r})}{\partial n} \right) d\Gamma \tag{4.19}$$

となる。上式は，境界上の音圧に関する積分方程式であり，Helmholtz-Huygens，あるいは Kirchhoff-Helmholtz の境界積分方程式と呼ばれる。

〔f〕音源項 最後に，式 (4.16) および式 (4.19) の右辺第 1 項に残った領域積分について，音源分布 $q(\boldsymbol{r})$ を具体的に与えて処理する。音源を点 $\boldsymbol{r}_s$ に位置する単位強さの点音源（ある 1 点に集中して分布する音源）とすると，音源分布は

$$q(\boldsymbol{r}) = \delta(|\boldsymbol{r} - \boldsymbol{r}_s|) \tag{4.20}$$

で与えられる。これを代入すると，式 (4.15) と同様に

$$\int_\Omega G(\boldsymbol{r}_p, \boldsymbol{r}) q(\boldsymbol{r}) d\Omega = \int_\Omega G(\boldsymbol{r}_p, \boldsymbol{r}) \delta(|\boldsymbol{r} - \boldsymbol{r}_s|) d\Omega = G(\boldsymbol{r}_p, \boldsymbol{r}_s) \tag{4.21}$$

となる。ただし，音源は境界上には位置しないものとする。これは音源 $\boldsymbol{r}_s$ から観測点 $\boldsymbol{r}_p$ への直接の寄与を表す。上式を代入すると，式 (4.16) または式 (4.19) の右辺が境界からの寄与を表す境界積分項に音源からの直接音項，すなわち式 (4.11) を加えた形であることがわかる。また，音源が複数ある場合は，それらからの直接音項を合算すればよい。例えば，2 つの点音源（$\boldsymbol{r}_{s_1}, \boldsymbol{r}_{s_2}$）が同位相で駆動する場合，音源分布は

4. 境界要素法

$$q(\boldsymbol{r}) = \delta(|\boldsymbol{r}-\boldsymbol{r}_{s_1}|) + \delta(|\boldsymbol{r}-\boldsymbol{r}_{s_2}|) \tag{4.22}$$

で与えられ

$$\int_\Omega G(\boldsymbol{r}_p,\boldsymbol{r})q(\boldsymbol{r})d\Omega = \int_\Omega G(\boldsymbol{r}_p,\boldsymbol{r})\delta(|\boldsymbol{r}-\boldsymbol{r}_{s_1}|)d\Omega + \int_\Omega G(\boldsymbol{r}_p,\boldsymbol{r})\delta(|\boldsymbol{r}-\boldsymbol{r}_{s_2}|)d\Omega$$
$$= G(\boldsymbol{r}_p,\boldsymbol{r}_{s_1}) + G(\boldsymbol{r}_p,\boldsymbol{r}_{s_2}) \tag{4.23}$$

である。これを拡張すれば，線状や面状に分布する音源を表現することも可能である。

4.1.3 離 散 化

本項では，境界を微小の要素に分割して境界積分方程式を数値的に解く手順を解説する。

4.1.2項より，境界 $\varGamma$ で規定され，単位強さの点音源が点 $\boldsymbol{r}_s$ に位置する定常音場内の任意の観測点 $\boldsymbol{r}_p$ における音圧 $p(\boldsymbol{r}_p)$ は，式 (4.16)，(4.19)，(4.21) をまとめて

$$\varepsilon p(\boldsymbol{r}_p) = G(\boldsymbol{r}_p,\boldsymbol{r}_s) - \int_\varGamma \left(p(\boldsymbol{r})\frac{\partial G(\boldsymbol{r}_p,\boldsymbol{r})}{\partial n} - G(\boldsymbol{r}_p,\boldsymbol{r})\frac{\partial p(\boldsymbol{r})}{\partial n} \right) d\varGamma \tag{4.24}$$

と表せる。ただし，G は式 (4.11) に示す自由音場の Green 関数，$\frac{\partial}{\partial n}$ は音場に対して外向き法線方向の微分を表す。また，ε は $\boldsymbol{r}_p$ が音場内にある場合は $\varepsilon=1$，滑らかな境界上にある場合は $\varepsilon=1/2$ である。なお，$\boldsymbol{r}_p$ が音場外にある場合は $\varepsilon=0$ である（式 (4.14) の α が積分範囲外にある場合に相当）。G および $\frac{\partial G}{\partial n}$ は明示的な式で与えられるので，式 (4.24) より境界上の音圧およびその法線方向微分値が求まれば，その解を用いて音場内の任意の点における音圧が算出できる。

（a） 境界の要素分割　　しかしながら，単純な音場を除いて式 (4.24) を解析的に解くことは難しい。そこで，数値的に解を求めるために，図 4.4 に示すように境界を微小な境界要素（2次元空間であれば直線要素，3次元空間では三角形または四角形要素）に分割する。

ここでは，境界要素は十分に小さく，ある要素上では音圧およびその法線方向微分値は一定と見なせるとする。すなわち，境界要素 $\varGamma_m$ の中心における音圧を p_m として

$$p(\boldsymbol{r}) \approx p_m, \quad \frac{\partial p(\boldsymbol{r})}{\partial n} \approx \frac{\partial p_m}{\partial n} \quad (\boldsymbol{r} \in \varGamma_m) \tag{4.25}$$

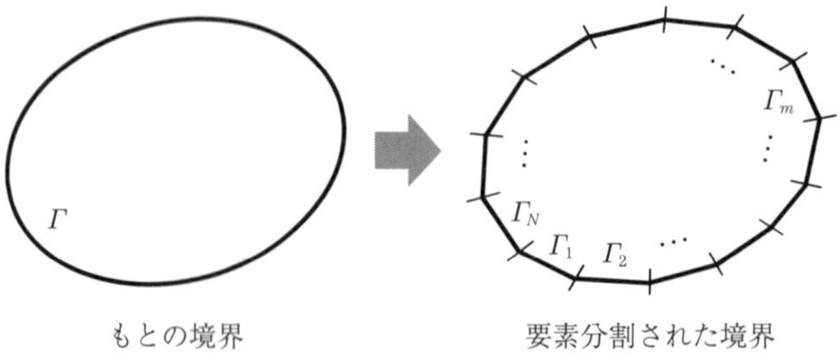

図 4.4　境界の要素分割

と仮定する。このような近似を仮定した境界要素は一定要素と呼ばれる。本書では扱わないが，一定要素以外にも境界上の値の近似の方法により線形要素，2次要素などがある[2),6)]。

境界要素のサイズは計算コスト（計算時間や使用メモリ量）と計算精度の兼ね合いにより決めることになるが，一定要素では波長の1/5～1/6以下とすることが多い。

（b） **境界条件**　　境界上の音圧の法線方向微分値は，音場の運動方程式 (1.6) より

$$\frac{\partial}{\partial n}(p_m e^{-j\omega t}) = -\rho \frac{\partial}{\partial t}(u_m^n e^{-j\omega t}) \quad \Leftrightarrow \quad \frac{\partial p_m}{\partial n} = j\omega \rho u_m^n \tag{4.26}$$

である。ただし，u_m^n は境界要素 $\varGamma_m$ の中心における外向き法線方向粒子速度の空間依存項である。また，吸音性境界では局所作用を仮定[†]すると，境界上での音圧と法線方向粒子速度の関係は

$$u_m^n = \frac{1}{\rho c z_m} p_m = \frac{\beta_m}{\rho c} p_m \tag{4.27}$$

で与えられる。ただし，z_m は媒質（空気）の固有音響インピーダンス（ρc，特性インピーダンスともいう）で基準化した境界 $\varGamma_m$ 上の垂直入射音響インピーダンス比，β_m はその逆数で垂直入射音響アドミタンス比である。上式を式 (4.26) に代入すると

$$\frac{\partial p_m}{\partial n} = \frac{jk}{z_m} p_m = jk\beta_m p_m \tag{4.28}$$

となる。

解析においては境界条件として，吸音性境界では z_m あるいは β_m を，振動する物体表面などの振動境界では u_m^n（= 境界の振動速度）を設定する。また，完全反射性の境界には，$u_m^n = 0$ あるいは $z_m = \infty$（$\beta_m = 0$）を与える。

（c） **連立方程式**　　境界が N 個の一定要素に分割されたとすると，式 (4.24) は式 (4.25) よりつぎのように離散化される。ただし，境界要素 $\varGamma_1 \sim \varGamma_{N'}$ には吸音性境界として $\beta_1 \sim \beta_{N'}$ が，$\varGamma_{N'+1} \sim \varGamma_N$ には振動境界として $u_{N'+1}^n \sim u_N^n$ が境界条件として与えられるとする。

$$\begin{aligned}
\varepsilon p(\bm{r}_p) &= G(\bm{r}_p, \bm{r}_s) - \sum_{m=1}^{N} \int_{\varGamma_m} \left(p_m \frac{\partial G(\bm{r}_p, \bm{r})}{\partial n} - G(\bm{r}_p, \bm{r}) \frac{\partial p_m}{\partial n} \right) d\varGamma \\
&= G(\bm{r}_p, \bm{r}_s) - \sum_{m=1}^{N} \left(p_m \int_{\varGamma_m} \frac{\partial G(\bm{r}_p, \bm{r})}{\partial n} d\varGamma - \frac{\partial p_m}{\partial n} \int_{\varGamma_m} G(\bm{r}_p, \bm{r}) d\varGamma \right) \\
&= G(\bm{r}_p, \bm{r}_s) - \sum_{m=1}^{N} h_m(\bm{r}_p) p_m - \sum_{m=1}^{N'} g_m(\bm{r}_p) p_m - \sum_{m=N'+1}^{N} g'_m(\bm{r}_p) u_m^n
\end{aligned} \tag{4.29}$$

[†] 境界面の粒子速度について，大きさはその位置の音圧によってのみ決まり，方向は境界面の法線方向のみとする仮定。吸音材の表面を境界とすると，吸音材内部の音速が空気中と比べて十分に遅い場合や，内部で音波が急速に減衰する場合にこのように仮定できる[7)]。板（膜）振動型吸音材や厚い多孔質吸音材の表面では局所作用の仮定は成り立たないことが多い。

ここで

$$h_m(\boldsymbol{r}_p) = \int_{\Gamma_m} \frac{\partial G(\boldsymbol{r}_p, \boldsymbol{r})}{\partial n} d\Gamma \tag{4.30}$$

$$g_m(\boldsymbol{r}_p) = -jk\beta_m \int_{\Gamma_m} G(\boldsymbol{r}_p, \boldsymbol{r}) d\Gamma \tag{4.31}$$

$$g'_m(\boldsymbol{r}_p) = -j\omega\rho \int_{\Gamma_m} G(\boldsymbol{r}_p, \boldsymbol{r}) d\Gamma \tag{4.32}$$

である。

なお，$\boldsymbol{r}_p$ が境界要素 Γ_l の中心 $\boldsymbol{r}_l$ ($l=1,2,\cdots,N$) に位置する場合，式 (4.29) は境界上の音圧 p_l に関する一次方程式

$$\frac{1}{2}p_l = G(\boldsymbol{r}_l, \boldsymbol{r}_s) - \sum_{m=1}^{N} h_m(\boldsymbol{r}_l)p_m - \sum_{m=1}^{N'} g_m(\boldsymbol{r}_l)p_m - \sum_{m=N'+1}^{N} g'_m(\boldsymbol{r}_l)u_m^n \tag{4.33}$$

となる。

したがって，すべての境界要素の中心 $\boldsymbol{r}_1 \sim \boldsymbol{r}_N$ について上式を連立すると，$p_1 \sim p_N$ を未知数とした N 元連立一次方程式

$$\left(\frac{1}{2}\boldsymbol{I} + \boldsymbol{H} + \boldsymbol{G}\right)\boldsymbol{p} = \boldsymbol{p}_d - \boldsymbol{G}'\boldsymbol{u} \tag{4.34}$$

が得られる。ただし，$\boldsymbol{I}$ は単位行列で，各行列およびベクトルの成分はつぎのとおりである。

$$\boldsymbol{H} = \begin{bmatrix} h_1(\boldsymbol{r}_1) & h_2(\boldsymbol{r}_1) & \cdots & h_N(\boldsymbol{r}_1) \\ h_1(\boldsymbol{r}_2) & h_2(\boldsymbol{r}_2) & \cdots & h_N(\boldsymbol{r}_2) \\ \vdots & \vdots & \ddots & \vdots \\ h_1(\boldsymbol{r}_N) & h_2(\boldsymbol{r}_N) & \cdots & h_N(\boldsymbol{r}_N) \end{bmatrix} \tag{4.35}$$

$$\boldsymbol{G} = \begin{bmatrix} g_1(\boldsymbol{r}_1) & g_2(\boldsymbol{r}_1) & \cdots & g_{N'}(\boldsymbol{r}_1) & 0 & \cdots & 0 \\ g_1(\boldsymbol{r}_2) & g_2(\boldsymbol{r}_2) & \cdots & g_{N'}(\boldsymbol{r}_2) & 0 & \cdots & 0 \\ \vdots & \vdots & \ddots & \vdots & \vdots & \ddots & \vdots \\ g_1(\boldsymbol{r}_{N'}) & g_2(\boldsymbol{r}_{N'}) & \cdots & g_{N'}(\boldsymbol{r}_{N'}) & 0 & \cdots & 0 \\ \vdots & \vdots & \ddots & \vdots & \vdots & \ddots & \vdots \\ g_1(\boldsymbol{r}_N) & g_2(\boldsymbol{r}_N) & \cdots & g_{N'}(\boldsymbol{r}_N) & 0 & \cdots & 0 \end{bmatrix} \tag{4.36}$$

$$\boldsymbol{G}' = \begin{bmatrix} g'_{N'+1}(\boldsymbol{r}_1) & g'_{N'+2}(\boldsymbol{r}_1) & \cdots & g'_N(\boldsymbol{r}_1) \\ g'_{N'+1}(\boldsymbol{r}_2) & g'_{N'+2}(\boldsymbol{r}_2) & \cdots & g'_N(\boldsymbol{r}_2) \\ \vdots & \vdots & \ddots & \vdots \\ g'_{N'+1}(\boldsymbol{r}_N) & g'_{N'+2}(\boldsymbol{r}_N) & \cdots & g'_N(\boldsymbol{r}_N) \end{bmatrix} \tag{4.37}$$

$$\boldsymbol{p} = \begin{bmatrix} p_1 & p_2 & \cdots & p_N \end{bmatrix}^T \tag{4.38}$$

$$\boldsymbol{p}_d = \begin{bmatrix} G(\boldsymbol{r}_1, \boldsymbol{r}_s) & G(\boldsymbol{r}_2, \boldsymbol{r}_s) & \cdots & G(\boldsymbol{r}_N, \boldsymbol{r}_s) \end{bmatrix}^T \tag{4.39}$$

$$\boldsymbol{u} = \begin{bmatrix} u^n_{N'+1} & u^n_{N'+2} & \cdots & u^n_N \end{bmatrix}^T \tag{4.40}$$

式 (4.34) を解くには，直接解法（LU 分解法など）や各種反復解法が用いられる[8]。なお，計算環境により連立方程式のソルバが実装されていない場合は，Netlib[9] などの公開ライブラリから入手できる[10],[11]。連立方程式を解いて得られた境界要素上の音圧 $p_1 \sim p_N$ を式 (4.29) に代入することで，任意の観測点における音圧 $p(\boldsymbol{r}_p)$ を計算することができる。

4.1.4 境 界 積 分

本項では，境界要素上の積分項 h_m, g_m を実際に計算機上で計算可能な形で表す過程とその計算方法について解説する（g'_m は g_m と同様なので省略する）。2 次元空間の解析と 3 次元空間の解析では，線積分と面積分の違い，また，式 (4.11) に示す Green 関数の違いがあるため，それぞれに分けて記述する。以降では，計算プログラム内で境界要素，音源および観測点の位置はデカルト座標系（xyz 座標系）で与えられるとする。

（1） 2 次元空間 2 次元空間における式 (4.30), (4.31) は，式 (4.11) より自由音場の Green 関数を具体的に与えると

$$h_m(\boldsymbol{r}_p) = \frac{j}{4} \int_{\Gamma_m} \frac{\partial}{\partial n} H_0^{(1)}(k|\boldsymbol{r}_p - \boldsymbol{r}|) d\Gamma \tag{4.41}$$

$$g_m(\boldsymbol{r}_p) = \frac{k\beta_m}{4} \int_{\Gamma_m} H_0^{(1)}(k|\boldsymbol{r}_p - \boldsymbol{r}|) d\Gamma \tag{4.42}$$

と書ける。

（a） 局 所 座 標 図 4.5 に境界要素 Γ_m を示す。ここでは，境界要素の中心を $\boldsymbol{r}_m$，両端を $\boldsymbol{r}_{m1}$, $\boldsymbol{r}_{m2}$ とする。それぞれの x, y 座標は図のとおりである。境界要素 Γ_m 上の積分を計算機上で実行するためには，具体的な積分変数で被積分関数と積分範囲を記述する必要

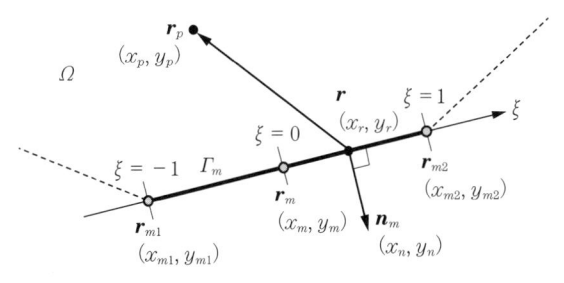

図 4.5 2 次元空間の境界要素（直線要素）と局所座標

がある。そこで，Γ_m に沿って $\bm{r}_{m1}, \bm{r}_m, \bm{r}_{m2}$ をそれぞれ $\xi = -1, 0, 1$ とする座標軸 ξ を導入する。このような，ある境界要素に着目して与える座標系を局所座標系と呼ぶ。

境界上の点 $\bm{r}$ は局所座標 ξ を用いてつぎのように表せる。

$$\bm{r}(\xi) = \varphi_1 \bm{r}_{m1} + \varphi_2 \bm{r}_{m2}$$
$$\Leftrightarrow \begin{cases} x_r(\xi) = \varphi_1 x_{m1} + \varphi_2 x_{m2} \\ y_r(\xi) = \varphi_1 y_{m1} + \varphi_2 y_{m2} \end{cases} \tag{4.43}$$

$$\varphi_1 = \frac{1}{2}(1-\xi), \quad \varphi_2 = \frac{1}{2}(1+\xi) \tag{4.44}$$

ただし，$-1 \leqq \xi \leqq 1$ である。端点座標から境界内の座標を与える φ_i は形状関数と呼ばれる。x_r, y_r が ξ により具体的に与えられるので，点 $\bm{r}_p, \bm{r}(\xi)$ 間の距離は

$$r(\xi) = \sqrt{(x_p - x_r(\xi))^2 + (y_p - y_r(\xi))^2} \tag{4.45}$$

で計算できる。ただし，$r(\xi) = |\bm{r}_p - \bm{r}(\xi)|$ である。また，積分路 Γ_m 上の微小長さ $d\Gamma$ は，$\bm{r}(\xi)$ が ξ 軸に沿って微小量 $(d\xi)$ 変位した距離であるから

$$d\Gamma = \left| \left(\bm{r}(\xi) + \frac{\partial \bm{r}(\xi)}{\partial \xi} d\xi \right) - \bm{r}(\xi) \right| = \left| \frac{d\bm{r}(\xi)}{d\xi} \right| d\xi$$

と表せ，さらに式 (4.43), (4.44) より

$$d\Gamma = \frac{1}{2} |\bm{r}_{m2} - \bm{r}_{m1}| d\xi = \frac{L_m}{2} d\xi \tag{4.46}$$

である。ただし，L_m は境界要素長である。ここまでをまとめると，式 (4.41), (4.42) は

$$h_m(\bm{r}_p) = \frac{j}{4} \frac{L_m}{2} \int_{-1}^{1} \frac{\partial}{\partial n} H_0^{(1)}(kr(\xi)) d\xi \tag{4.47}$$

$$g_m(\bm{r}_p) = \frac{k\beta_m}{4} \frac{L_m}{2} \int_{-1}^{1} H_0^{(1)}(kr(\xi)) d\xi \tag{4.48}$$

と変換される。

（b） **法線方向微分**　h_m については，さらに法線方向微分を処理する必要がある。境界 Γ_m における外向き法線ベクトルを $\bm{n}_m$ とすると，式 (4.47) は

$$h_m(\bm{r}_p) = \frac{j}{4} \frac{L_m}{2} \int_{-1}^{1} \frac{dH_0^{(1)}(kr(\xi))}{d(kr(\xi))} \frac{\partial (kr(\xi))}{\partial n_m} d\xi$$
$$= -\frac{jk}{4} \frac{L_m}{2} \int_{-1}^{1} H_1^{(1)}(kr(\xi)) \frac{\partial r(\xi)}{\partial n_m} d\xi \tag{4.49}$$

となる。なお，$\dfrac{dH_0^{(1)}(z)}{dz} = -H_1^{(1)}(z)$ である[12]。微分の定義から $\dfrac{\partial r(\xi)}{\partial n_m}$ は，点 $\bm{r}(\xi)$ におけ

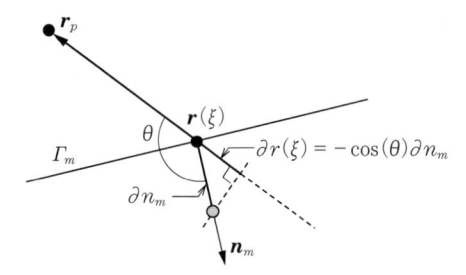

図 4.6 法線方向微分の考え方

る n_m 方向への微小移動量 ∂n_m に対する,そのときの $r(\xi)$,すなわち $|r_p - r(\xi)|$ の変化量 $\partial r(\xi)$ の比である。したがって,図 **4.6** に示すようにベクトル $r_p - r(\xi)$ と n_m のなす角を θ とすると

$$\partial r(\xi) = -\cos(\theta)\partial n_m$$

であり,n_m を大きさ 1 の単位法線ベクトルとすると

$$\frac{\partial r(\xi)}{\partial n_m} = -\cos(\theta) = -\frac{(r_p - r(\xi)) \cdot n_m}{r(\xi) \cdot 1} \tag{4.50}$$

となる。

ここで,境界要素の端点は図 4.5 に示したように,r_{m1} から r_{m2} に向かって常に左側が解析対象の音場となるように与えるとする。この場合,音場に対して外向きの法線ベクトル n_m は,ベクトル $r_{m2} - r_{m1}$ を時計回りに $\pi/2$ 回転させてベクトル長で割ることで求まる。回転を表す 1 次変換は,反時計回りの回転角を θ として

$$T(\theta) = \begin{bmatrix} \cos\theta & -\sin\theta \\ \sin\theta & \cos\theta \end{bmatrix}$$

であるので

$$n_m = \begin{bmatrix} x_n \\ y_n \end{bmatrix} = \frac{1}{L_m} \begin{bmatrix} 0 & 1 \\ -1 & 0 \end{bmatrix} \begin{bmatrix} x_{m2} - x_{m1} \\ y_{m2} - y_{m1} \end{bmatrix} = \frac{1}{L_m} \begin{bmatrix} y_{m2} - y_{m1} \\ -(x_{m2} - x_{m1}) \end{bmatrix} \tag{4.51}$$

となり,式 (4.50),(4.51) から点 $r(\xi)$ における法線方向微分値が計算できる。

(c) **積分の計算**　　以上より,観測点と境界要素端点の座標が与えられれば h_m,g_m の被積分関数は具体的に計算できる。係数行列 H,G の非対角成分のように,点 r_p が積分路である境界要素 Γ_m 上に位置しない場合,$h_m(r_p)$ および $g_m(r_p)$ は,それぞれ式 (4.49),(4.48) に数値積分法を適用して計算できる。求積法としては,一般に Gauss-Legendre 法[8] が用いられることが多い。

一方，$\boldsymbol{H}$，$\boldsymbol{G}$ の対角成分 $h_m(\boldsymbol{r}_m)$，$g_m(\boldsymbol{r}_m)$ は，積分路中に被積分関数が発散する点を含む特異積分であるため，別の方法で積分値を算出する必要がある。具体的には，$\xi=0$ のとき $r(0)=\boldsymbol{r}_m=\boldsymbol{r}_p$ で，式 (4.45) より $r(0)=0$ となり Hankel 関数が無限大となる。ただし，$h_m(\boldsymbol{r}_m)$ については，この場合ベクトル $\boldsymbol{r}_p-\boldsymbol{r}(\xi)$ と法線ベクトル $\boldsymbol{n}_m$ はつねに直交し，その内積は 0 なので

$$\frac{\partial r(\xi)}{\partial n_m}=0 \Rightarrow h_m(\boldsymbol{r}_m)=0 \tag{4.52}$$

となり，計算は不要である。$g_m(\boldsymbol{r}_m)$ については，$r(\xi)=\frac{L_m}{2}|\xi|$ であり，被積分関数が $\xi=0$ を中心に偶関数であることから，式 (4.48) は

$$g_m(\boldsymbol{r}_m)=\frac{k\beta_m}{4}\frac{L_m}{2}2\int_0^1 H_0^{(1)}\left(\frac{kL_m}{2}\xi\right)d\xi=\frac{\beta_m}{2}\int_0^{kL_m/2}H_0^{(1)}(\eta)d\eta \tag{4.53}$$

となる。ただし，$\eta=\frac{kL_m}{2}\xi$ である。上式には Hankel 関数の特異積分が含まれるが，本書で標準環境とする Python の科学計算パッケージ SciPy には，その積分値を計算する関数が組み込まれており，それを用いれば $g_m(\boldsymbol{r}_m)$ を算出できる（後出 4.2.4 項（a）参照）。他の計算環境で上記の特異積分値を直接得られない場合は，つぎのように展開することで計算できる[12]。

$$\int_0^{\alpha} H_0^{(1)}(\eta)d\eta=\alpha H_0^{(1)}(\alpha)+\frac{1}{2}\left\{\mathbf{H}_0(\alpha)H_1^{(1)}(\alpha)-\mathbf{H}_1(\alpha)H_0^{(1)}(\alpha)\right\} \tag{4.54}$$

ただし，$\mathbf{H}_n$ は n 次 Struve 関数である。Struve 関数がはじめから組み込まれている環境は少ないが，公開ライブラリから入手することができる。参考までに Netlib 上では cephes[13] (C/C++)，toms757[14] (FORTRAN) といったライブラリで Struve 関数が実装されている。なお，Hankel 関数を含む Bessel 関数群が計算環境に組み込まれていない場合も，同様に公開ライブラリから入手できる[13,15]。

(2)　**3 次元空間**　3 次元空間における式 (4.30)，(4.31) は，式 (4.11) より自由音場の Green 関数を具体的に与えると

$$h_m(\boldsymbol{r}_p)=\frac{1}{4\pi}\int_{\Gamma_m}\frac{\partial}{\partial n}\frac{e^{jk|\boldsymbol{r}_p-\boldsymbol{r}|}}{|\boldsymbol{r}_p-\boldsymbol{r}|}d\Gamma \tag{4.55}$$

$$g_m(\boldsymbol{r}_p)=-\frac{jk\beta_m}{4\pi}\int_{\Gamma_m}\frac{e^{jk|\boldsymbol{r}_p-\boldsymbol{r}|}}{|\boldsymbol{r}_p-\boldsymbol{r}|}d\Gamma \tag{4.56}$$

と書ける。

(a)　**局所座標**　ここでは，境界は三角形要素で分割されているとする。図 **4.7** に境界要素 Γ_m を示す。境界要素の中心を $\boldsymbol{r}_m$，頂点を $\boldsymbol{r}_{m1}\sim\boldsymbol{r}_{m3}$ とする。それぞれの座標は図のとおりである。

4.1 境界要素法の数学的基礎

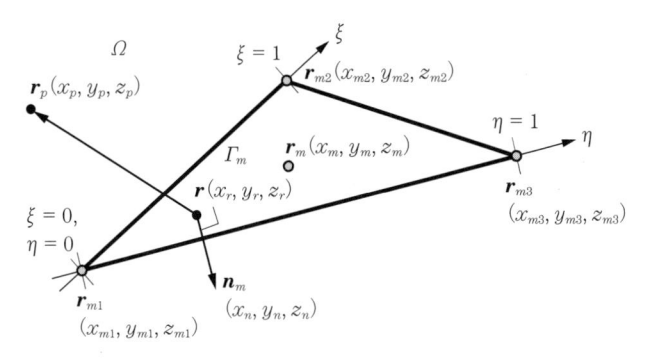

図 4.7 3次元空間の境界要素（三角形要素）と局所座標

2次元空間の場合と同様に，境界要素上の積分を計算機上で実行可能にするために，局所座標 ξ, η を導入して，境界上の点 $\boldsymbol{r}$ をつぎのように表す。

$$\boldsymbol{r}(\xi,\eta) = \varphi_1 \boldsymbol{r}_{m1} + \varphi_2 \boldsymbol{r}_{m2} + \varphi_3 \boldsymbol{r}_{m3}$$

$$\Leftrightarrow \begin{cases} x_r(\xi,\eta) &= \varphi_1 x_{m1} + \varphi_2 x_{m2} + \varphi_3 x_{m3} \\ y_r(\xi,\eta) &= \varphi_1 y_{m1} + \varphi_2 y_{m2} + \varphi_3 y_{m3} \\ z_r(\xi,\eta) &= \varphi_1 z_{m1} + \varphi_2 z_{m2} + \varphi_3 z_{m3} \end{cases} \tag{4.57}$$

$$\varphi_1 = 1 - \xi - \eta, \quad \varphi_2 = \xi, \quad \varphi_3 = \eta \tag{4.58}$$

ただし，$0 \leqq \xi \leqq 1$，$0 \leqq \eta \leqq 1 - \xi$ である。x_r, y_r, z_r が ξ, η により具体的に与えられるので，点 $\boldsymbol{r}_p, \boldsymbol{r}(\xi,\eta)$ 間の距離は

$$r = \sqrt{(x_p - x_r)^2 + (y_p - y_r)^2 + (z_p - z_r)^2} \tag{4.59}$$

で計算できる。ただし，$r = |\boldsymbol{r}_p - \boldsymbol{r}|$ である。数式が煩雑になるので，上式以降は ξ, η の関数であることを意味する (ξ,η) は省略する。また，積分領域 Γ_m 上の微小面積 $d\Gamma$ は図 **4.8** に示すように，点 $\boldsymbol{r}$ から ξ 方向に微小変位した点へのベクトルと，η 方向に微小変位した点へのベクトルのなす平行四辺形の面積であり

$$d\Gamma = \left| \left(\boldsymbol{r} + \frac{\partial \boldsymbol{r}}{\partial \xi} d\xi - \boldsymbol{r}\right) \times \left(\boldsymbol{r} + \frac{\partial \boldsymbol{r}}{\partial \eta} d\eta - \boldsymbol{r}\right) \right| = \left| \frac{\partial \boldsymbol{r}}{\partial \xi} \times \frac{\partial \boldsymbol{r}}{\partial \eta} \right| d\eta d\xi \tag{4.60}$$

と表せる。ここで，記号 × はベクトルの外積を表し

$$\left| \frac{\partial \boldsymbol{r}}{\partial \xi} \times \frac{\partial \boldsymbol{r}}{\partial \eta} \right| = \left\| \begin{vmatrix} \frac{\partial y_r}{\partial \xi} & \frac{\partial z_r}{\partial \xi} \\ \frac{\partial y_r}{\partial \eta} & \frac{\partial z_r}{\partial \eta} \end{vmatrix} \boldsymbol{i} - \begin{vmatrix} \frac{\partial x_r}{\partial \xi} & \frac{\partial z_r}{\partial \xi} \\ \frac{\partial x_r}{\partial \eta} & \frac{\partial z_r}{\partial \eta} \end{vmatrix} \boldsymbol{j} + \begin{vmatrix} \frac{\partial x_r}{\partial \xi} & \frac{\partial y_r}{\partial \xi} \\ \frac{\partial x_r}{\partial \eta} & \frac{\partial y_r}{\partial \eta} \end{vmatrix} \boldsymbol{k} \right\|$$

$$= \sqrt{\left(\frac{\partial y_r}{\partial \xi}\frac{\partial z_r}{\partial \eta} - \frac{\partial z_r}{\partial \xi}\frac{\partial y_r}{\partial \eta}\right)^2 + \left(\frac{\partial x_r}{\partial \xi}\frac{\partial z_r}{\partial \eta} - \frac{\partial z_r}{\partial \xi}\frac{\partial x_r}{\partial \eta}\right)^2 + \left(\frac{\partial x_r}{\partial \xi}\frac{\partial y_r}{\partial \eta} - \frac{\partial y_r}{\partial \xi}\frac{\partial x_r}{\partial \eta}\right)^2}$$

$$\tag{4.61}$$

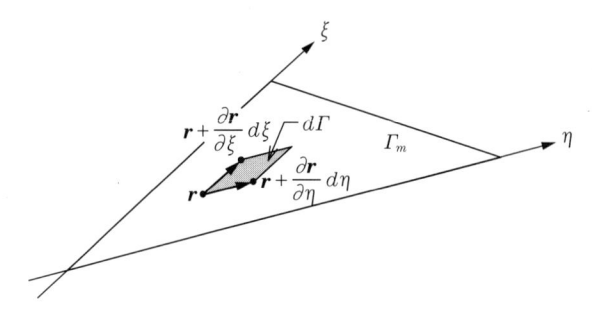

図 4.8 Γ_m 上の微小面積 $d\Gamma$

で計算できる．上式中の i, j, k は x, y, z 方向の単位ベクトルである．各微分値は，式 (4.57), (4.58) より

$$\frac{\partial \boldsymbol{r}}{\partial \xi} = \boldsymbol{r}_{m2} - \boldsymbol{r}_{m1}$$
$$\Leftrightarrow \left(\frac{\partial x_r}{\partial \xi}, \frac{\partial y_r}{\partial \xi}, \frac{\partial z_r}{\partial \xi}\right) = (x_{m2} - x_{m1}, y_{m2} - y_{m1}, z_{m2} - z_{m1}) \tag{4.62}$$

$$\frac{\partial \boldsymbol{r}}{\partial \eta} = \boldsymbol{r}_{m3} - \boldsymbol{r}_{m1}$$
$$\Leftrightarrow \left(\frac{\partial x_r}{\partial \eta}, \frac{\partial y_r}{\partial \eta}, \frac{\partial z_r}{\partial \eta}\right) = (x_{m3} - x_{m1}, y_{m3} - y_{m1}, z_{m3} - z_{m1}) \tag{4.63}$$

である．ここまでをまとめると，式 (4.55), (4.56) はつぎのように変換される．

$$h_m(\boldsymbol{r}_p) = \frac{1}{4\pi} \left|\frac{\partial \boldsymbol{r}}{\partial \xi} \times \frac{\partial \boldsymbol{r}}{\partial \eta}\right| \int_0^1 \int_0^{1-\xi} \frac{\partial}{\partial n} \frac{e^{jkr}}{r} d\eta d\xi \tag{4.64}$$

$$g_m(\boldsymbol{r}_p) = -\frac{jk\beta_m}{4\pi} \left|\frac{\partial \boldsymbol{r}}{\partial \xi} \times \frac{\partial \boldsymbol{r}}{\partial \eta}\right| \int_0^1 \int_0^{1-\xi} \frac{e^{jkr}}{r} d\eta d\xi \tag{4.65}$$

（**b**） **法線方向微分**　　h_m については，さらに法線方向微分を処理する必要がある．境界 Γ_m における外向き法線ベクトルを $\boldsymbol{n}_m$ とすると，式 (4.64) は

$$h_m(\boldsymbol{r}_p) = \frac{1}{4\pi} \left|\frac{\partial \boldsymbol{r}}{\partial \xi} \times \frac{\partial \boldsymbol{r}}{\partial \eta}\right| \int_0^1 \int_0^{1-\xi} \frac{\partial r}{\partial n_m} \left(\frac{d}{dr}\frac{e^{jkr}}{r}\right) d\eta d\xi$$
$$= \frac{1}{4\pi} \left|\frac{\partial \boldsymbol{r}}{\partial \xi} \times \frac{\partial \boldsymbol{r}}{\partial \eta}\right| \int_0^1 \int_0^{1-\xi} (jkr - 1)\frac{e^{jkr}}{r^2}\frac{\partial r}{\partial n_m} d\eta d\xi \tag{4.66}$$

となる．$\frac{\partial r}{\partial n_m}$ については式 (4.50) の 2 次元空間の場合と同様に，$\boldsymbol{n}_m$ が大きさ 1 の単位法線ベクトルのとき

$$\frac{\partial r}{\partial n_m} = -\frac{(\boldsymbol{r}_p - \boldsymbol{r}) \cdot \boldsymbol{n}_m}{r} \tag{4.67}$$

である．

単位法線ベクトル $\boldsymbol{n}_m$ は，ベクトル $\boldsymbol{r}_{m2} - \boldsymbol{r}_{m1}$ と $\boldsymbol{r}_{m3} - \boldsymbol{r}_{m1}$ に直交するので，これらの外積をその大きさで割ることで求まる．したがって，式 (4.62), (4.63) より

$$n_m = \frac{(r_{m2} - r_{m1}) \times (r_{m3} - r_{m1})}{|(r_{m2} - r_{m1}) \times (r_{m3} - r_{m1})|} = \frac{\dfrac{\partial r}{\partial \xi} \times \dfrac{\partial r}{\partial \eta}}{\left|\dfrac{\partial r}{\partial \xi} \times \dfrac{\partial r}{\partial \eta}\right|} \quad (4.68)$$

であり，式 (4.61) の計算過程で同時に求めることができる．ただし，この場合 n_m は，r_{m1} を中心に $r_{m2} \to r_{m3}$ 方向に右ねじを回したときのねじの進行方向を向く．したがって，n_m が音場に対して外向き法線ベクトルとなるためには，境界要素の頂点は図 4.7 のように解析対象の音場から見て時計回りに $r_{m1} \to r_{m2} \to r_{m3}$ と設定する必要がある．

（c）積分の計算 以上より，観測点と境界要素の頂点の座標が与えられれば h_m, g_m の被積分関数は具体的に計算できる．係数行列 H, G の非対角成分のように，点 r_p が積分領域である境界要素 Γ_m 上に位置しない場合は，式 (4.66), (4.65) に Hammer の公式[16] [†1] などの数値積分法を適用することで $h_m(r_p)$ および $g_m(r_p)$ が求まる．

一方，H, G の対角成分 $h_m(r_m)$, $g_m(r_m)$ は，積分領域内に $r_p = r \Leftrightarrow r = 0$ となり，被積分関数が発散する点を含む特異積分であるため，別の方法で積分値を算出する必要がある．ただし，2 次元空間同様にベクトル $r_p - r$ と法線ベクトル n_m はつねに直交し，その内積は 0 なので

$$\frac{\partial r}{\partial n_m} = 0 \Rightarrow h_m(r_m) = 0 \quad (4.69)$$

となり，$h_m(r_m)$ の計算は不要である．$g_m(r_m)$ については，一定要素の場合，図 **4.9** のように境界要素 Γ_m 上に点 r_m を中心とした局所極座標 (r, θ) を導入することで特異積分を回避する方法が知られている[17]．この場合，積分領域上の微小面積 $d\Gamma$ は

$$d\Gamma = dr \cdot rd\theta = rdrd\theta \quad (4.70)$$

で表せるので[†2]，式 (4.56) はつぎのように変換される．

$$g_m(r_m) = -\frac{jk\beta_m}{4\pi} \int_0^{2\pi} \int_0^{R(\theta)} \frac{e^{jkr}}{r} rdrd\theta = -\frac{jk\beta_m}{4\pi} \int_0^{2\pi} \int_0^{R(\theta)} e^{jkr} drd\theta \quad (4.71)$$

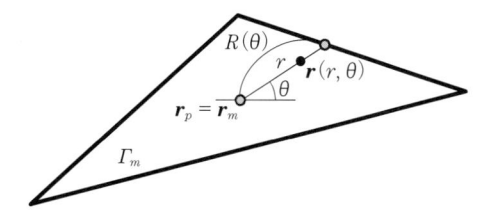

図 **4.9** $r_p = r_m$ のときの局所極座標

[†1] 三角形領域上の数値積分を計算する公式．四角形要素の場合は，Gauss-Legendre 法を二重に用いて面積分が計算できる．

[†2] 極座標系における微小面積については，微積分学を扱った多くの書籍で解説されているので，それらを参照されたい．

ここで，$R(\theta)$ は点 $\boldsymbol{r}_m$ から θ 方向の境界要素辺までの距離である．さらに，定積分を処理すると

$$\begin{aligned}g_m(\boldsymbol{r}_p) &= -\frac{jk\beta_m}{4\pi}\int_0^{2\pi}\frac{1}{jk}\left(e^{jkR(\theta)}-1\right)d\theta \\ &= -\frac{\beta_m}{4\pi}\left(\int_0^{2\pi}e^{jkR(\theta)}d\theta - 2\pi\right)\end{aligned} \tag{4.72}$$

と整理される．上式には被積分関数が発散する特異点は含まれず，境界要素の頂点座標が与えられれば $R(\theta)$ が決まり，数値積分による求積が可能になる．

4.2 コーディングの基礎 -sampleBem1.py-

本節では，図 4.10 に示す正方形音場を例として，2 次元境界要素法の具体的なコーディングについて解説する．ここでは，計算過程を具体的に確認しながら解説を進めるため，簡単な例として図示したように正方形の各辺を 1 要素とした $\Gamma_1 \sim \Gamma_4$ の 4 つの境界要素を設定して計算を行う．音源 ($\boldsymbol{r}_s$) および観測点 ($\boldsymbol{r}_{p1} \sim \boldsymbol{r}_{p3}$) は図示したように配置する．また，図中の Z は境界表面における垂直入射音響インピーダンスである．本節では，以下の解説に沿ってプログラムを自作する際に途中経過などの数値を比較し検算できるように，境界要素数が極端に少ない例を示している．したがって，計算結果は正確な音場シミュレーションの結果にはなっていない．精度の高い結果を得るためには，後出 4.3 節で示すように，より細かく境界要素分割を行う必要がある．

はじめにコードの全体像を把握するために，境界要素法サンプルコードの流れを図 4.11 に，サンプルコードのスケルトンをプログラム 4-1 に示す．次項以降では，スケルトンにコードを埋める形で解説を進める．

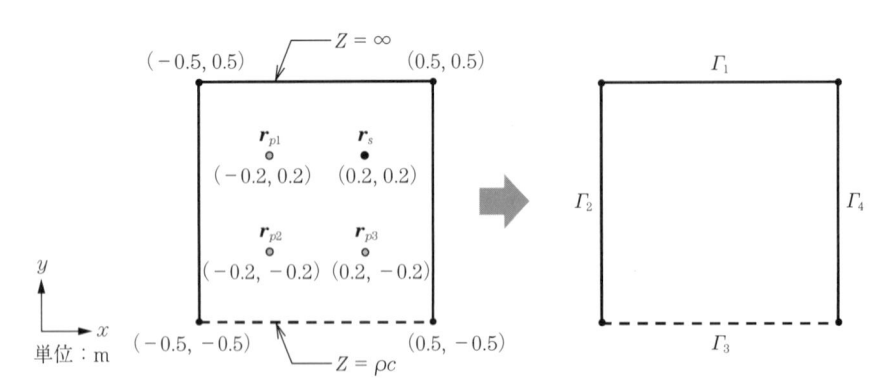

図 4.10 境界要素法サンプルコードで計算対象とする音場

4.2 コーディングの基礎 -sampleBem1.py-

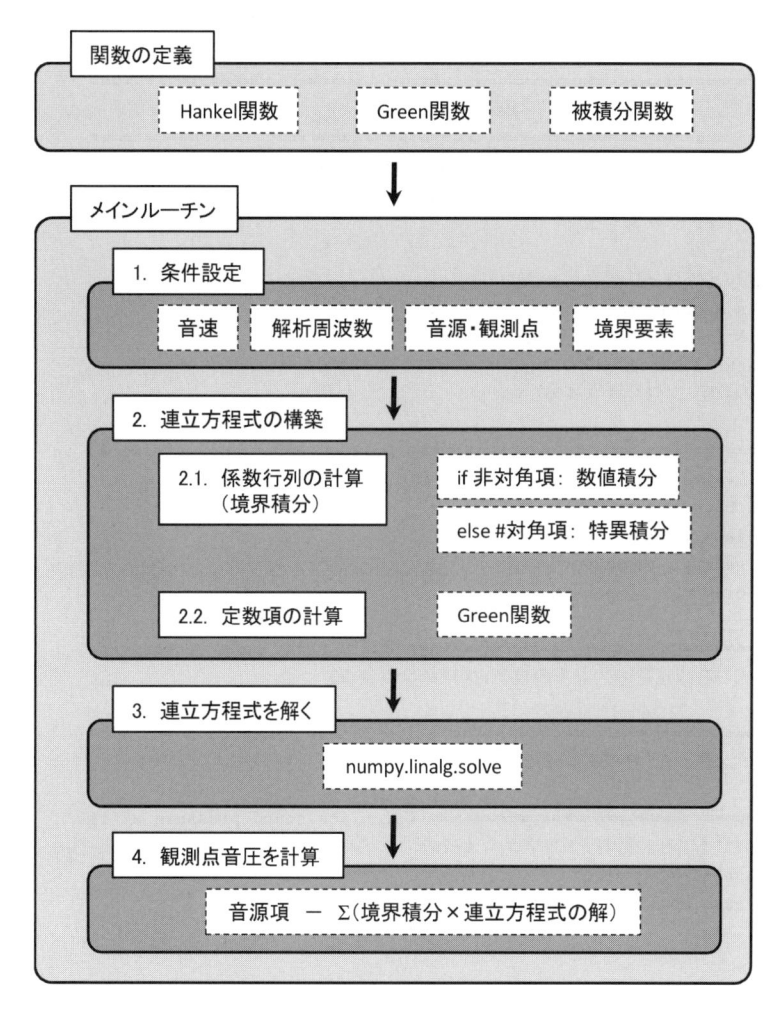

図 4.11 境界要素法サンプルコードの流れ

プログラム 4-1 (2次元境界要素法サンプルコードのスケルトン)

```
# import modules
 (モジュールのインポート：プログラム 4-2)


#======================================================================
#                     Definitions of functions
#======================================================================
# Hankel functions
 (Hankel 関数の定義：プログラム 4-7)

# Green function of the 2-dimensional free field
 (2次元自由音場の Green 関数の定義：プログラム 4-8)

# Integrands of element integral for h and g
 (境界積分の被積分関数の定義：プログラム 4-13)
```

```
#================================================================
#                           Main routine
#================================================================
#===================================================== Initialize
#-- sound speed -- assuming temperature = 15 in Celsius degree.
（音速の設定：プログラム 4-3）
#-- frequency --
（解析周波数の設定：プログラム 4-4）
#-- sources & observing points --
（音源，観測点の設定：プログラム 4-5）
#-- boundary elements --
（境界要素の設定：プログラム 4-6）

#====================================== Build coefficient matrix 'A'
（連立方程式の係数行列の構築：プログラム 4-19）
# for each boundary element
    # for each middle point of element
        # general component
        # diagonal component

#====================================== Build right hand vector 'Pd'
（連立方程式の右辺定数ベクトルの構築：プログラム 4-20）

#==================================== Solve linear equation A * P = Pd
（連立方程式を解く：プログラム 4-21）

#==================================== Calculate sound pressure at rp
（観測点における音圧の計算：プログラム 4-26）
# for each observing point
    # for each boundary element

# End
```

4.2.1 モジュールのインポート

はじめに SciPy からコード中で使用するモジュール（クラス，関数，および定数）をインポートする。インポートするおもなモジュールを以下に列挙する。

- `array`: 多次元配列クラス

- `linalg`: 線形代数サブパッケージ

- `special`: 特殊関数サブパッケージ

- `integrate.quadrature`: 数値積分関数

────────── プログラム 4-2 (モジュールのインポート) ──────────
```
from scipy import array, linalg, zeros, dot, pi, sqrt, special
from scipy.integrate import quadrature
```

4.2 コーディングの基礎 -sampleBem1.py-　　73

arrayやlinalgなどの実体はNumPyのモジュールであるが，SciPyはNumPy上に構築されているパッケージであるので，上記のようにSciPyからインポート可能である。

4.2.2 解析条件の初期設定

関数群の定義は後述することとして，メインルーチンの初期設定について述べる。

（a）音速，周波数　音速は気温約15°Cを仮定し，340 m/sとしてsoundSpeedに格納する。

────── プログラム 4-3 (音速の設定) ──────
```
soundSpeed = 340.
```

解析周波数を500 Hzとしfrequencyへ，周波数に関連する角周波数および波数をそれぞれangularFrequency, waveNumberへ格納する。円周率πについてはプログラム4-2により定数piがSciPyからインポートされている。

────── プログラム 4-4 (解析周波数の設定) ──────
```
frequency = 500.
angularFrequency = 2. * pi * frequency
waveNumber = angularFrequency / soundSpeed
```

（b）音源，観測点　音源座標をrsに，観測点座標をrpに格納する。2次元空間の座標は1行×2列の配列として格納することにする。観測点は複数あるため，rpは観測点数×2の配列になる。

────── プログラム 4-5 (音源，観測点の設定) ──────
```
rs = array( [0.2, 0.2] )

rp = array( [ [-0.2,  0.2],
              [-0.2, -0.2],
              [ 0.2, -0.2] ] )
```

（c）境界要素　各境界要素の両端の座標，境界条件(音響アドミタンス比)を設定する。まず，要素数をnElementに格納する。つぎに境界要素をelementという名前の要素数4のリストに格納する。各境界要素は，端点座標r1, r2，および音響アドミタンス比admittanceをキーにもつ辞書型として定義する。ここで，4.1.4項(1)で考えたように，境界要素の端点座標は点r1から点r2に向かってつねに左側が解析対象の音場となるように設定する。また，(音響アドミタンス比)= (媒質の固有音響インピーダンス)/(音響インピーダンス)である。今，空気を媒質としており，その固有音響インピーダンスはρcなので，境界

要素 Γ_3 では音響アドミタンス比 1 を，それ以外では 0 を与える[†]。

───────── プログラム 4-6 (境界要素の設定) ─────────
```
nElement = 4
element = [{ 'r1': array([.5 , .5 ]), 'r2': array([-.5, .5 ]),
             'admittance': 0. },
           { 'r1': array([-.5, .5 ]), 'r2': array([-.5, -.5]),
             'admittance': 0. },
           { 'r1': array([-.5, -.5]), 'r2': array([.5, -.5]),
             'admittance': 1. },
           { 'r1': array([.5, -.5]), 'r2': array([.5, .5 ]),
             'admittance': 0. }
          ]
```

4.2.3 関数群の定義

以降の計算で用いる関数群を定義する。関数定義はそれを利用する前に記述する必要がある。境界積分の被積分関数の定義は数値積分関数の引数となるため必須である。

（a）Hankel 関数 SciPy の special サブパッケージには Hankel 関数 (第 1 種:hankel1, 第 2 種:hankel2) が用意されている。ただし，これらの関数は任意の次数と複素数引数に対応した高機能な関数である一方で計算量が多い。

special サブパッケージには，0 次および 1 次の実数引数のみに限定されているが，計算量が少なく高速な Bessel 関数 (j0,j1)，および Neumann 関数 (y0,y1) も用意されている。今回の計算は限定版の利用条件に合うので，これらを用いる。ただし，Hankel 関数は用意されていないので，0 次および 1 次の第 1 種 Hankel 関数 ($H_0^{(1)} = J_0 + jY_0$, $H_1^{(1)} = J_1 + jY_1$) をそれぞれ h01, h11 としてつぎのように定義する。

───────── プログラム 4-7 (Hankel 関数の定義) ─────────
```
def h01(x):
    return special.j0(x) + 1j * special.y0(x)

def h11(x):
    return special.j1(x) + 1j * special.y1(x)
```

（b）Green 関数 式 (4.11) に従い，2 次元自由音場の Green 関数を GreenFunction として定義する。

───────── プログラム 4-8 (2 次元自由音場の Green 関数の定義) ─────────
```
def GreenFunction(rp, rs, waveNumber):
    rp_rs = rs - rp
    r = sqrt(rp_rs[0] ** 2. + rp_rs[1] ** 2.)

    return (1j / 4.) * h01(r * waveNumber)
```

[†] 音響アドミタンス比 0 は完全反射，1 は平面波に対して完全吸音の境界条件である。

4.2 コーディングの基礎 -sampleBem1.py-

(c) 被積分関数 式 (4.49), (4.48) の境界積分項 h_m, g_m を計算するための被積分関数を，それぞれ integrand_h, integrand_g として定義する。

積分項は SciPy の数値積分関数 quadrature を用いて計算するため，被積分関数の第1引数は積分変数 ξ である必要がある。その他の引数として

---- プログラム 4-9 ----

```
def integrand_h(xi, element, rp, waveNumber):
```

のように境界要素（ひとつの要素），点 r_p の座標，および波数を与えるとする。

quadrature 関数は，被積分関数がベクトル化されている，すなわち1次元配列として与えられる積分変数のそれぞれの値に対応する被積分関数の計算値を，同じサイズの1次元配列として返すように定義されていると計算効率がよい。したがって，以降では xi がサイズ N_ξ の1次元配列であるとしてコーディングする。

境界上の点 $r(\xi)$ の座標は，式 (4.43), (4.44) より

---- プログラム 4-10 ----

```
    phi1 = (1. - xi) / 2.
    phi2 = (1. + xi) / 2.
    xr = phi1 * element['r1'][0] + phi2 * element['r2'][0]
    yr = phi1 * element['r1'][1] + phi2 * element['r2'][1]
```

で与えられる。これを用いて，式 (4.45) より $r(\xi) = |r_p - r(\xi)|$ は

---- プログラム 4-11 ----

```
    xp_xr = rp[0] - xr
    yp_yr = rp[1] - yr
    r = sqrt(xp_xr ** 2. + yp_yr ** 2.)
```

として，また外向き法線方向単位ベクトルと微分値 $\frac{\partial r(\xi)}{\partial n}$ は，それぞれ式 (4.51), (4.50) より

---- プログラム 4-12 ----

```
    r2_r1 = element['r2'] - element['r1']
    normalVector = array([ r2_r1[1], - r2_r1[0] ]) \
            / sqrt(r2_r1[0] ** 2. + r2_r1[1] ** 2.)
    dr_dn = - (xp_xr * normalVector[0] + yp_yr * normalVector[1]) / r
```

として計算できる。

以上より，h_m, g_m の被積分関数は

---- プログラム 4-13 (被積分関数の定義：プログラム 4-9〜4-12 のまとめ) ----

```
def integrand_h(xi, element, rp, waveNumber):
    phi1 = (1. - xi) / 2.
```

```
    phi2 = (1. + xi) / 2.
    xr = phi1 * element['r1'][0] + phi2 * element['r2'][0]
    yr = phi1 * element['r1'][1] + phi2 * element['r2'][1]
    xp_xr = rp[0] - xr
    yp_yr = rp[1] - yr
    r = sqrt(xp_xr ** 2. + yp_yr ** 2.)

    r2_r1 = element['r2'] - element['r1']
    normalVector = array([ r2_r1[1], - r2_r1[0] ]) \
            / sqrt(r2_r1[0] ** 2. + r2_r1[1] ** 2.)
    dr_dn = - (xp_xr * normalVector[0] + yp_yr * normalVector[1]) / r

    return h11(r * waveNumber) * dr_dn

def integrand_g(xi, element, rp, waveNumber):
    phi1 = (1. - xi) / 2.
    phi2 = (1. + xi) / 2.
    xr = phi1 * element['r1'][0] + phi2 * element['r2'][0]
    yr = phi1 * element['r1'][1] + phi2 * element['r2'][1]
    xp_xr = rp[0] - xr
    yp_yr = rp[1] - yr
    r = sqrt(xp_xr ** 2. + yp_yr ** 2.)

    return h01(r * waveNumber)
```

と書ける。なお，`special.j0` と `special.y0` およびそれらを用いて定義した `h01`，`h11` はベクトル化された関数である。1次元配列で与えられる引数 `xi` に対して，これらの被積分関数の計算結果が同じサイズの1次元配列となっていることを確認してほしい。

4.2.4　連立方程式の構築

すべての準備が整ったので，いよいよ境界要素法の中核となる，境界上の音圧に関する連立方程式を構築していく。本節の例では，境界条件はすべて境界表面の音響インピーダンス（プログラム上ではアドミタンス）で与えられているので，式 (4.34) はつぎのように整理される。

$$\left(\frac{1}{2}\boldsymbol{I} + \boldsymbol{H} + \boldsymbol{G}\right)\boldsymbol{p} = \boldsymbol{p}_d \tag{4.73}$$

（**a**）**係数行列**　まず，左辺の未知数ベクトルにかかる係数行列を構築する。ここでは境界要素数は 4 なので，式 (4.73) の係数行列を $\boldsymbol{A}$ として，具体的には

$$A = \begin{bmatrix} 1/2 + h_1(\boldsymbol{r}_1) + g_1(\boldsymbol{r}_1) & h_2(\boldsymbol{r}_1) + g_2(\boldsymbol{r}_1) & h_3(\boldsymbol{r}_1) + g_3(\boldsymbol{r}_1) & h_4(\boldsymbol{r}_1) + g_4(\boldsymbol{r}_1) \\ h_1(\boldsymbol{r}_2) + g_1(\boldsymbol{r}_2) & 1/2 + h_2(\boldsymbol{r}_2) + g_2(\boldsymbol{r}_2) & h_3(\boldsymbol{r}_2) + g_3(\boldsymbol{r}_2) & h_4(\boldsymbol{r}_2) + g_4(\boldsymbol{r}_2) \\ h_1(\boldsymbol{r}_3) + g_1(\boldsymbol{r}_3) & h_2(\boldsymbol{r}_3) + g_2(\boldsymbol{r}_3) & 1/2 + h_3(\boldsymbol{r}_3) + g_3(\boldsymbol{r}_3) & h_4(\boldsymbol{r}_3) + g_4(\boldsymbol{r}_3) \\ h_1(\boldsymbol{r}_4) + g_1(\boldsymbol{r}_4) & h_2(\boldsymbol{r}_4) + g_2(\boldsymbol{r}_4) & h_3(\boldsymbol{r}_4) + g_3(\boldsymbol{r}_4) & 1/2 + h_4(\boldsymbol{r}_4) + g_4(\boldsymbol{r}_4) \end{bmatrix} \quad (4.74)$$

の各成分を順次計算する。

まず，倍精度複素数要素の境界要素数×境界要素数（4×4）の配列をあらかじめ確保する。

───── プログラム **4-14** ─────
```
A = zeros((nElement,nElement), 'complex64')
```

式 (4.74) の各成分の計算は二重ループとなるが，ここでは積分を行う境界要素に関するループ（列方向）を外側，各要素中央の観測点に関するループ（行方向）を内側におく。式 (4.48)，(4.49) の境界積分項にかかる係数は，積分を実行する境界要素が決まれば値が定まる。したがって，内側のループに入る前に

$$a = -\frac{jk}{4}\frac{L_m}{2}, \quad b = \frac{k\beta_m}{4}\frac{L_m}{2} \quad (4.75)$$

としてあらかじめ計算しておく。

───── プログラム **4-15** ─────
```
for m in range(nElement):
    r2_r1 = element[m]['r2'] - element[m]['r1']
    elementLength = sqrt(r2_r1[0] ** 2. + r2_r1[1] ** 2.)
    a = -1j * waveNumber * elementLength / (4. * 2.)
    b = waveNumber * elementLength \
        * element[m]['admittance'] / (4. * 2.)
```

内側のループでは，観測点を各要素中央に順次設定していく。

───── プログラム **4-16** ─────
```
    for l in range(nElement):
        rl = (element[l]['r1'] + element[l]['r2']) / 2.
```

4.1.4 項 (1) (c) で述べたように，非対角成分と対角成分では，積分計算の扱いが異なる。非対角成分では，数値積分関数 quadrature により積分項を計算する。

78   4. 境界要素法

―――― プログラム 4-17 ――――
```
        if l != m: # general component
            h = a * quadrature(integrand_h, -1., 1.,
                   args=(element[m], rl, waveNumber))[0]
            g = b * quadrature(integrand_g, -1., 1.,
                   args=(element[m], rl, waveNumber))[0]
            A[l,m] = h + g
```

quadrature 関数には，第 1 引数に被積分関数を，第 2 および第 3 引数に積分範囲の下限および上限を与える．args=() 内には，被積分関数に渡す引数（積分変数以外）を指定する．戻り値は積分値と最終反復残差†のタプル型なので，[0] により積分値のみ取り出す．

対角成分は，観測点が積分を行う境界要素上にある．このとき，h_m は積分項が 0 となり計算不要であるが，g_m は特異積分であるので式 (4.53) により計算する．SciPy の special サブパッケージには，Bessel および Neumann 関数について

$$\int_0^a J_0(\eta)d\eta, \quad \int_0^a Y_0(\eta)d\eta$$

を求める関数 itj0y0 が組み込まれている．これを用いると，$H_0^{(1)} = J_0 + jY_0$ より対角成分が計算できる．

―――― プログラム 4-18 ――――
```
        else: # diagonal component
            v = special.itj0y0(waveNumber * elementLength / 2.)
            g = (element[l]['admittance'] / 2.) * complex(v[0], v[1])
            A[l,m] = 1./2. + g
```

itj0y0 関数の戻り値 v は，v[0] に Bessel 関数，v[1] に Neumann 関数についての積分値が格納されているので，complex(v[0], v[1]) により Hankel 関数の特異積分値に変換する．

以上をまとめると，係数行列を構築するコードは以下のようになる．

―――― プログラム 4-19 (連立方程式の係数行列の構築：プログラム 4-14〜4-18 のまとめ) ――――
```
A = zeros((nElement,nElement), 'complex64')

# for each boundary element
for m in range(nElement):
    r2_r1 = element[m]['r2'] - element[m]['r1']
    elementLength = sqrt(r2_r1[0] ** 2. + r2_r1[1] ** 2.)
    a = -1j * waveNumber * elementLength / (4. * 2.)
    b = waveNumber * elementLength \
            * element[m]['admittance'] / (4. * 2.)
```

―――――――
† SciPy の quadrature 関数は，積分値が収束したと判定されるまで徐々に評価点数を増やしながら Gauss 積分を反復する．最終の積分値と 1 回前の積分値の差を最終反復残差という．

```
    # for each middle point of element
    for l in range(nElement):
        rl = (element[l]['r1'] + element[l]['r2']) / 2.

        if l != m: # general component
            h = a * quadrature(integrand_h, -1., 1.,
                    args=(element[m], rl, waveNumber))[0]
            g = b * quadrature(integrand_g, -1., 1.,
                    args=(element[m], rl, waveNumber))[0]
            A[l,m] = h + g

        else: # diagonal component
            v = special.itj0y0(waveNumber * elementLength / 2.)
            g = (element[l]['admittance'] / 2.) * complex(v[0], v[1])
            A[l,m] = 1./2. +  g
# show A
print 'Coefficient matrix A:'
print A
print
```

最後の print 文で計算した行列 A の内容を確認すると

$$A = \begin{bmatrix} 0.5000 & 0.0230+0.2187j & -0.0024+0.0291j & 0.0230+0.2187j \\ 0.0230+0.2187j & 0.5000 & -0.0029+0.0381j & 0.4558-0.2985j \\ 0.4558-0.2985j & 0.0230+0.2187j & 0.9026+0.1516j & 0.0230+0.2187j \\ 0.0230+0.2187j & 0.4558-0.2985j & -0.0029+0.0381j & 0.5000 \end{bmatrix}$$

である。なお，表記の都合上，上式以降の計算結果は小数点以下 4 桁に数値を丸めている。

（**b**）**右辺定数ベクトル**　連立方程式 (4.73) 右辺の定数ベクトルを構築する。具体的には

$$\boldsymbol{p}_d = \begin{bmatrix} G(\boldsymbol{r}_1, \boldsymbol{r}_s) & G(\boldsymbol{r}_2, \boldsymbol{r}_s) & G(\boldsymbol{r}_3, \boldsymbol{r}_s) & G(\boldsymbol{r}_4, \boldsymbol{r}_s) \end{bmatrix}^T \tag{4.76}$$

であり，Green 関数 G はプログラム 4-8 で定義した GreenFunction を用いて

──────── プログラム 4-20 (連立方程式の右辺定数ベクトルの構築) ────────
```
pd = zeros((nElement,1), 'complex64')

for l in range(nElement):
    rl = (element[l]['r1'] + element[l]['r2']) / 2.
    pd[l] = GreenFunction( rl, rs, waveNumber )

#show pd
print 'Right hand side vector pd:'
print pd
print
```

と書ける。print 文で pd の内容を確認すると

$$\boldsymbol{p}_d = \begin{bmatrix} -0.0642 - 0.0878j & 0.0271 + 0.0719j & 0.0271 + 0.0719j & -0.0642 - 0.0878j \end{bmatrix}^T$$

である。

4.2.5 連立方程式を解く

前項で構築した連立方程式を解く。直接解法ソルバとして`linalg`サブパッケージの`solve`関数を用いて，解を`p`に格納する。

―――――― プログラム 4-21 (連立方程式を解く) ――――――
```
p = linalg.solve( A, pd )

#show p
print 'Solution of linear equation p (A*p=pd):'
print p
print
```

`p`の内容を確認すると

$$\boldsymbol{p} = \begin{bmatrix} -0.1157 - 0.1446j & 0.2385 - 0.1093j & 0.1578 + 0.1098j & -0.3292 + 0.1124j \end{bmatrix}^T$$

である。

4.2.6 観測点における音圧の計算

境界要素上の音圧が求まったので，式 (4.29) より導かれる

$$p(\boldsymbol{r}_{pk}) = G(\boldsymbol{r}_{pk}, \boldsymbol{r}_s) - \sum_{m=1}^{4} \{h_m(\boldsymbol{r}_{pk}) + g_m(\boldsymbol{r}_{pk})\} p_m \quad (k = 1, \cdots, 4) \quad (4.77)$$

に代入し，観測点 $\boldsymbol{r}_{p1} \sim \boldsymbol{r}_{p3}$ における音圧を計算する。

まず，各観測点における音圧を格納する配列`prp`，および境界積分項 (上式右辺第2項の{}内) を一時的に格納する配列`Ar`を確保する。配列のサイズは`shape`属性にタプル型で格納されているので，`rp.shape[0]`は`rp`の行数，すなわち観測点数である。

―――――― プログラム 4-22 ――――――
```
prp = zeros((rp.shape[0],1), 'complex64' )
Ar = zeros(nElement, 'complex64')
```

音圧の計算は各観測点ごとに行う。

―――――― プログラム 4-23 ――――――
```
# for each observing point
for k in range(rp.shape[0]):
```

境界積分項の計算は，プログラム 4-19 と同様に実装する．ただし，観測点を境界上には設定しないと制限すれば，特異積分に関する場合分けは必要ない．

──────── プログラム 4-24 ────────
```
        r2_r1 = element[m]['r2'] - element[m]['r1']
        elementLength = sqrt(r2_r1[0] ** 2. + r2_r1[1] ** 2.)
        a = -1j * waveNumber * elementLength / (4. * 2.)
        b = waveNumber * elementLength \
                * element[m]['admittance'] / (4. * 2.)

        h = a * quadrature(integrand_h, -1., 1.,
                args=(element[m], rp[k,:], waveNumber))[0]
        g = b * quadrature(integrand_g, -1., 1.,
                args=(element[m], rp[k,:], waveNumber))[0]
        Ar[m] = h + g
```

最後に，観測点における音圧を

（直接音項）－（境界積分項ベクトル）・（境界上音圧ベクトル）

より求める．

──────── プログラム 4-25 ────────
```
    prp[k] = GreenFunction(rp[k,:], rs, waveNumber) - dot(Ar, p)[0]
```

なお，ベクトルの内積を求める dot() の戻り値は 1×1 の '配列' であるので，スカラとして値を取り出すために [0] を用いる．

以上をまとめると，観測点における音圧を計算するコードは以下のようになる．

──────── プログラム 4-26 (観測点における音圧の計算：プログラム 4-22〜4-25 のまとめ) ────────
```
prp = zeros((rp.shape[0],1), 'complex64')
Ar = zeros(nElement, 'complex64')

# for each observing point
for k in range(rp.shape[0]):
    # for each boundary element
    for m in range(nElement):
        r2_r1 = element[m]['r2'] - element[m]['r1']
        elementLength = sqrt(r2_r1[0] ** 2. + r2_r1[1] ** 2.)
        a = -1j * waveNumber * elementLength / (4. * 2.)
        b = waveNumber * elementLength \
                * element[m]['admittance'] / (4. * 2.)

        h = a * quadrature(integrand_h, -1., 1.,
                args=(element[m], rp[k,:], waveNumber))[0]
        g = b * quadrature(integrand_g, -1., 1.,
                args=(element[m], rp[k,:], waveNumber))[0]
        Ar[m] = h + g

    prp[k] = GreenFunction(rp[k,:], rs, waveNumber) - dot(Ar, p)[0]
```

```
#show results
print 'Sound pressure at rp1 - rp3:'
print prp
print
```

prp の内容を確認すると

$$\boldsymbol{p}_{rp} = \begin{bmatrix} -0.1902 + 0.0977j & -0.2201 + 0.0666j & 0.1522 - 0.3512j \end{bmatrix}^T$$

であり，これが最終的な計算結果になる。

4.2.7　2次元境界要素法サンプルコード1

ここまでのコードをまとめた基礎編の2次元境界要素法のサンプルコード全体を，プログラム 4-27 に示す。

────── プログラム 4-27 (2次元境界要素法サンプルコード基礎編：sampleBem1.py) ──────

```python
# import modules
from scipy import array, linalg, zeros, dot, pi, sqrt, special
from scipy.integrate import quadrature


#====================================================================
#                   Definitions of functions
#====================================================================
# Hankel functions
def h01(x):
    return special.j0(x) + 1j * special.y0(x)

def h11(x):
    return special.j1(x) + 1j * special.y1(x)

# Green function of the 2-dimensional free field
def GreenFunction(rp, rs, waveNumber):
    rp_rs = rs - rp
    r = sqrt(rp_rs[0] ** 2. + rp_rs[1] ** 2.)

    return (1j / 4.) * h01(r * waveNumber)

# Integrands of element integral for h and g
def integrand_h(xi, element, rp, waveNumber):
    phi1 = (1. - xi) / 2.
    phi2 = (1. + xi) / 2.
    xr = phi1 * element['r1'][0] + phi2 * element['r2'][0]
    yr = phi1 * element['r1'][1] + phi2 * element['r2'][1]
    xp_xr = rp[0] - xr
    yp_yr = rp[1] - yr
    r = sqrt(xp_xr ** 2. + yp_yr ** 2.)

    r2_r1 = element['r2'] - element['r1']
```

```python
        normalVector = array([ r2_r1[1], - r2_r1[0] ]) \
                       / sqrt(r2_r1[0] ** 2. + r2_r1[1] ** 2.)
        dr_dn = - (xp_xr * normalVector[0] + yp_yr * normalVector[1]) / r

        return h11(r * waveNumber) * dr_dn

def integrand_g(xi, element, rp, waveNumber):
    phi1 = (1. - xi) / 2.
    phi2 = (1. + xi) / 2.
    xr = phi1 * element['r1'][0] + phi2 * element['r2'][0]
    yr = phi1 * element['r1'][1] + phi2 * element['r2'][1]
    xp_xr = rp[0] - xr
    yp_yr = rp[1] - yr
    r = sqrt(xp_xr ** 2. + yp_yr ** 2.)

    return h01(r * waveNumber)


#======================================================================
#                           Main routine
#======================================================================
#===================================================== Initialize
#-- sound speed -- assuming temperature = 15 in Celsius degree.
soundSpeed = 340.

#-- frequency --
frequency = 500.
angularFrequency = 2. * pi * frequency
waveNumber = angularFrequency / soundSpeed

#-- sources & observing points --
rs = array( [0.2, 0.2] )

rp = array( [ [-0.2,  0.2],
              [-0.2, -0.2],
              [ 0.2, -0.2] ] )

#-- boundary elements --
nElement = 4
element = [{ 'r1': array([.5 , .5 ]), 'r2': array([-.5, .5 ]),
             'admittance': 0. },
           { 'r1': array([-.5, .5 ]), 'r2': array([-.5, -.5]),
             'admittance': 0. },
           { 'r1': array([-.5, -.5]), 'r2': array([.5, -.5]),
             'admittance': 1. },
           { 'r1': array([.5 , -.5]), 'r2': array([.5, .5 ]),
             'admittance': 0. }
          ]

#======================================= Build coefficient matrix 'A'
A = zeros((nElement,nElement), 'complex64')

# for each boundary element
for m in range(nElement):
```

```python
        r2_r1 = element[m]['r2'] - element[m]['r1']
        elementLength = sqrt(r2_r1[0] ** 2. + r2_r1[1] ** 2.)
        a = -1j * waveNumber * elementLength / (4. * 2.)
        b = waveNumber * elementLength \
            * element[m]['admittance'] / (4. * 2.)

        # for each middle point of element
        for l in range(nElement):
            rl = (element[l]['r1'] + element[l]['r2']) / 2.

            if l != m: # general component
                h = a * quadrature(integrand_h, -1., 1.,
                        args=(element[m], rl, waveNumber))[0]
                g = b * quadrature(integrand_g, -1., 1.,
                        args=(element[m], rl, waveNumber))[0]
                A[l,m] = h + g

            else: # diagonal component
                v = special.itj0y0(waveNumber * elementLength / 2.)
                g = (element[l]['admittance'] / 2.) * complex(v[0], v[1])
                A[l,m] = 1./2. + g

# show A
print 'Coefficient matrix A:'
print A
print

#====================================== Build right hand vector 'pd'
pd = zeros((nElement,1), 'complex64')

for l in range(nElement):
    rl = (element[l]['r1'] + element[l]['r2']) / 2.
    pd[l] = GreenFunction( rl, rs, waveNumber )

#show pd
print 'Right hand side vector pd:'
print pd
print

#================================== Solve linear equations A * p = pd
p = linalg.solve( A, pd )

#show p
print 'Solution of linear equation p (A*p=pd):'
print p
print

#==================================== Calculate sound pressure at rp
prp = zeros((rp.shape[0],1), 'complex64' )
Ar = zeros(nElement, 'complex64')

# for each observing point
for k in range(rp.shape[0]):
    # for each boundary element
```

```
    for m in range(nElement):
        r2_r1 = element[m]['r2'] - element[m]['r1']
        elementLength = sqrt(r2_r1[0] ** 2. + r2_r1[1] ** 2.)
        a = -1j * waveNumber * elementLength / (4. * 2.)
        b = waveNumber * elementLength \
                * element[m]['admittance'] / (4. * 2.)

        h = a * quadrature(integrand_h, -1., 1.,
            args=(element[m], rp[k,:], waveNumber))[0]
        g = b * quadrature(integrand_g, -1., 1.,
            args=(element[m], rp[k,:], waveNumber))[0]
        Ar[m] = h + g

    prp[k] = GreenFunction(rp[k,:], rs, waveNumber) - dot(Ar, p)[0]

#show results
print 'Sound pressure at rp1 - rp3:'
print prp
print

raw_input("Press ENTER to exit")

# End
```

最後の raw_input("Press ENTER to exit") により入力待機状態になる。これにより，ipython などのインタラクティブ環境を使わずにファイルを直接実行した場合に，実行結果がすぐに閉じられることが防げる。

4.3 コーディングの応用 -sampleBem2.py-

基礎編では，簡単な例として正方形音場の1辺をひとつの境界要素とした例を示した。本節では，さまざまな音場に対応できるように，外部メッシャプログラム Gmsh をコード中から呼び出して境界要素を生成する方法を解説する。結果の出力については，matplotlib パッケージを利用して音場内の音圧分布を表示する。また，被積分関数を改良し，計算の効率化とプログラムの見通し向上を図る。

4.3.1 外部メッシャを使った離散化

基礎編では，境界要素の端点座標と境界条件は実行ファイル sampleBem1.py 内で直接設定した。プログラムの汎用性を考えると，さまざまな形状の音場に対応できる必要があり，十分な解析精度を得るために，境界はより小さな境界要素に離散化されるべきである。その場合，基礎編のように境界要素をコード中に直接書き込んでいくのは実用的ではない。そこで，コード中から外部メッシャ Gmsh を呼び出して境界を離散化し，生成された境界要素を

読み込んで解析を行う。

（ a ）形状ファイル　　Gmsh は，解析対象の場を定義した形状ファイル (.geo) からメッシュを生成する。ここでは，基礎編と同様に図 4.10 に示した音場を解析対象とし，その形状ファイル (sampleBemSquare.geo) を以下のように記述する。

────── ファイル 4-1 (図 4.10 の音場の形状ファイル：sampleBemSquare.geo) ──────

```
/******************************************************************
 A two-dimensional square sound field for sampleBem2.py
******************************************************************/

// Characteristic length
lc = 1.0;

// Definitions of points
Point(1) = {0.5, 0.5, 0, lc};
Point(2) = {-0.5, 0.5, 0, lc};
Point(3) = {-0.5, -0.5, 0, lc};
Point(4) = {0.5, -0.5, 0, lc};

// Definitions of lines
Line(1) = {1,2};
Line(2) = {2,3};
Line(3) = {3,4};
Line(4) = {4,1};

// Physical line names
Physical Line("rigid") = {1,2,4};
Physical Line("absorbing") = {3};

// Boundary of a square sound field
Line Loop(1) = {1,2,3,4} ;
```

座標や離散化する要素サイズを指定する特性長 lc の単位は m とする。lc は，ここでは 1.0 m としておくが，後述するように Python コード中から Gmsh を呼び出して境界を離散化する際に，lc にかかる係数を指定して要素サイズを具体的に与える。また，境界条件ごとに Physical Line を定義してそれぞれに属する線番号を指定する。線番号 1，2，4 は境界条件を完全反射性とするので"rigid"と名前を付けてまとめる。線番号 3 は吸音性境界なので"absorbing"と名前を付ける。

上記を参考に形状ファイルを記述すれば，正方形音場以外にもさまざまな音場が解析できる。なお，形状ファイル内で Line を定義する際には，これまで述べてきたように，端点 1 から端点 2 に向かって左側が解析音場となるように Point 番号を書く必要がある。

（ b ）gmsh モジュールの読み込み　　Python から Gmsh を呼び出したり，生成した境界

要素を読み込むためにopenacousticsパッケージではgmshモジュールが用意されている。gmshモジュールを利用するために，以下のようにモジュールを読み込む。

─── プログラム 4-28 ───
```
from openacoustics import gmsh
```

（c） **境界条件の設定**　境界条件は，形状ファイル内で命名したPhysical Line名をキーとし，垂直入射音響アドミタンス比を値にもつ辞書型としてboundaryConditionに格納する。

─── プログラム 4-29 ───
```
boundaryCondition = {'rigid':0., 'absorbing':1.}
```

（d） **Gmshによる離散化と境界要素の構築**　Pythonコード中からGmshを呼び出して離散化を実行するには，GMsh2Dクラスのインスタンスmesherを生成した後，形状ファイル名を指定してloadGeoメソッドを実行する。

─── プログラム 4-30 ───
```
mesher = gmsh.GMsh2D()
mesher.loadGeo('sampleBemSquare.geo', .1)
node = mesher.getNodes()
```

loadGeoメソッドの第2引数は特性長（ファイル4-1内のlc）にかかる係数で，小さい値を与えればより細かいメッシュが生成される。ここでは，lc=1.0mより，要素サイズが解析周波数500 Hzにおける1/6波長（約0.11 m）以下となるように0.1を指定する。3行目のgetNodesメソッドにより，生成したメッシュの節点座標を読み込んで節点数×2の配列としてnodeに格納する。nodeに格納されたメッシュ節点の一部を示す。

─── 実行結果 4.1 ───
```
>>> node
array([[ 0.5    ,  0.5    ],
       [-0.5    ,  0.5    ],
       [-0.5    , -0.5    ],
       [ 0.5    , -0.5    ],
       [ 0.38889,  0.5    ],
       [ 0.27778,  0.5    ],
       (中略)
       [ 0.5    ,  0.38889]])
```

getLinesメソッドを実行すると，離散化された境界要素の端点を示すメッシュ節点の番号が読み込まれる。例えば

---------- 実行結果 4.2 ----------
```
>>> nodeIndex = mesher.getLines('rigid')
>>> nodeIndex
array([[ 0, 4 ],
       [ 4, 5 ],
       [ 5, 6 ],
       (中略)
       [ 35, 0 ]])
```

とすれば，Physical Line 名 rigid に属する各境界要素の端点の節点番号が，要素数 ×2 の配列として nodeIndex に格納される。nodeIndex を用いて node[nodeIndex[0,0]] とすれば，要素番号 0 の端点 r1 の座標 node[0]:(0.5, 0.5) が，node[nodeIndex[0,1]] とすれば，要素番号 0 のもう一端 r2 の座標 node[4]:(0.38889, 0.5) が得られる。

実際のコードでは，nodeIndex の行方向にループしながら，端点（'r1', 'r2'），およびアドミタンス（'admittance'）をキーとする辞書型のリストとして境界要素 element を構築していく。また，Physical Line 名は境界条件 boundaryCondition のキーとしているので，boundaryCondition.keys() によりキーのリストを取得すればループ処理できる。このようにコードを書けば，コードの見通しがよくなるだけでなく，今後境界条件が増えて Physical Line 名を追加する場合も，それに対応したキーと音響アドミタンス比を boundaryCondition に追加することで対応できる。

---------- プログラム 4-31 ----------
```
element = []
# for each boundary contidion
for conditionName in boundaryCondition.keys():
    # get node indexes defining elements
    nodeIndex = mesher.getLines(conditionName)

    # append elements and set r1, r2 and admittance
    for idx in nodeIndex:
        element.append({'r1':node[idx[0]], 'r2':node[idx[1]],
            'admittance':boundaryCondition[conditionName]})

nElement = len(element)
```

なお，for ループ内で append メソッドを実行していくために，1 行目で element を空のリストとしての初期化している。

以上をまとめると，メッシャに Gmsh を使った場合の離散化と境界要素構築のコードはつぎのように書ける。

---------- プログラム 4-32 (Gmsh による離散化と境界要素構築：プログラム 4-28〜4-31 のまとめ) ----------
```
from openacoustics import gmsh

(中略)
```

```
# set boundary conditions of lines
boundaryCondition = {'rigid':0., 'absorbing':1.}

# create a mesher instance of GMsh2D class
mesher = gmsh.GMsh2D()

# create elements using Gmsh and get nodes of elements
mesher.loadGeo('sampleBemSquare.geo', .1)
node = mesher.getNodes()

# initialize
element = []
# for each boundary contidion
for conditionName in boundaryCondition.keys():
    # get node indexes defining elements
    nodeIndex = mesher.getLines(conditionName)

    # append elements and set r1, r2 and admittance
    for idx in nodeIndex:
        element.append({'r1':node[idx[0]], 'r2':node[idx[1]],
            'admittance':boundaryCondition[conditionName]})

nElement = len(element)
```

4.3.2 被積分関数の効率化

基礎編では，境界上の点 r の座標の計算について，プログラム 4-13 に示したように式 (4.43)，(4.44) をそのままコーディングした．そのため，被積分関数中で r の座標 (x_r, y_r) の算出までに，加減算 4 回，乗算 4 回，および除算 2 回が実行される．被積分関数は，数値積分を実行する過程で何度も実行されるので，そのなかの計算量を減らすことは，計算全体の効率化につながる．ここで，式 (4.43)，(4.44) は，整理するとつぎのように表せる．

$$(x_r(\xi), y_r(\xi)) = \left(x_m + \frac{x_{m2} - x_{m1}}{2}\xi, y_m + \frac{y_{m2} - y_{m1}}{2}\xi\right) \tag{4.78}$$

ただし，(x_m, y_m) は境界要素中心の座標で

$$(x_m, y_m) = \left(\frac{x_{m2} + x_{m1}}{2}, \frac{y_{m2} + y_{m1}}{2}\right) \tag{4.79}$$

である．この境界要素中心座標と式 (4.78) 右辺の ξ にかかる係数は，ξ に依存せず境界要素ごとに一定である．そこで，これらの値をあらかじめ計算しておいて引数として与えれば，被積分関数内における (x_r, y_r) の算出までの演算量は，加減算 2 回，乗算 2 回に軽減される．また，プログラム 4-13 では被積分関数 integrand_h 内で毎回計算していた外向き法線方向ベクトルも ξ に依存しないので，関数の外であらかじめ求めておく．

これらの境界要素に関する各パラメータは，プログラム 4-32 の後，element の各要素につぎのキーを追加して格納する．

- `middlePoint`：境界要素中心座標 $\left(\dfrac{x_{m2} + x_{m1}}{2}, \dfrac{y_{m2} + y_{m1}}{2} \right)$

- `localAxis`：式 (4.78) の ξ にかかる係数 $\left(\dfrac{x_{m2} - x_{m1}}{2}, \dfrac{y_{m2} - y_{m1}}{2} \right)$

- `length`：境界要素長 $|r_{m2} - r_{m1}|$

- `normalVector`：外向き単位法線ベクトル $\boldsymbol{n}_m$（式 (4.51)）

───── プログラム 4-33 (境界要素に関する各パラメータの計算) ─────

```
for n in range(nElement):
    element[n]['middlePoint'] = (element[n]['r2'] + element[n]['r1']) / 2.
    r2_r1 = element[n]['r2'] - element[n]['r1']
    element[n]['localAxis'] = r2_r1 / 2.
    element[n]['length'] = sqrt(r2_r1[0] ** 2. + r2_r1[1] ** 2.)
    element[n]['normalVector'] = array([ r2_r1[1], - r2_r1[0] ]) \
            / element[n]['length']
```

これらの値を用いると，被積分関数 `integrand_h`, `integrand_g` はつぎのように書ける。

───── プログラム 4-34 (被積分関数の定義：改良版) ─────

```
def integrand_h(xi, element, rp, waveNumber):
    xr = element['middlePoint'][0] + element['localAxis'][0] * xi
    yr = element['middlePoint'][1] + element['localAxis'][1] * xi
    xp_xr = rp[0] - xr
    yp_yr = rp[1] - yr
    r = sqrt(xp_xr ** 2. + yp_yr ** 2.)

    dr_dn = - (xp_xr * element['normalVector'][0] \
            + yp_yr * element['normalVector'][1]) / r

    return h11(r * waveNumber) * dr_dn

def integrand_g(xi, element, rp, waveNumber):
    xr = element['middlePoint'][0] + element['localAxis'][0] * xi
    yr = element['middlePoint'][1] + element['localAxis'][1] * xi
    xp_xr = rp[0] - xr
    yp_yr = rp[1] - yr
    r = sqrt(xp_xr ** 2. + yp_yr ** 2.)

    return h01(r * waveNumber)
```

プログラム 4-13 と比較すると，被積分関数の演算量が軽減されていることがわかる。

4.3.3 可 視 化

本項では，解析結果を可視化する例として，解析音場内に 0.05m 間隔で観測点を配置し，音場内の音圧分布を描く方法を解説する。

4.3 コーディングの応用 -sampleBem2.py-

(**a**) **観測点グリッドの生成** 等間隔の観測点グリッドの生成には`mgrid`関数を用い，観測点のx座標を`rpX`，y座標を`rpY`に格納する（引数と返り値の順序に注意）。

―――― プログラム 4-35 (観測点グリッドの生成) ――――
```
from scipy import mgrid

(中略)

[rpY, rpX] = mgrid[0.475:-0.5:-0.05, -0.475:0.5:0.05]
(rpk,rpl) = rpX.shape
```

x, y方向のグリッド数をそれぞれ`rpk`，`rpl`とすると，`rpX`および`rpY`は`rpk`×`rpl`の2次元配列となり，各配列内の同じ位置に観測点のxおよびy座標がそれぞれ格納される。

(**b**) **観測点グリッドにおける音圧の算出** プログラム 4-35 で生成した，観測点グリッドの各点における音圧を求める。`rpX`, `rpY`の行および列方向にループしながら観測点座標を順に設定し，解析結果を`rpX`, `rpY`と同じサイズの2次元配列`prp`に格納する。

―――― プログラム 4-36 (観測点グリッドにおける音圧の算出) ――――
```
prp = zeros((rpk, rpl), 'complex64' )
Ar = zeros(nElement, 'complex64')

for k in range(rpk):
    for l in range(rpl):
        rp = array([rpX[k,l], rpY[k,l]])

        for m in range(nElement):
            a = -1j * waveNumber * element[m]['length'] / (4. * 2.)
            b = waveNumber * element[m]['length'] * \
                    element[m]['admittance'] / (4. * 2.)

            h = a * quadrature(integrand_h, -1., 1.,
                    args=(element[m], rp, waveNumber))[0]
            g = b * quadrature(integrand_g, -1., 1.,
                    args=(element[m], rp, waveNumber))[0]
            Ar[m] = h + g

        prp[k,l] = GreenFunction(rp, rs, waveNumber) - dot(Ar, p)[0]
```

(**c**) **matplotlibによる解析結果の可視化** 解析結果としては観測点グリッド上の複素音圧が得られるので，matplotlibの`contourf`関数を用いて音圧絶対値の分布を描く。matplotlibパッケージは`import pylab`でインポートされる。

―――― プログラム 4-37 ――――
```
import pylab

(中略)
```

```
pylab.contourf(rpX, rpY, abs(prp), 32, cmap=pylab.cm.bone)
pylab.hold(True)
```

contourf 関数には，第1引数に x 座標，第2引数に y 座標，第3引数に値を格納した同じサイズの2次元配列を，第4引数にコンターの階調数を与える．また，cmap= でカラーマップを指定する．pylab.cm モジュールには，ここで用いた bone 以外にもさまざまなカラーマップが定義されている[†]．2行目の hold(True) により，これ以降の重ね書きを有効にする．

境界条件ごとに線種を分けた境界要素を plot 関数を用いて描く．

──────── プログラム 4-38 ────────
```
nodeIndex = mesher.getLines('rigid')
for idx in nodeIndex:
    pylab.plot(node[idx][:,0], node[idx][:,1], '-kx')

nodeIndex = mesher.getLines('absorbing')
for idx in nodeIndex:
    pylab.plot(node[idx][:,0], node[idx][:,1], '--kx')
```

plot 関数には，第1引数に x 座標，第2引数に y 座標を格納した同じサイズの1次元配列を与え，第3引数で線種を指定する．完全反射性境界に指定した線種 '-kx' は，左から順に「実線」，「黒」，「×」マークを意味する．吸音性境界の線種は「破線」，「黒」，「×」マークとする．上記のコードは，すべての境界要素を個別に描いているので，要素数が多い場合には表示負荷が大きくなることがある．その場合には，これらの行をコメントアウト（行頭に '#' を挿入）して，境界要素の描画を省略する．また，音源位置を同様に plot 関数で黒の「●」マークとして描く．

──────── プログラム 4-39 ────────
```
pylab.plot(array([rs[0]]), array([rs[1]]), 'ko')
```

グラフの外観はつぎのように整える．まず，axis('equal') により，x, y 軸方向の縮尺を合わせる．つぎに，xlabel および ylabel 関数で，各軸のラベルを指定する．また，title 関数で，グラフの上にタイトルを表示する．最後に，colorbar 関数により，値と色の関係をカラーバーで示す．

──────── プログラム 4-40 ────────
```
pylab.axis('equal')
pylab.xlabel('x [m]')
pylab.ylabel('y [m]')
pylab.title('Absolute values of sound pressure')
pylab.colorbar()
```

───────────────────────
[†] dir(pylab.cm) を実行すると，モジュール内に定義されているカラーマップの一覧が取得できる．

4.3 コーディングの応用 -sampleBem2.py- 93

ところで，実はここまではディスプレイ上にグラフが表示されていない。最後に，show関数でグラフを表示する。

―――――― プログラム 4-41 ――――――
```
pylab.show()
```

以上の可視化に関するコードをまとめるとつぎのように書ける。また，表示結果を図 **4.12** に示す。

―― プログラム **4-42** (matplotlib による解析結果の可視化：プログラム 4-37〜4-41 のまとめ) ――
```
import pylab

  (中略)

# plot contour
pylab.contourf(rpX, rpY, abs(prp), 32, cmap=pylab.cm.bone)
pylab.hold(True)

# plot boundary elements
# If the number of elements is too large,
# you should comment out these lines
nodeIndex = mesher.getLines('rigid')
for idx in nodeIndex:
    pylab.plot(node[idx][:,0], node[idx][:,1], '-kx')

nodeIndex = mesher.getLines('absorbing')
for idx in nodeIndex:
    pylab.plot(node[idx][:,0], node[idx][:,1], '--kx')

# plot source position
pylab.plot(array([rs[0]]), array([rs[1]]), 'ko')

# arrange graph view
pylab.axis('equal')
pylab.xlabel('x [m]')
pylab.ylabel('y [m]')
pylab.title('Absolute values of sound pressure')
pylab.colorbar()

# show graph
pylab.show()
```

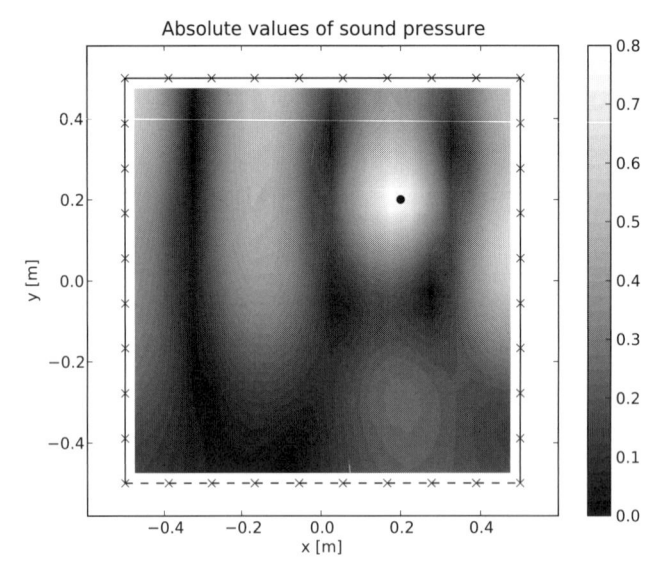

図 4.12 matplotlib による音圧絶対値の分布

4.3.4 2次元境界要素法サンプルコード2

ここまでをまとめて，Gmsh による離散化と matplotlib による解析結果の可視化を組み込んだ応用編の2次元境界要素法のサンプルコード全体をプログラム 4-43 に示す。

―――― プログラム 4-43 (2次元境界要素法サンプルコード応用編：sampleBem2.py) ――――

```
# import modules
from scipy import array, linalg, zeros, dot, pi, sqrt, special
from scipy.integrate import quadrature
from openacoustics import gmsh
from scipy import mgrid
import pylab


#==================================================================
#                    Definitions of functions
#==================================================================
# Hankel functions
def h01(x):
    return special.j0(x) + 1j * special.y0(x)

def h11(x):
    return special.j1(x) + 1j * special.y1(x)

# Green function of the 2-dimensional free field
def GreenFunction(rp, rs, waveNumber):
    rp_rs = rp - rs
    r = sqrt(rp_rs[0] ** 2. + rp_rs[1] ** 2.)

    return (1j / 4.) * h01(r * waveNumber)
```

```python
# Integrands of element integral for h and g
def integrand_h(xi, element, rp, waveNumber):
    xr = element['middlePoint'][0] + element['localAxis'][0] * xi
    yr = element['middlePoint'][1] + element['localAxis'][1] * xi
    xp_xr = rp[0] - xr
    yp_yr = rp[1] - yr
    r = sqrt(xp_xr ** 2. + yp_yr ** 2.)

    dr_dn = - (xp_xr * element['normalVector'][0] \
              + yp_yr * element['normalVector'][1]) / r

    return h11(r * waveNumber) * dr_dn

def integrand_g(xi, element, rp, waveNumber):
    xr = element['middlePoint'][0] + element['localAxis'][0] * xi
    yr = element['middlePoint'][1] + element['localAxis'][1] * xi
    xp_xr = rp[0] - xr
    yp_yr = rp[1] - yr
    r = sqrt(xp_xr ** 2. + yp_yr ** 2.)

    return h01(r * waveNumber)


#======================================================================
#                           Main routine
#======================================================================
#========================================================== Initialize
#-- sound speed -- assuming temperature = 15 in Celsius degree.
soundSpeed = 340.

#-- frequency --
frequency = 500.
angularFrequency = 2. * pi * frequency
waveNumber = angularFrequency / soundSpeed

#-- sources & observing points --
rs = array( [0.2, 0.2] )

print 'Source position : ', rs

# mesh grid of observing points
print 'Creating mesh grid of observing points ...'

[rpY, rpX] = mgrid[0.475:-0.5:-0.05, -0.475:0.5:0.05]
(rpk,rpl) = rpX.shape

print ' The number of observing points : ', rpk*rpl

#==================================== Divide boundaries by using Gmsh
print 'Creating boundary elements...'

# set boundary conditions of lines
boundaryCondition = {'rigid':0., 'absorbing':1.}
```

```
# create a mesher instance of GMsh2D class
mesher = gmsh.GMsh2D()

# create elements using Gmsh and get nodes of elements
mesher.loadGeo('sampleBemSquare.geo', .1)
node = mesher.getNodes()

# initialize
element = []
# for each boundary contidion
for conditionName in boundaryCondition.keys():
    # get node indexes defining elements
    nodeIndex = mesher.getLines(conditionName)

    # append elements and set r1, r2 and admittance
    for idx in nodeIndex:
        element.append({'r1':node[idx[0]], 'r2':node[idx[1]],
            'admittance':boundaryCondition[conditionName]})

nElement = len(element)

print '  The number of elements : ', nElement

#-- element parameters --
for n in range(nElement):
    element[n]['middlePoint'] = (element[n]['r2'] + element[n]['r1']) / 2.
    r2_r1 = element[n]['r2'] - element[n]['r1']
    element[n]['localAxis'] = r2_r1 / 2.
    element[n]['length'] = sqrt(r2_r1[0] ** 2. + r2_r1[1] ** 2.)
    element[n]['normalVector'] = array([ r2_r1[1], - r2_r1[0] ]) \
            / element[n]['length']

#========================================== Build coefficient matrix 'A'
print 'Carring out BEM ...'
print '  Building the coefficient matrix \'A\' ...'

A = zeros((nElement,nElement), 'complex64')

# for each boundary element
for m in range(nElement):
    a = -1j * waveNumber * element[m]['length'] / (4. * 2.)
    b = waveNumber * element[m]['length'] \
            * element[m]['admittance'] / (4. * 2.)

    # for each middle point of element
    for l in range(nElement):
        rl = element[l]['middlePoint']

        if l != m: # general component
            h = a * quadrature(integrand_h, -1., 1.,
                    args=(element[m], rl, waveNumber))[0]
            g = b * quadrature(integrand_g, -1., 1.,
                    args=(element[m], rl, waveNumber))[0]
            A[l,m] = h + g
```

4.3 コーディングの応用 -sampleBem2.py-

```
            else: # diagonal component
                v = special.itj0y0(waveNumber * element[m]['length'] / 2.)
                g = (element[l]['admittance'] / 2.) * complex(v[0], v[1])
                A[l,m] = 1./2. +  g

#======================================== Build right hand vector 'pd'
print ' Building the right hand vector \'pd\' ...'

pd = zeros((nElement,1), 'complex64')

for l in range(nElement):
    rl = element[l]['middlePoint']
    pd[l] = GreenFunction( rl, rs, waveNumber )

#===================================== Solve linear equation A * p = pd
print ' Solving the linear equation \'A * p = pd\' ...'

p = linalg.solve( A, pd )

#===================================== Calculate sound pressure at rp
print ' Calculating sound pressure at', rpk, '*', rpl, 'point(s) ...'

prp = zeros((rpk, rpl), 'complex64' )
Ar = zeros(nElement, 'complex64')

for k in range(rpk):
    for l in range(rpl):
        rp = array([rpX[k,l], rpY[k,l]])

        for m in range(nElement):
            a = -1j * waveNumber * element[m]['length'] / (4. * 2.)
            b = waveNumber * element[m]['length'] * \
                    element[m]['admittance'] / (4. * 2.)

            h = a * quadrature(integrand_h, -1., 1.,
                        args=(element[m], rp, waveNumber))[0]
            g = b * quadrature(integrand_g, -1., 1.,
                        args=(element[m], rp, waveNumber))[0]
            Ar[m] = h + g

        prp[k,l] = GreenFunction(rp, rs, waveNumber) - dot(Ar, p)[0]

#========================================================= Show results
print 'Creating a contour plot of abs(Prp) ...'

# plot contour
pylab.contourf(rpX, rpY, abs(prp), 32, cmap=pylab.cm.bone)
pylab.hold(True)

# plot boundary elements
# If the number of elements is too large,
# you should comment out these lines
nodeIndex = mesher.getLines('rigid')
```

```
for idx in nodeIndex:
    pylab.plot(node[idx][:,0], node[idx][:,1], '-kx')

nodeIndex = mesher.getLines('absorbing')
for idx in nodeIndex:
    pylab.plot(node[idx][:,0], node[idx][:,1], '--kx')

# plot source position
pylab.plot(array([rs[0]]), array([rs[1]]), 'ko')

# arrange graph view
pylab.axis('equal')
pylab.xlabel('x [m]')
pylab.ylabel('y [m]')
pylab.title('Absolute values of sound pressure')
pylab.colorbar()

# show graph
pylab.show()
# End
```

matplotlib の表示結果は savefig 関数により，ファイルに保存できる．

―――― プログラム 4-44 ――――
```
pylab.savefig('sampleBem2.eps', format='eps')
```

第1引数に出力ファイル名を与え，format= で画像形式を指定する．'eps' のほか，'png'，'pdf'，'ps'，'svg' なども指定可能である．

引用・参考文献

1) L. H. Chen and D. G. Schweikert. Sound radiation from an arbitrary body. *J. Acoust Soc. Am.*, Vol. 35, pp. 1626–1632, 1963.

2) 日本建築学会（編）. 音環境の数値シミュレーション —波動音響解析の技法と応用—. 日本建築学会, 東京, 2011.

3) 今村勤. 物理とグリーン関数. 岩波書店, 東京, 新装版, 1994.

4) 小野寺嘉孝. 物理のための応用数学. 裳華房, 東京, 1988.

5) C. A. Brebbia, J.Dominguez（著），田中正隆, 松本敏郎, 中村正行（訳）. 詳解 境界要素法. オーム社, 東京, 1993.

6) S. Murburg and B. Nolte, editors. *Computational Acoustics of Noise Propagation in Fluids*. Springer-Verlag, Berlin, 2008.

7) P. M. Morse. *Vibration and sound*. Acoustical Society of America, New York, 1981.

8) 佐藤次男, 中村理一郎. よくわかる数値計算 —アルゴリズムと誤差解析の実際—. 日刊工業新聞社, 東京, 2001.

9) http://www.netlib.org/. 2012 年 5 月 3 日閲覧.
10) 例えば，http://www.netlib.org/lapack/. 2012 年 5 月 3 日閲覧.
11) 例えば，http://www.netlib.org/templates/. 2012 年 5 月 3 日閲覧.
12) M. Abramowitz and I. A. Stegun, editors. *Handbook of Mathematical Functions with Formulas, Graphs, and Mathematical Tables.* Dover publications, New York, 1965.
13) http://www.netlib.org/cephes/. 2012 年 5 月 3 日閲覧.
14) http://www.netlib.org/toms/757. 2012 年 5 月 3 日閲覧.
15) 例えば，http://www.netlib.org/amos/. 2012 年 5 月 3 日閲覧.
16) P. C. Hammer, O. J. Marlowe, and A. H. Stroud. Numerical integration over simplexes and cones. *Math. Tables Aids Comput.*, Vol. 10, pp. 130–137, 1956.
17) T. Terai. On calculation of sound fields around three dimensional objects by integral equation methos. *J. Sound Vib.*, Vol. 69, pp. 71–100, 1980.

5 時間領域有限差分法

　時間領域有限差分法は，偏微分方程式の微分項を差分に置き換え，逐次時間積分を行うことで，対象となる方程式の時間発展を計算していく手法である。物理の分野などでは古くから用いられていた手法であり，1966 年に Yee によって電磁界解析にはじめて応用され，コンピュータの発展とともに工学的に広く使われるようになった。音響分野でも，時系列解析の重要性の高まりとともに近年，注目を集めている[1)~5)]。

5.1 時間領域有限差分法の数学的基礎

5.1.1 特　　徴
　時間領域有限差分法は，偏微分方程式を直接差分化して解いていくため，数学的な基礎が有限要素法や境界要素法に比べて直感的に理解しやすいと考えられる。時間領域で解を得るため，広帯域の音源を設定して解を周波数分析すれば，広い周波数範囲の解を一度の計算で求めることもできる。また，必要とする計算機資源が少ないことも特徴であり，現在市販されているパソコンでかなり大規模な計算を行うことができる。

　ただし，境界条件の設定については，直交セルを原則とするためステップ状の形状で近似する必要があり，ストレートな定式化では，境界のモデリング誤差を含んだ解しか得ることができない。境界適合格子などを用いることもできるが，その際のコーディングの手間は多くなる。時間領域有限差分法には

- 数学的基礎が少なくて済むため，手法自体を直感的に理解しやすい

- 時間信号として解を求めるため，広い周波数範囲について一度に解を求めることができる

- 必要とする計算機資源が少ない

といったメリットがあり

- 直交セルを使うことによる，境界のモデル化誤差

- 波長に対して十分に細かい（10～20 分の 1 程度）の空間離散化が必要

5.1 時間領域有限差分法の数学的基礎

といったデメリットがある．本章ではスタガード格子を用いた定式化について示し，その特徴について説明していく．

5.1.2 音場の離散化

以降の数式と手順の流れをつかみやすくなるため，時間領域有限差分法がどのように音場を離散化するのかを説明する．**図5.1**は離散化された2次元音場のイメージである．離散化する前の音場が，図 (a) である．音場は，適当なインピーダンス境界で囲まれている．それを，直交格子で離散化したのが，図 (b) である．それぞれの交点にあたる箇所を格子点と呼ぶ．図 (c) は，局所的に細かい格子を配置して離散化した音場で，局所的に細かい形状の境界があるときなど，このような格子が用いられることもある．

格子点に位置する音圧や粒子速度を Δt という時間間隔で更新していく，というのが時間領域有限差分法の基本的な考え方となる．また，単なる直交格子ではなく，さらに計算精度を上げるための計算格子も提案されている．よく使われるものとしてスタガード格子 (Staggered grid) と呼ばれるものがあり，電磁界，音響分野で広く用いられている．**図5.2**に示すように，スタガード格子とは，粒子速度と音圧を互い違いの直交格子で保持するもので，時間領域有限差分法特有の数値振動を減少させることができる．

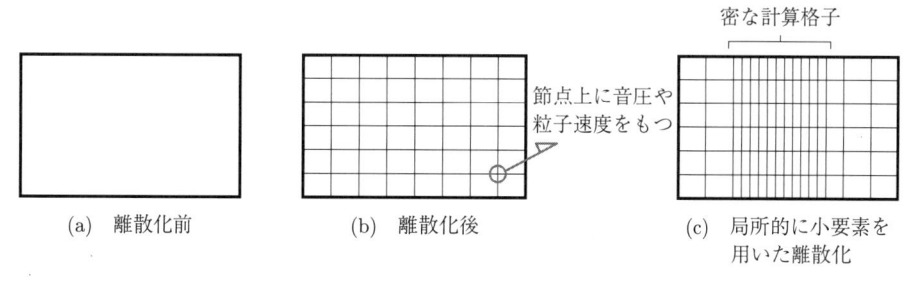

(a) 離散化前　(b) 離散化後　(c) 局所的に小要素を用いた離散化

図 5.1 時間領域有限差分法のための離散化された音場のイメージ

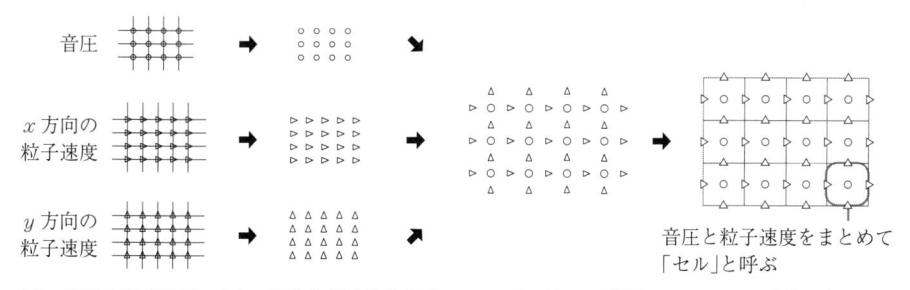

(a) 通常の直交格子　(b) 格子点だけ抜き出す　(c) 互い違いに配置　(d) セル単位にまとめる

図 5.2 2次元スタガード格子：空間方向の格子配置のイメージ

5.1.3 基礎方程式と離散化

空気中の音波は x, y, z 軸方向の運動方程式

$$\frac{\partial p}{\partial x} + \rho\frac{\partial u_x}{\partial t} = 0, \frac{\partial p}{\partial y} + \rho\frac{\partial u_y}{\partial t} = 0, \frac{\partial p}{\partial z} + \rho\frac{\partial u_z}{\partial t} = 0 \tag{5.1}$$

と，連続の式

$$\frac{\partial p}{\partial t} + \kappa\left(\frac{\partial u_x}{\partial x} + \frac{\partial u_y}{\partial y} + \frac{\partial u_z}{\partial z}\right) = 0 \tag{5.2}$$

を満たす。ここで，p は音圧，u_x, u_y, u_z は各軸方向の粒子速度，κ は体積弾性率，ρ は密度であり，時間領域有限差分法では，これが基礎方程式となる。

さて，離散化のための準備として微分と差分の関係について考える。今，ある関数 f の x 軸方向の空間微分

$$f'(x) = \frac{\partial f}{\partial x} \tag{5.3}$$

を考える。微分を差分で近似するには，後進差分，前進差分，中心差分という3つの基本的な手法がある。それぞれ bD_x, fD_x, cD_x とすると

$$f'(x) \approx bD_x f(x) = \frac{f(x) - f(x-h)}{h} \tag{5.4}$$

$$f'(x) \approx fD_x f(x) = \frac{f(x+h) - f(x)}{h} \tag{5.5}$$

$$f'(x) \approx cD_x f(x) = \frac{f(x+h) - f(x-h)}{2h} \tag{5.6}$$

という形で書ける。図 **5.3** は，$f(x), f'(x), bD_x f(x), fD_x f(x), cD_x f(x)$ の関係を示したものである。一般に，離散化の幅 h が小さければ差分の値は微分に近づく。しかし，実際には無限に小さい h を設定することができないため，どの差分を用いるかで計算の精度は大きく変わってくる。中心差分は前進差分と後進差分に比べて精度がよいということが知られており，特に波動方程式のように進行波と後退波が両方含まれる方程式の解析には，中心差分が向いている。

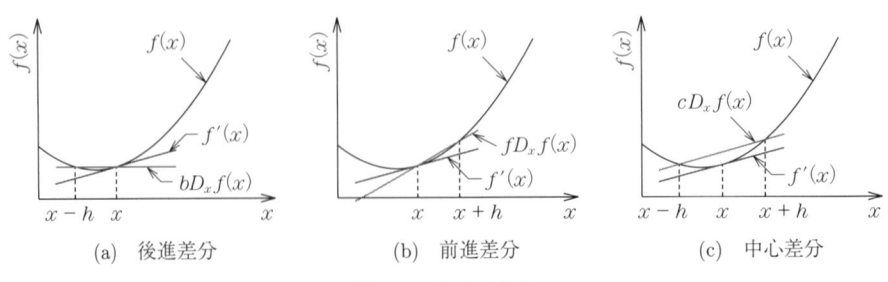

(a) 後進差分　(b) 前進差分　(c) 中心差分

図 **5.3** 微分と差分

5.1 時間領域有限差分法の数学的基礎

今，式 (5.1) 中の x 軸方向の運動方程式を考える。粒子速度の音圧の空間微分項を中心差分で近似すると

$$\frac{p(i+1)-p(i)}{\Delta x} + \rho\frac{\partial u_x}{\partial t} = 0 \tag{5.7}$$

のようになる。ただし，i はセル番号で，スタガード格子を用いて離散化したものとする。もし，スタガード格子のように互い違いにずれた離散化でないとすると図 **5.4**(a) のような形になり，$\frac{p(i+1)-p(i)}{\Delta x}$ の値は音響量の存在しない計算点での空間微分値を推定することになってしまう。$\frac{p(i+1)-p(i-1)}{2\Delta x}$ とすれば計算可能であるが，両隣の 2 点の値を必要とするため，離散化幅を狭くしなければ計算精度を上げることができなくなる。このように，中心差分を空間的にコンパクトな形で実装できるのが，スタガード格子の特徴である。

さて，式 (5.7) が示すのは，$\frac{p(i+1)-p(i)}{\Delta x}$ を時間積分すれば，粒子速度の微分が外れ，その時刻の粒子速度が求まるということである。時間積分については，ルンゲ–クッタ法を用いる手法などさまざまな手法が提案されているが，ここでは，時間軸方向にもスタガード格子を設定することで時間積分を行う。ここで時間軸方向にもスタガード格子を採用して，図 **5.5** のような離散化を考える。図は，空間的にスタガード格子になっているセルを時間方向にも互い違いにしたもので，時間と空間の両方の中心差分が，同じ点で定義できることを示したものである。図に示すように，時間と空間の中心差分が同じ位置で定義できるので，式 (5.7) の粒子速度の時間微分項を中心差分化すると

$$\frac{p^n(i+1)-p^n(i)}{\Delta x} + \rho\frac{u_x^{n+1}(i+1)-u_x^n(i+1)}{\Delta t} = 0 \tag{5.8}$$

という式が得られる。全体に Δt を掛けて変形すると

$$u_x^{n+1}(i+1) = u_x^n(i+1) - \frac{\Delta t}{\rho\Delta x}\left[p^n(i+1)-p^n(i)\right] \tag{5.9}$$

という差分式が得られ，既知の音圧や粒子速度から，Δt 後の粒子速度が得られることになる。連続の式についても同様にして

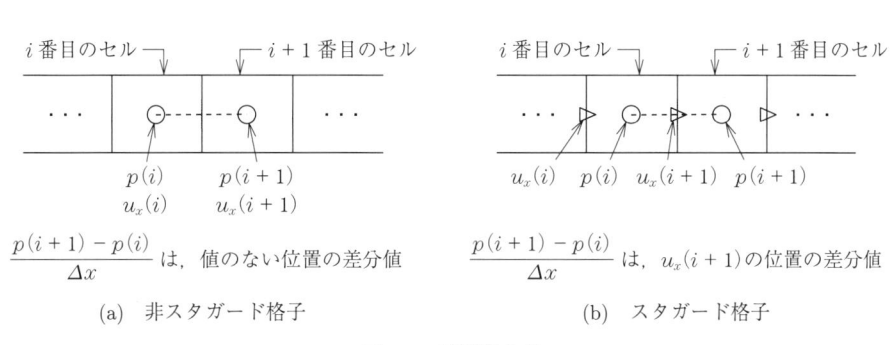

(a) 非スタガード格子　$\frac{p(i+1)-p(i)}{\Delta x}$ は，値のない位置の差分値

(b) スタガード格子　$\frac{p(i+1)-p(i)}{\Delta x}$ は，$u_x(i+1)$ の位置の差分値

図 **5.4** 空間微分項

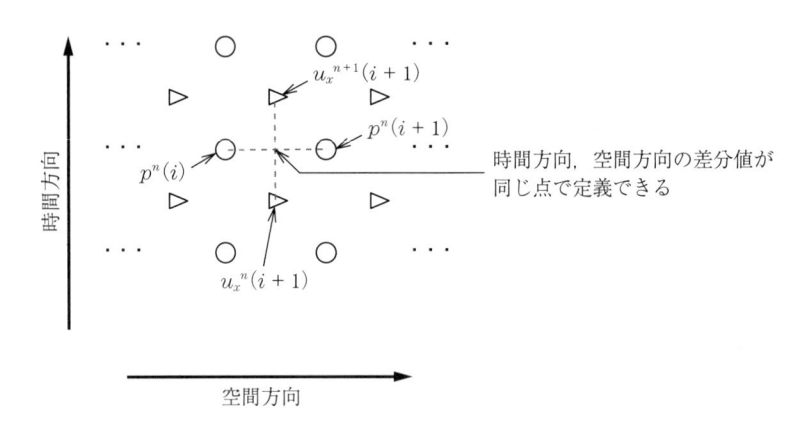

図 5.5 2次元スタガード格子：時間方向の格子配置のイメージ

$$p^{n+1}(i) = p^n(i) - \frac{\Delta t \kappa}{\Delta x}\left[u_x^{n+1}(i+1) - u_x^{n+1}(i)\right] \tag{5.10}$$

が得られる．これらは，ただちに 3 次元に拡張することができ，運動方程式について

$$u_x^{n+1}(i+1,j,k) = u_x^n(i+1,j,k) - \frac{\Delta t}{\Delta x \rho}\left[p^n(i+1,j,k) - p^n(i,j,k)\right] \tag{5.11}$$

$$u_y^{n+1}(i,j+1,k) = u_y^n(i,j+1,k) - \frac{\Delta t}{\Delta y \rho}\left[p^n(i,j+1,k) - p^n(i,j,k)\right] \tag{5.12}$$

$$u_z^{n+1}(i,j,k+1) = u_z^n(i,j,k+1) - \frac{\Delta t}{\Delta z \rho}\left[p^n(i,j,k+1) - p^n(i,j,k)\right] \tag{5.13}$$

が得られ，連続の式についても同様に

$$\begin{aligned}p^{n+1}(i,j,k) = p^n(i,j,k) - &\left\{\frac{\Delta t \kappa}{\Delta x}\left[u_x^{n+1}(i+1,j,k) - u_x^{n+1}(i,j,k)\right]\right.\\&\left.+\frac{\Delta t \kappa}{\Delta y}\left[u_y^{n+1}(i,j+1,k) - u_y^{n+1}(i,j,k)\right] + \frac{\Delta t \kappa}{\Delta z}\left[u_z^{n+1}(i,j,k+1) - u_z^{n+1}(i,j,k)\right]\right\}\end{aligned} \tag{5.14}$$

という差分式が得られる．ただし，n は時間方向のインデックス，i, j, k は x, y, z 軸方向それぞれのインデックスである．

繰返しになるが，式 (5.11)〜(5.14) が示しているのは，同じ時刻インデックスに属する音響量が既知であれば，Δt 後のつぎの時刻インデックスに属する音響量が計算可能である，ということである．例えば，音圧の初期値としてパルス性のものを与え，差分式を用いて更新し，任意のセルの音圧を観測すれば応答波形が得られる．

5.1.4 音 源 条 件

時間領域有限差分法では，音源位置の要素に時間波形を時々刻々与えるか，ある時刻の分

布を初期条件として設定することで音源条件を与える。その際に急激な変化を伴う空間分布関数や時間波形を与えると，解析結果に大きく計算誤差が含まれることになったり，計算自体が数値誤差の蓄積で数値的に発散してしまうこともあるので注意が必要である。音響分野でよく用いられるのは，音圧の初期値として図 **5.6** に示すような数セルにわたって滑らかな分布をもつ初期条件を与える手法である。式で表現すると，つぎのとおりである。

$$p(r) = \begin{cases} 0.5 + 0.5\cos\dfrac{\pi r}{R} & r \leq R \\ 0 & r > R \end{cases} \tag{5.15}$$

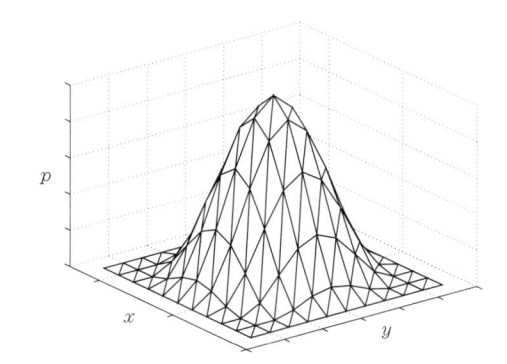

図 5.6 音源のモデル

また，他の手法として点音源を差分化して導入する手法も使われる。点音源から放出される体積速度を $Q(t)$ として，音源位置での音圧は

$$\frac{1}{\rho_0 c^2}\frac{\partial p}{\partial t} = -\mathrm{div}\, u + \frac{Q(t)}{V} \tag{5.16}$$

と書ける。これを差分化すると

$$p^{n+1} = p^n + \rho_0 c^2 \frac{Q(n+\frac{1}{2}\Delta t)}{V}\Delta t \tag{5.17}$$

というようになる。体積速度波形である $Q(n)$ として，例えば，ガウシアンパルスなどを与えて受音点位置のセルの音圧を観測すれば，インパルスレスポンスが得られることになる。ガウシアンパルスは

$$Q(\tau) = \begin{cases} e^{-\alpha(\tau-\tau_0)^2} & 0 \leq \tau \leq 2\tau_0 \\ 0 & その他 \end{cases} \tag{5.18}$$

で与えられる時間波形で，図 **5.7**(a) のようになる。図 5.7(b) はガウシアンパルスの周波数特性を示している。周波数が上がるにつれてなだらかに減衰する特徴をもち，数値振動を生じる原因になる高周波数成分を抑えることができるため，よく用いられる。

(a) 時間波形 (b) 周波数スペクトル

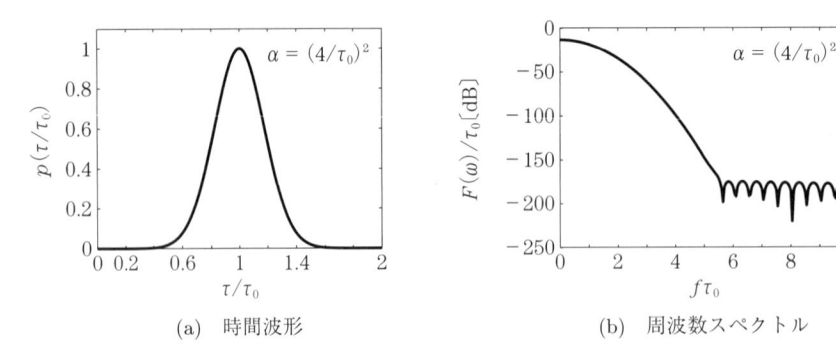

図 5.7　ガウシアンパルス

5.1.5　境界条件

時間領域差分法では，表面インピーダンスを局所セル間の四則演算で記述する手法がいくつか提案されている。本項では，よく用いられている表面インピーダンスの設定手法を紹介する[6]。この手法では表面インピーダンスが全周波数で一様となるが，周波数特性をもったインピーダンスを局所的な四則演算で実現する方法も千葉らによって提案されている[7]。

さて，今，ある境界表面上での音圧 p，法線方向の粒子速度 u，インピーダンスを Z とすると

$$u = \frac{p}{Z} \tag{5.19}$$

となる。例えば図 5.8(a) のような 2 次元音場にインピーダンス境界を有する場合，$u_x^{n+1}(i+1,j)$，$u_x^{n+1}(i,j+1)$ を更新する差分式は

$$u_x^{n+1}(i+1,j) = \frac{p^n(i,j)}{Z_x} \tag{5.20}$$

$$u_y^{n+1}(i,j+1) = \frac{p^n(i,j)}{Z_y} \tag{5.21}$$

というようになる。Z_x, Z_y は境界形状を与える際に外向きに与えるようにする。この手法は，インピーダンスを直接導入可能で境界の外側については差分更新をしなくてもよいため，計算負荷も軽いという長所がある。外向きか内向きかで粒子速度の符号を考慮する必要があるた

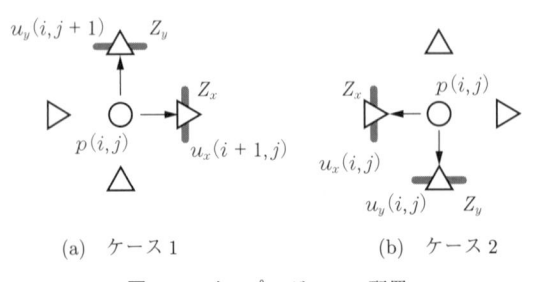

(a) ケース 1　　(b) ケース 2

図 5.8　インピーダンスの配置

め，図 5.8(b) のような 2 次元音場にインピーダンス境界を有する場合，$u_x^{n+1}(i,j)$, $u_x^{n+1}(i,j)$ を更新する差分式は，つぎのようになる。

$$u_x^{n+1}(i,j) = -\frac{p^n(i,j)}{Z_x} \tag{5.22}$$

$$u_y^{n+1}(i,j) = -\frac{p^n(i,j)}{Z_y} \tag{5.23}$$

5.2　コーディングの基礎 -sampleFDTD1.py-

本節では，FDTD 法のコーディングについて
- 音圧，粒子速度について格子点を確保する
- 格子点ごとに更新式を実行し，次時刻の音響量を計算する
- 音源位置の格子点に音圧波形を与え，目的の時間波形を得る

といったステップに分けて考えることにする。

5.2.1　音圧，粒子速度について格子点を確保する

簡単なテストケースとして，図 5.9 のような 4 m×3 m の 2 次元の音場を考えることにする。空間離散化幅を 1 m とすると
- 音圧の格子点は x 方向に 4 個，y 方向に 3 個
- x 方向の粒子速度の格子点は x 方向に 4+1 個，y 方向に 3 個
- y 方向の粒子速度の格子点は y 方向に 4 個，y 方向に 3+1 個

準備することになる。粒子速度の格子点の数は音圧と比べて，各空間方向についてひとつず

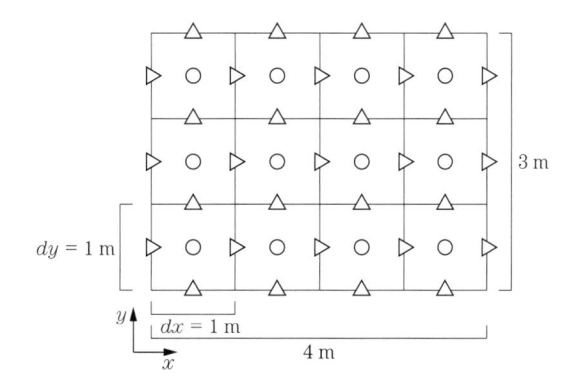

図 5.9　計算対象とする音場

つ多い点に注意いただきたい。音圧，粒子速度の初期状態として，まずは静かな空間を考えて，すべての格子点での音響量が0であるものとすると，格子点を確保するPythonコードは

──── プログラム 5-1 ────
```
P1=zeros((4,3))
Ux1=zeros((4+1,3))
Uy1=zeros((4,3+1))
```

のようになる。ここで，P1は各格子点での音圧を格納する2次元配列，Ux1，Uy1は各格子点でのx, y方向の粒子速度を格納する2次元配列である。またzerosは，0で埋められた配列を返す関数で，(4,3)などと，2次元Tupleでサイズを指定することで，0で埋められた2次元の配列を作成している。

5.2.2 格子点ごとに更新式を実行し，次時刻の音響量を計算する

2次元の更新式は，式(5.11)〜(5.14)を参考にしてただちに得ることができる。運動方程式については

$$u_x^{n+1}(i+1,j) = u_x^n(i+1,j) - \frac{\Delta t}{\Delta x \rho}[p^n(i+1,j) - p^n(i,j)] \quad (5.24)$$

$$u_y^{n+1}(i,j+1) = u_x^n(i,j+1) - \frac{\Delta t}{\Delta y \rho}[p^n(i,j+1) - p^n(i,j)] \quad (5.25)$$

が得られ，連続の式についても同様に

$$p^{n+1}(i,j) = p^n(i,j) - \left\{\frac{\Delta t \kappa}{\Delta x}\left[u_x^{n+1}(i+1,j) - u_x^{n+1}(i,j)\right] \right.$$
$$\left. + \frac{\Delta t \kappa}{\Delta y}\left[u_y^{n+1}(i,j+1) - u_y^{n+1}(i,j)\right]\right\} \quad (5.26)$$

が得られる。ここで，pは音圧，u_x, u_yはx,y軸方向の粒子速度である。また，i,jは空間方向のインデックスであり，プログラミングにおいては配列変数のインデックスと一致する。また，nは時間方向のインデックスであり，p^n, u_x^n, u_y^nは，Pythonコード中のP1，Ux1，Uy1に対応する。

さて，まず運動方程式についてのPythonコードは

──── プログラム 5-2 ────
```
for i in range(4-1):
    for j in range(3):
        Ux2[i+1,j] = Ux1[i+1,j] - dt/dx/rho * (P1[i+1,j]-P1[i,j])

for i in range(4):
    for j in range(3-1):
        Uy2[i,j+1] = Uy1[i,j+1] - dt/dy/rho * (P1[i,j+1]-P1[i,j])
```

5.2 コーディングの基礎 -sampleFDTD1.py-

となる。ここで，Ux2, Uy2 は u_x^{n+1}, u_y^{n+1} を表す 2 次元配列であり，dt, dx, dy, rho はそれぞれ時間離散化幅 Δt，x, y 方向空間離散化幅 Δx, Δy，媒質密度 ρ に対応する変数である。

同様に，連続の式については

―――――――― プログラム 5-3 ――――――――
```
for i in range(4):
    for j in range(3):
        P2[i,j]=P1[i,j]-dt*K/dx*(Ux2[i+1,j]-Ux2[i,j])-dt*K/dy*(Uy2[i,j+1]-Uy2[i,j])
```

となる。ここで，P2 は p^{n+1} を表す 2 次元配列であり，K は体積弾性率 κ に対応する変数である。また，ループ変数の i,j については運動方程式と比較すると，最大値がひとつ多くなっている。これは，すべての格子点での音圧に対して更新式を適用するためで，粒子速度の 2 次元配列の大きさが音圧の 2 次元配列の大きさよりも大きいため，メモリアサートを起こすことはない。

これらのコードを更新した時間分だけ繰り返し実行すれば，時々刻々の音圧を計算することができる。例えば，時間離散化幅を 0.001 秒とすると，1 秒間の時間波形を観測するには 1000 回の更新が必要になる。そうした場合の Python コードは

―――――――― プログラム 5-4 ――――――――
```
for n in range(1000):
    for i in range(4-1):
        for j in range(3):
            Ux2[i+1,j] = Ux1[i+1,j] - dt/dx/rho * P1[i+1,j]-P1[i,j]

    for i in range(4):
        for j in range(3-1):
            Uy2[i,j+1] = Uy1[i,j+1] - dt/dy/rho * P1[i,j+1]-P1[i,j]

    for i in range(4):
        for j in range(3):
            P2[i,j]=P1[i,j]-dt*K/dx*(Ux2[i+1,j]-Ux2[i,j])-dt*K/dy*(Uy2[i,j+1]-Uy2[i,j])

    P1,P2=P2,P1
    Ux1,Ux2=Ux2,Ux1
    Uy1,Uy2=Uy2,Uy1
```

のようになる。注意が必要なのが

―――――――― プログラム 5-5 ――――――――
```
    P1,P2=P2,P1
    Ux1,Ux2=Ux2,Ux1
    Uy1,Uy2=Uy2,Uy1
```

の部分で，P1,P2=P2,P1 というコードで P1,P2 を入れ替えていることになる。通常，新たな

変数の確保は，変数の入替えよりも時間のかかる作業であるため

- P1，P2 をつねに $p(n)$，$p(n+1)$ に対応させる

- 単に入れ替えることで，計算時間とメモリを節約する

といった理由でこのようなコードになっている。

5.2.3 音源位置の格子点に音圧波形を与え，目的の時間波形を得る

今，点音源が $(x,y)=(1,1)[\mathrm{m}]$ のところに存在するとすると (i,j)=(1,1) の格子点に音源が存在することになる。音源のある位置での格子点での更新式を再掲すると

$$p^{n+1} = p^n + \rho_0 c^2 \frac{Q\left(n+\frac{1}{2}\Delta t\right)}{V} \Delta t \tag{5.27}$$

のようになる。音源の振幅については，振幅の最大値が 1 となるよう正規化を行って

$$p^{n+1} = p^n + Q(n) \tag{5.28}$$

と考えることにする。

さて，ここで時間波形 $Q(n)$ として

$$Q(n) = \begin{cases} 0.5 + 0.5\cos\dfrac{\pi n}{N} & n \leq N \\ 0 & n > N,\ n < 0 \end{cases} \tag{5.29}$$

として表される時間波形を考えることにする。$N=100$ としてこの時間波形 $Q(n)$ を生成する Python コードは

―――――― プログラム 5-6 ――――――
```
Q=0.5+0.5*cos(arange(-pi,pi,2*pi/100))
```

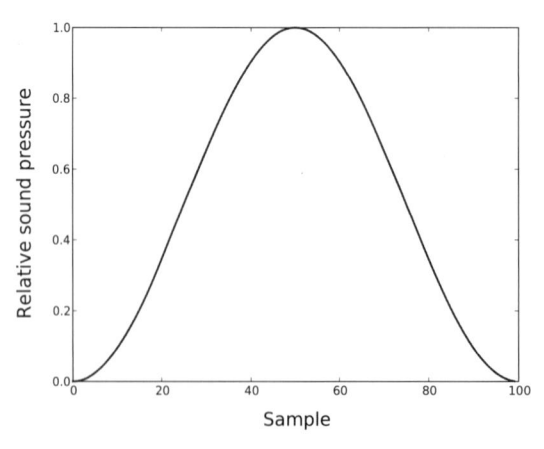

図 5.10 音源波形

と書くことができる。図 5.10 は，変数 Q に格納された時間波形を表している。

$Q(n)$ が生成できれば，音源から音場への入力は，時間方向の変数を n として，Python コードでは

――― プログラム 5-7 ―――
```
for n in range(10000):
    if n<len(Q)
        P2[1,1] = P1[1,1]+Q[n]
```

と書くことができる。

また，受音点が $(x, y) = (2, 2)$[m] のところに存在するとすると (i,j)=(2,2) の格子点に受音点が存在することになり，その点での音圧を逐次保存すれば，音圧波形を観測することができる。これを Python コードで表現するのは簡単で

――― プログラム 5-8 ―――
```
mic=[]
for n in range(10000):
    mic.appned(P1[2,2])
```

などとして，mic というリスト変数に逐次音圧をリスト末尾に追加すればよい。

5.2.4 可 視 化

FDTD 法での基本的な可視化として

- 音圧波形を可視化し，観測

- 音圧場全体を可視化し，観測

するケースを取り上げる。

Python ではさまざまな可視化ライブラリが使用できるが，ここでは matplotlib という可視化ライブラリを用いて描画することにする。matplotlib は，MATLAB の描画関数を模したライブラリで

- Python で簡単に使用できる

- API の使用が比較的単純で，使いやすい

- EPS など，種々の画像フォーマットで保存できる

といった特徴があり，特に大規模な可視化でなければ問題なく用いることができ，TeX や Word などのワープロソフトとも親和性が高い。

波形を可視化するのは非常に簡単で，例えば，あるランダムな音圧波形を考えると

5. 時間領域有限差分法

```
─── プログラム 5-9 ───
p=rand(100)
plot(p)
```

といったコードになる．図 **5.11** が，可視化したランダム波形になる．

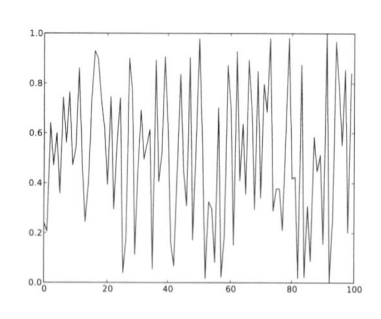

図 5.11 ランダム波形の可視化例 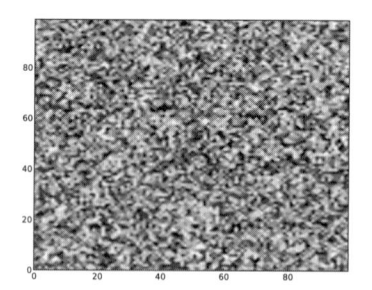　　**図 5.12** ランダム場の可視化例

例えば観測した音圧波形が，1次元ベクトルとしてある変数 mic に格納されている場合

```
─── プログラム 5-10 ───
plot(mic)
xlabel("Time [sample]")
ylabel("Relative sound pressure")
```

などととすれば可視化が可能である．xlabel, ylabel は，それぞれグラフの x, y 方向のラベルを設定する関数になる．

また，音圧場を可視化するのもそう難しくはなく，例えばあるランダムな2次元の音圧場を考えると

```
─── プログラム 5-11 ───
p=rand(100,100)
contourf(p)
```

といったコードになる．図 **5.12** が，可視化したランダムな音圧場になる．

同様に，2次元の音圧場が配列としてある変数 P1 に格納されている場合

```
─── プログラム 5-12 ───
contourf(P1)
xlabel("X [sample]")
ylabel("Y [sample]")
```

などととすれば可視化が可能である．

これらをすべてまとめて，ある点での音圧波形を観測するサンプルコードは，プログラム 5-13 のようになる．

5.2 コーディングの基礎 -sampleFDTD1.py-

―― プログラム **5-13** (FDTD コード例 (可視化も含む)) ――

```python
from pylab import *
from scipy import *
from matplotlib import cm

X=40
Y=30

dx=1
dy=1
dt=0.0001

Ro=1.21
C=343
K=Ro*C*C

Q = 0.5+0.5*cos(arange(-pi,pi,2*pi/200))

P1 = zeros((X,Y),"float64")
P2 = zeros((X,Y),"float64")

Ux1 = zeros((X+1,Y),"float64")
Ux2 = zeros((X+1,Y),"float64")

Uy1 = zeros((X,Y+1),"float64")
Uy2 = zeros((X,Y+1),"float64")

mic=[]

for n in range(5000):
    if n<len(Q):
        P1[20,15] += Q[n]

    mic.append(P1[0,0])

    for x in range(X-1):
        for y in range(Y):
            Ux2[x+1,y]=Ux1[x+1,y]-dt/Ro/dx*(P1[x+1,y]-P1[x,y])

    for x in range(X):
        for y in range(Y-1):
            Uy2[x,y+1]=Uy1[x,y+1]-dt/Ro/dy*(P1[x,y+1]-P1[x,y])

    for x in range(X):
        for y in range(Y):
            P2[x,y] = P1[x,y]-K*dt/dx*(Ux2[x+1,y]-Ux2[x,y]) \
                -K*dt/dy*(Uy2[x,y+1]-Uy2[x,y])

    P1,P2=P2,P1
    Ux1,Ux2=Ux2,Ux1
    Uy1,Uy2=Uy2,Uy1

figure()
plot(mic)
```

```
xlabel("Sample")
ylabel("Relative sound pressure")
show()

figure()
contourf(P1.T,aspect="equal", cmap=cm.jet)
xlim(0,X-1)
ylim(0,Y-1)
xlabel("X [sample]")
ylabel("Y [sample]")
show()
```

プログラム 5-13 を実行すると，図 5.13 のような音圧波形と図 5.14 のようなコンターが得られる。

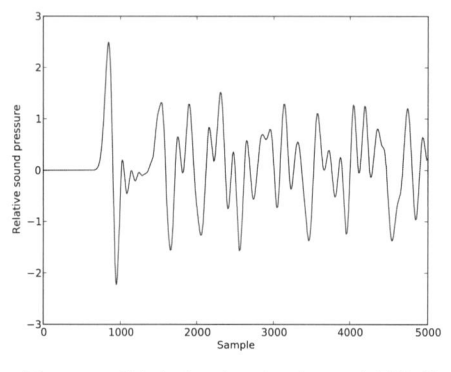

図 **5.13** 受音点 $(x,y)=(0,0)$ での音圧波形

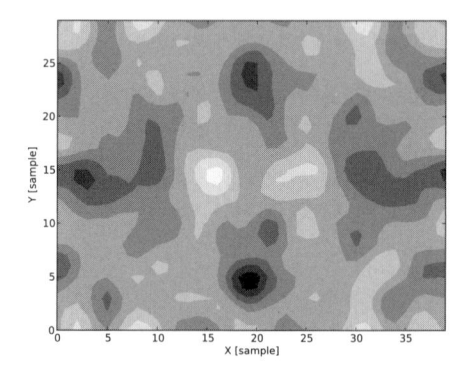

図 **5.14** 5000 回更新後の音圧場

5.3 コーディングの応用 -sampleFDTD2.py-

前節では，FDTD 法のコーディングの基礎について説明したが，本節では，FDTD 法のコーディングの応用について

- 省メモリ化

- インピーダンス境界条件

- より進んだ可視化

- 高速化

といったステップに分けて考えることにする。

5.3.1 省メモリ化

ここまでの説明では，数式との対応をよくするため P1,P2,Ux1,Ux2,Uy1,Uy2 というように変数を用意してきた。FDTD 法での運動方程式と連続の式の差分式を再掲すると

───────── プログラム 5-14 ─────────
```
for x in range(X-1):
    for y in range(Y):
        Ux2[x+1,y]=Ux1[x+1,y]-dt/Ro/dx*(P1[x+1,y]-P1[x,y])

for x in range(X):
    for y in range(Y-1):
        Uy2[x,y+1]=Uy1[x,y+1]-dt/Ro/dy*(P1[x,y+1]-P1[x,y])

for x in range(X):
    for y in range(Y):
        P2[x,y] = P1[x,y]-K*dt/dx*(Ux2[x+1,y]-Ux2[x,y]) \
            -K*dt/dy*(Uy2[x,y+1]-Uy2[x,y])

P1,P2=P2,P1
Ux1,Ux2=Ux2,Ux1
Uy1,Uy2=Uy2,Uy1
```

などとしてきたが，実際には P,Ux,Uy と，半分に集約することができる。コードとしては

───────── プログラム 5-15 ─────────
```
for x in range(X-1):
    for y in range(Y):
        Ux[x+1,y]=Ux[x+1,y]-dt/Ro/dx*(P[x+1,y]-P[x,y])

for x in range(X):
    for y in range(Y-1):
        Uy[x,y+1]=Uy[x,y+1]-dt/Ro/dy*(P[x,y+1]-P[x,y])

for x in range(X):
    for y in range(Y):
        P[x,y] = P[x,y]-K*dt/dx*(Ux[x+1,y]-Ux[x,y]) \
            -K*dt/dy*(Uy[x,y+1]-Uy[x,y])
```

と書くことができ，半分のメモリで済み，変数の入替え部分のコードも必要なくなる。

5.3.2 インピーダンス境界条件

インピーダンス境界を計算する例として，図 5.15 のように音場の端にインピーダンス Z を有するテスト音場を考える。また，インピーダンス境界での粒子速度の更新式は

$$u_x^{n+1}(i+1,j) = \frac{p^n(i,j)}{Z_x} \tag{5.30}$$

$$u_y^{n+1}(i,j+1) = \frac{p^n(i,j)}{Z_y} \tag{5.31}$$

116   5. 時間領域有限差分法

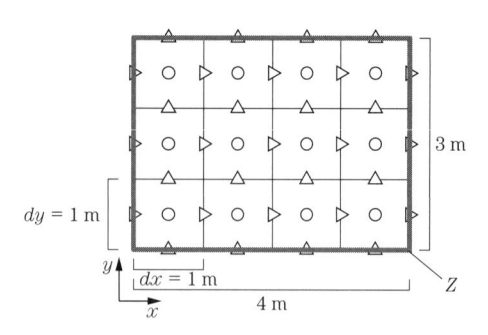

図 5.15 インピーダンスを配置したテスト音場

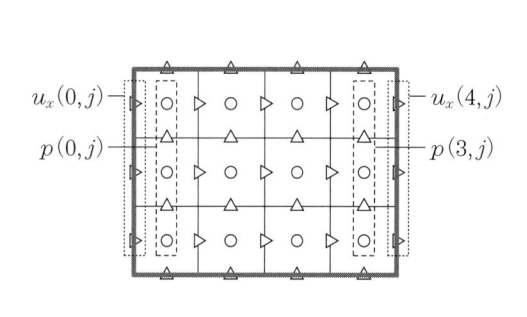

図 5.16 テスト音場における x 方向のインデックス関係図

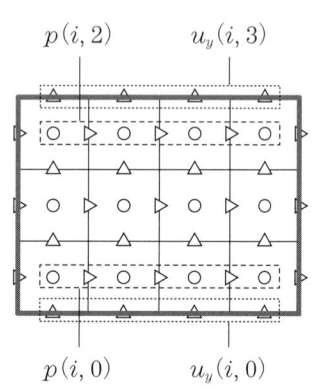

図 5.17 テスト音場における y 方向のインデックス関係図

であった．Z_x, Z_y は境界形状を与える際に外向きに与えるようにする．

このテスト音場のケースで考えると，図 **5.16**，図 **5.17** に示すような空間インデックスになっているとして

$$u_x^{n+1}(0,j) = -\frac{p^n(0,j)}{Z} \tag{5.32}$$

$$u_x^{n+1}(4,j) = \frac{p^n(3,j)}{Z} \tag{5.33}$$

$$u_y^{n+1}(i,0) = -\frac{p^n(i,0)}{Z} \tag{5.34}$$

$$u_y^{n+1}(i,3) = \frac{p^n(i,2)}{Z} \tag{5.35}$$

$$\tag{5.36}$$

というように，x, y の各粒子速度の端のセルにおいて，更新を実行することになる．ここで，x, y 方向の粒子速度の変数を `Ux`,`Uy` とすると，コードは

───── プログラム 5-16 ─────

```
for j in range(Y):
    Ux(0,j)=P(0,j)/-Z
```

```
    Ux(3,j)=P(3,j)/Z

for i in range(X):
    Ux(i,0)=P(i,0)/-Z
    Ux(i,3)=P(i,2)/Z
```

というようになる。

5.3.3 より進んだ可視化

FDTD 法では時々刻々の音響量を計算するため，可視化の際にもアニメーションを行いながら動作させたい場合も多い。またコンター以外にも，図 **5.18** のようなサーフェスプロットで確認したほうがわかりやすいケースもある。

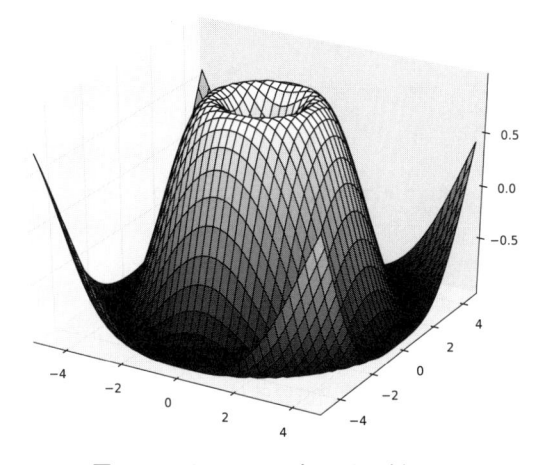

図 **5.18** サーフェスプロットの例

例えば，サーフェスプロットを描画するコードは

―― プログラム **5-17** ――
```
X=40
Y=30
dx=0.1
dy=0.1
P=zeros((X,Y),'float64')

fig = figure()
ax = axes3d.Axes3D(fig)
x = arange(0, dx*X,dx)
y = arange(0, dy*Y,dy)
xx, yy = meshgrid(y,x)
surf = ax.plot_surface(xx,yy,P,rstride=1, cstride=1,cmap=cm.jet)
```

のようになる。`Axes3D`クラスが，matplotlib中の3次元描画を行うためのクラスである。通常の2次元プロットと比べると，あらかじめ`figure`関数で描画領域を作成するなど，若干操作方法に前処理が必要となる。コード中の`plot_surface`関数が実際に3次元のサーフェスプロットを行う関数であり，描画対象となる座標情報，カラーマップなどを引数にもつ。

アニメーションを行うには，計算のループのなかで適宜`plot_surface`を呼べばよいが，執筆時のmatplotlibでは基本的に重ね描きになってしまうため，現在描画しているオブジェクトを消去する処理が別途必要となる。これをコードで書くと

———————— プログラム 5-18 ————————
```
X=40
Y=30
dx=0.1
dy=0.1
P=zeros((X,Y),'float64')

fig = figure()
ax = axes3d.Axes3D(fig)
x = arange(0, dx*X,dx)
y = arange(0, dy*Y,dy)
xx, yy = meshgrid(y,x)
surf = ax.plot_surface(xx,yy,P,rstride=1, cstride=1,cmap=cm.jet)
oldsurf=surf
fig.show()#グラフの表示

for t in range(1000):
    #省略（Ux,Uy,Pの更新）など

    surf = ax.plot_surface(xx,yy,P,rstride=1, cstride=1,cmap=cm.jet)
    ax.set_zlim3d(-1,1)
    ax.collections.remove(oldsurf)
    oldsurf=surf
    draw()
    fig.show()
```

といったようになる。`show()`関数でグラフウィンドウを生成し，`plot_surface`関数で描画対象となるオブジェクトを作成した後，`draw()`関数で実際に描画する命令を発行している。また，現在描画しているオブジェクトを，`oldsurf`に記録し，`ax.collections.remove(oldsurf)`によって描画対象から削除している。

5.3.4 高　速　化

FDTD法では，これまで見てきたとおり非常にループ演算をたくさん使用することになる。しかし，Pythonは，インタプリタ型の言語になるため，ループさせると速度の面で不満が出てくることもある。そういった場合，Pythonにはさまざまな高速化手法が準備されている

5.3 コーディングの応用 -sampleFDTD2.py-

が，開発効率と実行効率の面で NumPy 表記によるループ展開が便利である。

NumPy 表記とは

―― プログラム 5-19 ――
```
for i in range(X):
    Ux[i]=P[i+1]-P[i]
```

なるループ演算を

―― プログラム 5-20 ――
```
Ux[0:X-1]=P[1:X]-P[0:X-1]
```

というように展開できる表記方法である。FDTD 法での運動方程式と連続の式に NumPy 表記を適用すると

―― プログラム 5-21 ――
```
Ux[1:X,:]=Ux[1:X,:]-dt/Ro/dx*(P[1:X,:]-P[:X-1,:])
Uy[:,1:Y]=Uy[:,1:Y]-dt/Ro/dy*(P[:,1:Y]-P[:,:Y-1])
P[:X,:Y] = P[:X,:Y]-K*dt/dx*(Ux[1:X+1,:]-Ux[:X,:]) \
           -K*dt/dy*(Uy[:,1:Y+1]-Uy[:,:Y])
```

と書くことができる。また，インピーダンス境界の更新についても同様に

―― プログラム 5-22 ――
```
Ux[0,:]=P[0,:]/-Z
Ux[-1,:]=P[-1,:]/Z
Uy[:,0]=P[:,0]/-Z
Uy[:,-1]=P[:,-1]/Z
```

などと書くことができる。この高速化の効果は実際に試してみるとよくわかるが，もともとの Python コードのループが非常に遅いため，体感的には数十倍程度の高速化としてプログラムの高速化を行うことができる。これらをすべてまとめて，ある点での音圧波形を観測するサンプルコードは，プログラム 5-23 のようになる。

―― プログラム 5-23 (FDTD コード例 (境界条件，アニメーション，高速化を含む)) ――
```
from pylab import *
from scipy import *
from mpl_toolkits.mplot3d import axes3d
from matplotlib import cm

X=40
Y=30

dx=0.1
dy=0.1
dt=0.0001
```

```
Ro=1.21
C=343
K=Ro*C*C

ang = arange(-pi,pi,2*pi/50)
sig = cos(ang)
sig += 1

P = zeros((X,Y),"float64")
Ux = zeros((X+1,Y),"float64")
Uy = zeros((X,Y+1),"float64")

fig = figure()
ax = axes3d.Axes3D(fig)

x = arange(0, dx*X,dx)
y = arange(0, dy*Y,dy)
xx, yy = meshgrid(y,x)

surf = ax.plot_surface(xx,yy,P,rstride=1, cstride=1,cmap=cm.gray)
oldsurf=surf

Z=Ro*C

for t in range(40):
    if t<len(sig):
        P[X/2,Y/2] += sig[t]

    Ux[1:X,:]=Ux[1:X,:]-dt/Ro/dx*(P[1:X,:]-P[:X-1,:])
    Uy[:,1:Y]=Uy[:,1:Y]-dt/Ro/dy*(P[:,1:Y]-P[:,:Y-1])

    Ux[0,:]=P[0,:]/-Z
    Ux[-1,:]=P[-1,:]/Z

    Uy[:,0]=P[:,0]/-Z
    Uy[:,-1]=P[:,-1]/Z

    P[:X,:Y] = P[:X,:Y]-K*dt/dx*(Ux[1:X+1,:]-Ux[:X,:]) \
               -K*dt/dy*(Uy[:,1:Y+1]-Uy[:,:Y])

    surf = ax.plot_surface(xx,yy,P,rstride=1, cstride=1,cmap=cm.jet)
    ax.set_zlim3d(-1,1)
    ax.collections.remove(oldsurf)
    oldsurf=surf
    draw()
    fig.show()
```

プログラム 5-23 を実行すると，図 **5.19** のようなサーフェスプロットがアニメーションする様子を見ることができる。

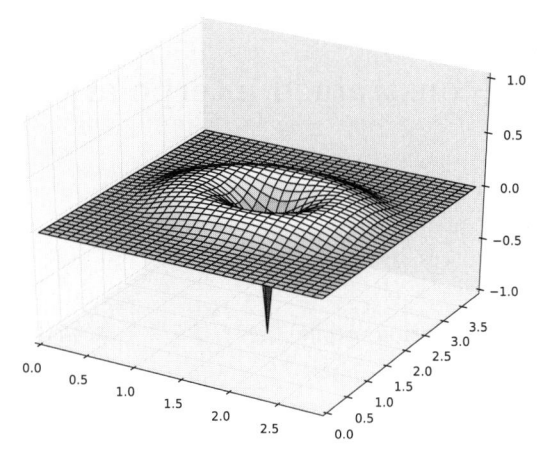

図 5.19 サーフェスプロットした音圧場

引用・参考文献

1) 坂本慎一, 園田有児, 橘秀樹. 二次元音場の波動的解析 その1 -差分法によるインパルス応答の推定-. 日本音響学会講演論文集, pp.829–830, 1994.3.
2) 鶴秀生, 広沢邦一, 岩津玲磨. 時間領域差分法音響解析における不等間隔コンパクト差分と吸収境界条件の検討. 騒音・振動研究会, 2005.8.
3) 鈴木久晴, 尾本章. 差分法への境界条件の導入に関する一検討. アコースティックイメージング研究会, 8 2005.
4) 鈴木久晴, 尾本章, 藤原恭司. FDTD 法における多孔質材料の簡易モデル. 日本音響学会 2006 年春季研究発表会講演論文集, 1-6-16, 3 2006.
5) 鈴木久晴, 尾本章, 藤原恭司. アクティブ残響箱の FDTD 法による数値解析. 建築音響研究会, 5 2006.
6) Takatoshi Yokota, Shinichi Sakamoto, and Hideki Tachibana. Visualization of sound propagation and scattering in rooms. *Acoustical Science and Technology*, Vol. 23, pp. 40–46, 1 (2002).
7) O. Chiba and T. Kashiwa. Analysis of sound fields in three dimensional space by the time-dependent finite-difference method based on the leap frog algorithm. *J. Acoustical Society of Japan*, Vol. 49, 8, pp. 551–562, 1993.

6 CIP(constrained interpolation profile)法

CIP(constrained interpolation profile)法のオリジナルは，流体力学分野でYabeらによって提案された[1),2)]。この手法が他の手法と大きく違うのは，解くべき場の空間微分値を陽に計算に組み込んで，同時に解くという点である。そして，この工夫により，広帯域にわたって数値分散誤差を小さく抑えることができるのである。

さて，音響数値解析にこのCIP法を適用する場合，支配方程式（運動方程式，連続の式）は移流方程式の形に変形され，いわゆる進行波と後退波に分離され計算が行われる。この移流方程式に変形するという考え方は，特性曲線法，または特性法（method of characteristics, MOC）[3),4)]と呼ばれ，1970年代以前から知られていたテクニックである。

したがって，音響CIP法は，従来あった特性曲線法をベースに，空間微分値も同時に解くという考え方を組み合わせた手法ということもできる。このような考え方に基づけば，正式にはCIP-MOC法と呼ぶべきかもしれない†。ただ一方で，"特性曲線法で解く"ということも含めてCIP法と考える場合もあり，単にCIP法と呼んでしまうこともある。

同じ時間領域解法であるため，CIP法とFDTD(finite difference time domain)法（第5章参照）がしばしば比較されるが，支配方程式に対する最初のアプローチが決定的に違う。支配方程式をそのまま差分するFDTD法，特性曲線法で解くCIP法，それぞれによさがあるので，どちらが一概に優れているとはいえず，解析対象に依存する部分があるだろう。

6.1 CIP法の数学的基礎

6.1.1 特　　　徴

CIP法は，音場の支配方程式である偏微分方程式（運動方程式，連続の式）を移流方程式の形に変形し，その後，進行波と後退波に分離された成分に対して移流計算を行う。

CIP法を実装するためのグリッドモデルは，co-llocated gridである。したがって，離散

---

† 著者としては，音響解析におけるCIP法とは特性曲線法（MOC）に後述するmulti-moments（MM）という考え方を組み合わせた手法であることから，MM-MOC法などと呼ぶのがマッチしているのではないかと考えている。

化したすべての成分（物理量，プログラム中の変数となる）が同じグリッド上に存在するモデルで，FDTD のスタガート格子（staggered grid）モデルとは大きく異なる。この 2 つのグリッドモデルには，それぞれメリット，デメリットがある。例えば，媒質パラメータの配置について co-llocated grid は 1/2 グリッドのずれがないため，媒質境界の位置を厳密に設定することができる。

　一般には，CIP 法は直交格子を用いるが，CIP 法の核は補間計算であるので，つぎのタイムステップの補間さえできれば，境界適合格子などを用いることもできる[2]。ただし，基本的には補間の精度以上の計算はできないため，大きな精度向上は難しく実装の手間を考えると，（もちろん，解析対象にもよるが，ほとんどの場合）最終的には直交格子が妥当な選択と思える。本章ではこのような理由から直交格子を用いた CIP 法を取り上げている。

6.1.2 数値分散と数値散逸による誤差について

　CIP 法のメリットだが，ひと言でいえば，数値分散誤差が非常に小さいという点である。この数値分散とは解析対象とは関係なく，計算機上の数値的な誤差（離散化すれば必ず発生）として計算上の位相速度が変化する現象である。一般には，数値分散誤差は解析波長に対して空間離散化が粗いとき（PPW(points per wavelength) が小さいとき）に発生するので，解析結果への影響としては周波数の高い領域で誤差が生じることになる。周波数に依存し計算上の位相速度が変化するということは，時間領域の信号波形で見るとパルス性信号の波形の形が歪むことになる（図 **6.1**）。

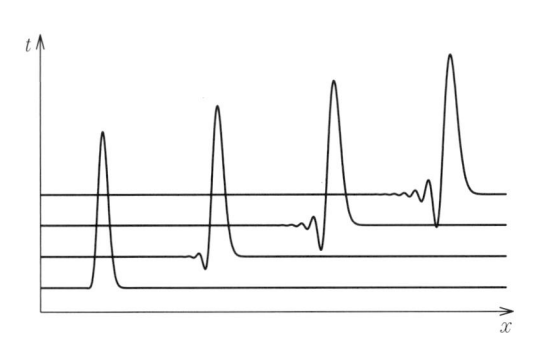

図 **6.1** 数値分散のイメージ：伝搬に伴い，波形にリプルが生じ，波形が歪む

（1） 数値分散とその問題点について　　時間領域の数値解析法の一番の利点は，計算の過程で波動伝搬の様相を見ることができるということであるため，波形歪みの影響は無視できず，計算手法としては数値分散誤差が小さいことが重要となる。特に，パルス性の波の伝

搬においては，パルス幅に対してグリッドサイズを十分に小さく設定できない場合に，数値分散誤差が大きい手法では，この誤差の効果により本来のパルス波形が大きく歪んでしまう。

これは，シミュレーション結果として得られた波形が伝搬過程で物理的な要因によって変化したのか，または手法のもつ数値分散性によって変化したのか，という疑問を発生させる。したがって，パルス性の波の伝搬を扱う場合，広い周波数帯域にわたって数値分散誤差が小さいことが求められる。

（2）数値分散とその対処方法について　　数値分散誤差を低減する最も簡単な対処法はグリッドサイズを小さくして計算することである。例えば，FDTD 法であれば，解析したい波長の 1/20 から 1/30 程度のグリッドサイズを用いることでかなりの数値分散誤差は低減できる。しかし，小さいグリッドを利用すれば，解析空間を表現するためのグリッド総数が増加するため，計算に必要なメモリが増加し，また多くの計算時間も必要となる。

別の対処方法として，FDTD(2,4) 法[5]など高次の空間差分を用いた差分法があるが，この方法は，空間差分を求めるためのサポート点を増やすことでグリッドサイズを小さくせずに数値分散誤差を低減できる。しかし，境界付近では別の取扱いが必要となり，さらに安定条件の限界に近い大きなタイムステップを用いると，PPW が小さい範囲において数値的な位相速度が速くなる。したがって，この高次空間差分を用いる手法で精度のよい結果を得るためには，タイムステップを従来の FDTD 法の数分の 1 にする必要があり，必然的に計算時間が必要となる[5]。

（3）数値分散と CIP 法の考え方（対処方法）について　　これに対して CIP 法は，単に空間離散化の刻み（グリッドサイズ）を小さくするのではなく，グリッド上の場の値 (音圧および粒子速度の値) に加えて，グリッド上のそれらの空間微分値も同時に計算し伝搬させる手法である。このような考え方は multi-moments と呼ばれている。例えば，さらに使用するモーメントを増やす場合，微分値に加えて 2 階微分値や積分値を使う方法も考えられる。この考え方を使うことで，単にグリッドサイズを小さくするのではなく，グリッドサイズはそのままにモーメントを増やして高精度化を行うのである。この工夫により，CIP 法は従来法に比べ数値分散誤差の小さい結果が得られ，数値的な波形の歪みを低減させることができるのである[6]〜[9]。さらに，このアプローチによる高精度化では，高次差分法とは違いタイムステップを小さく設定する必要はない†。

（4）数値散逸とその問題点について　　しかし，CIP 法があらゆる場面で万能であるということはない。上述のとおり，数値的に波形が歪まないという特徴は非常に有効な点であ

---

† 実は CIP 法を含めて特性曲線法は原理的に CFL 条件には拘束されないため，タイムステップは任意に設定できる。ただし，多次元領域の計算では移流原点が隣のグリッドとの間にない場合は精度が十分とはいえず，数値的な位相速度が遅れてしまうため，実用的にはそれほど大きなタイムステップを設定することはないだろう[10]。

るが，一方で CIP 法は数値的にエネルギーが保存されず，数値散逸による誤差が生じる。数値散逸誤差は解析波長に対して空間離散化が粗いときに発生するので，解析結果への影響としては周波数の高い領域で誤差が生じる。特に大きな解析空間を対象とする場合，この数値散逸誤差は解析結果に大きく影響するため，大規模解析では重要な問題である。CIP 法にとってはこの誤差の低減が課題といえる。

6.1.3 外部吸収境界について

もうひとつの CIP 法の重要な特徴として，外部吸収境界条件について述べる。外部吸収境界は開放空間を計算機上で作るのに必要なテクニックであり，差分法である FDTD 法などでは，Mur 吸収境界条件や PML といった仮想吸収層などを用いるのが一般的である。一方，CIP 法は特性曲線法であり自動的に平面波成分は吸収されるため，FDTD 法のように新たな吸収境界を設ける必要はない。ただし，特性曲線法で自動的に設定されることになる外部吸収については平面波吸収に対する精度を保証するものであるので，1 次元解析では無反射終端の条件を満たすが，多次元化したときには，完全な平面波となっていない成分はある程度反射してしまうことは知っておく必要があるだろう。多次元領域ではそれを考慮したうえで，解析空間を設定する必要があるということは認識しておきたい。

6.1.4 支配方程式と特性曲線法（移流方程式）を用いた定式化

本項では，CIP 法を音響シミュレーションに用いる場合の基本的な定式化を述べていく。CIP 法を用いた音場シミュレーションでは，一般に CIP スキームは特性曲線法 (MOC)[3),4)] とともに利用される。そこで，まず MOC の解説を簡単に述べる。

線形，無損失の場合，音場の支配方程式（連続の式と運動方程式）は

$$\nabla \cdot \boldsymbol{u} = -\frac{1}{K}\frac{\partial p}{\partial t}, \qquad \rho\frac{\partial \boldsymbol{u}}{\partial t} = -\nabla p \tag{6.1}$$

で与えられる。ここで，ρ は密度，K は体積弾性率，p は音圧，$\boldsymbol{u}$ は粒子速度である。さらにベクトル演算子を書き直すと

$$\frac{\partial p}{\partial t} = -K\left(\frac{\partial u_x}{\partial x} + \frac{\partial u_y}{\partial y} + \frac{\partial u_z}{\partial z}\right) \tag{6.2}$$

$$\frac{\partial u_x}{\partial t} = -\frac{1}{\rho}\frac{\partial p}{\partial x}, \quad \frac{\partial u_y}{\partial t} = -\frac{1}{\rho}\frac{\partial p}{\partial y}, \quad \frac{\partial u_z}{\partial t} = -\frac{1}{\rho}\frac{\partial p}{\partial z} \tag{6.3}$$

が得られる。ただし，u_x，u_y，u_z はそれぞれ x，y，z 方向の粒子速度である。

（1） 2 次元の音場シミュレーションの導入　ここで，以下の説明を簡単にするために 2 次元の音場を考える。2 次元音場とは，x，y，z のどれかひとつの軸方向に場が一様である場合を想定しており，例えば，z 軸方向に一様であるとすれば

$$\frac{\partial p}{\partial z} = \frac{\partial u_z}{\partial z} = 0 \tag{6.4}$$

という条件が付加される。すなわち，この式 (6.4) は解析領域全体に成り立っており，z 方向の微分がつねに 0 であり，z 方向に場が変化しないことを示している[†1]。もちろん，実際に音場は 3 次元であり，あくまでも仮定を含んだ特別なモデルということになるため，実際のシミュレーションに利用する場合には注意が必要である。ただし，初学者が手法を理解する場合には有効であるし，CIP 法の計算評価を行う分には，2 次元解析と 3 次元解析は本質的な差はないため，以下ではそのようにする。

（２） CIP 法を用いた 2 次元音場シミュレーション　2 次元音場の支配方程式は式 (6.2)～(6.4) より

$$\frac{\partial p}{\partial t} = -K \left(\frac{\partial u_x}{\partial x} + \frac{\partial u_y}{\partial y} \right) \tag{6.5}$$

$$\frac{\partial u_x}{\partial t} = -\frac{1}{\rho} \frac{\partial p}{\partial x}, \quad \frac{\partial u_y}{\partial t} = -\frac{1}{\rho} \frac{\partial p}{\partial y} \tag{6.6}$$

となる。ここからの展開が FDTD 法とは大きく異なる。多次元の特性曲線法特有の方向分離法と呼ばれる解法を導入する。文字どおり，各方向を分離して解く方法で[2]，2 次元であれば x 方向と y 方向を分けて解く[†2]。

式 (6.5)，式 (6.6) より，x 方向について

$$\frac{\partial}{\partial t} p + c \frac{\partial}{\partial x} Z u_x = 0, \quad \frac{\partial}{\partial t} Z u_x + c \frac{\partial}{\partial x} p = 0 \tag{6.7}$$

が得られる。ただし，Z は特性インピーダンス，c は媒質中の音速である（$Z = \sqrt{\rho K}$，$c = \sqrt{\frac{K}{\rho}}$）。さらに，この 2 つの式の和と差を計算して

$$\frac{\partial}{\partial t} (p \pm Z u_x) \pm c \frac{\partial}{\partial x} (p \pm Z u_x) = 0 \tag{6.8}$$

を得る。以上より，x 方向に対して $p \pm Z u_x$ の移流方程式が得られる[†3]。このように，場の支配方程式を移流方程式に変形し，特性曲線を満たす量（または単に特性曲線）のそれぞれに対して計算を行い，波動の伝搬を解く方法を特性曲線法と呼ぶ。この式では，音場における進行波と後退波が特性曲線となっている[†4]。

[†1] z 軸に直交する面は金太郎飴のようにどこを切っても同じになる

[†2] この手法は，特性曲線法を多次元化するための実用的な方法であり，数値的な異方性誤差が生じる原因となりうることは知っておきたい。つまり，x 方向の計算をするときに，y 方向には変化がない $\left(\frac{\partial}{\partial y} = 0 \right)$ と仮定して計算を行っているのである。

[†3] 移流方程式の解法については本書では十分にふれないが，流体力学などの分野では一般的なものであり，例えば，文献2) や文献4) などを参照していただきたい。

[†4] "特性曲線" は $\frac{\partial}{\partial t} f \pm c \frac{\partial}{\partial x} f = 0$ を満たす f を指しているが，特性値などと呼んだほうがなじみやすいかもしれない。

さて，CIP 法の説明を続ける。CIP 法が従来の特性曲線法と大きく異なるのは，ここからであり，音圧，粒子速度という物理量に加えて，その空間微分値も陽に計算に組み込む点である。

つぎに，式 (6.8) の両辺を x で偏微分して

$$\frac{\partial}{\partial t}\left(\partial_x p \pm Z\partial_x u_x\right) \pm c\frac{\partial}{\partial x}\left(\partial_x p \pm Z\partial_x u_x\right) = 0 \tag{6.9}$$

を得る。また，y で偏微分して

$$\frac{\partial}{\partial t}\left(\partial_y p \pm Z\partial_y u_x\right) \pm c\frac{\partial}{\partial x}\left(\partial_y p \pm Z\partial_y u_x\right) = 0 \tag{6.10}$$

を得る。さらに，この両辺を x および y で偏微分することで

$$\frac{\partial}{\partial t}\left(\partial_{xy} p \pm Z\partial_{xy} u_x\right) \pm c\frac{\partial}{\partial x}\left(\partial_{xy} p \pm Z\partial_{xy} u_x\right) = 0 \tag{6.11}$$

が得られる。ここで，$\partial_x = \partial/\partial x$，$\partial_y = \partial/\partial y$ および $\partial_{xy} = \partial^2/\partial x \partial y$ としている。

以上より，x 方向に対して $p \pm Zu_x$，$\partial_x p \pm Z\partial_x u_x$，$\partial_y p \pm Z\partial_y u_x$ および $\partial_{xy} p \pm Z\partial_{xy} u_x$ の移流方程式が得られる。CIP 法では，これらの式に基づいて Hermite 補間（エルミート補間）を用いて計算を行う。

同様にして，y 方向についても式を導出し，それぞれの方向についてまとめると，以下のようになる。

x 方向について

$$\frac{\partial}{\partial t}F_{x\pm} \pm c\frac{\partial}{\partial x}F_{x\pm} = 0, \quad \frac{\partial}{\partial t}G_{x\pm} \pm c\frac{\partial}{\partial x}G_{x\pm} = 0 \tag{6.12}$$

$$\frac{\partial}{\partial t}H_{x\pm} \pm c\frac{\partial}{\partial x}H_{x\pm} = 0, \quad \frac{\partial}{\partial t}I_{x\pm} \pm c\frac{\partial}{\partial x}I_{x\pm} = 0 \tag{6.13}$$

y 方向について

$$\frac{\partial}{\partial t}F_{y\pm} \pm c\frac{\partial}{\partial y}F_{y\pm} = 0, \quad \frac{\partial}{\partial t}G_{y\pm} \pm c\frac{\partial}{\partial y}G_{y\pm} = 0 \tag{6.14}$$

$$\frac{\partial}{\partial t}H_{y\pm} \pm c\frac{\partial}{\partial y}H_{y\pm} = 0, \quad \frac{\partial}{\partial t}I_{y\pm} \pm c\frac{\partial}{\partial y}I_{y\pm} = 0 \tag{6.15}$$

ただし

$$F_{x\pm} = p \pm Zu_x, G_{x\pm} = \partial_x p \pm Z\partial_x u_x, H_{x\pm} = \partial_y p \pm Z\partial_y u_x, I_{x\pm} = \partial_{xy} p \pm Z\partial_{xy} u_x \tag{6.16}$$

$$F_{y\pm} = p \pm Zu_y, G_{y\pm} = \partial_y p \pm Z\partial_y u_y, H_{y\pm} = \partial_x p \pm Z\partial_x u_y, I_{y\pm} = \partial_{xy} p \pm Z\partial_{xy} u_y \tag{6.17}$$

としている。

（3） 伝搬方向と直交する空間微分値の扱い　他方で，CIP 法による音響シミュレーションにおいては，伝搬方向と直交する空間微分値の計算をどのように扱うかという問題がある。Yabe らによれば，この直交微分値を線形補間で計算する手法を M 型 CIP 法，高次の微分値を定義して CIP 法の標準である 3 次 Hermite 補間を用いる手法が C 型 CIP 法とそれぞれ呼ばれている。2 つの手法では計算の手順が若干変わり，計算精度にも差異が生じる。

（a） C 型 CIP 法　"伝搬方向と直交する空間微分値の計算" に利用するのは，式 (6.13)，(6.15) である。例えば，直交微分値も 3 次 Hermite 補間で伝搬させる場合（C 型 CIP 法）は，x 方向の伝搬について $F_{x\pm}$ と $G_{x\pm}$ （式 (6.12)）および $H_{x\pm}$ と $I_{x\pm}$ （式 (6.13)）に対して Hermite 補間をそれぞれ適用し，y 方向の伝搬については $F_{y\pm}$ と $G_{y\pm}$ （式 (6.14)）および $H_{y\pm}$ と $I_{y\pm}$ （式 (6.15)）に対しても Hermite 補間をそれぞれ適用する。

（b） M 型 CIP 法　一方，$\partial_{xy} = \partial^2/\partial x \partial y$ を利用しない方法（M 型 CIP 法）もあり，この場合，式 (6.13)，(6.15) の H に関する式のみを利用する。すなわち，$H_{x\pm}$ （式 (6.13)）と $H_{y\pm}$ （式 (6.15)）に 1 次 Lagrange 補間（線形補間）を適用し，各方向の直交微分値の伝搬を計算する。この方法では，$\partial_{xy}p$, $\partial_{xy}u_x$, $\partial_{xy}u_y$ は定義されない。

なお，ここでは簡単のため 2 次元解析としてきたが，3 次元については y 方向に続けて z 方向についても同様に行うことで可能となる。

6.1.5　CIP 法による 2 次元音場解析のための離散化

（1） CIP 法のグリッドモデル　図 6.2 に 2 次元音場解析を CIP 法を用いて行う場合のグリッドモデルを示す。図に示すように，本手法では音圧，粒子速度ともに同一グリッド

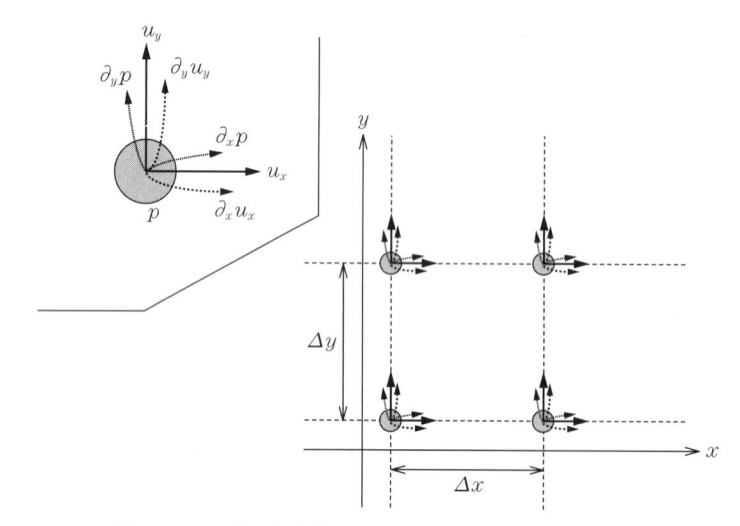

図 6.2　CIP 法音場解析における 2 次元のグリッドモデル

上に配置する。このようなグリッドモデルは co-llocated grid と呼ばれる。したがって本手法は，広く使われている staggered-grid モデル（Yee セル）を用いた FDTD 法とは異なり，音圧と粒子速度の半セルのずれは存在しない。また，各グリッド上にそれぞれの成分の空間微分値を配置する。

（**2**）**CIP 法の時間更新** つぎに，CIP 法を用いて，タイムステップ n におけるグリッド上の値（$F_\pm^n$ および $G_\pm^n$）からタイムステップ $n+1$ におけるグリッド上の値（$F_\pm^{n+1}$ および $G_\pm^{n+1}$）を求める方法を述べる。まず，$\pm x$ 方向への伝搬を考える。$\pm x$ 方向としては，$+x$ 方向へ F_{x+} および G_{x+} が伝搬し，$-x$ 方向へ F_{x-} および G_{x-} が伝搬する。**図 6.3** に，CIP 法による移流計算のモデルを示す。

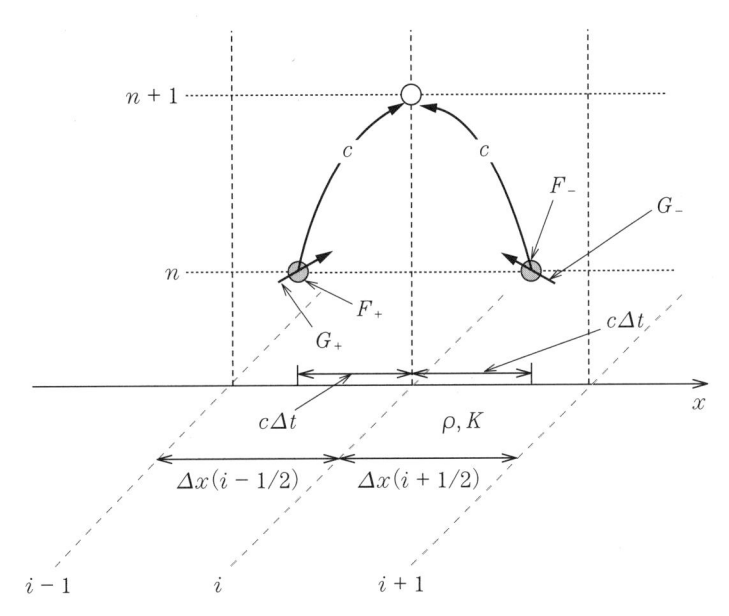

図 6.3 CIP 法解析における $\pm x$ 方向の $F_\pm$ および $G_\pm$ の計算法

このモデル図より移流を考えると，伝搬速度が c で，タイムステップが Δt であるので，式 (6.18), (6.19) に示すように，$n+1$ の時刻の物理量は，求めるべき点から $c\Delta t$ だけ離れた点での n 時刻における値となることがわかる。

$$F_{x\pm}^{n+1}|_{i\Delta x, j\Delta y} = F_{x\pm}^n|_{i\Delta x \mp c\Delta t, j\Delta y} \tag{6.18}$$

$$G_{x\pm}^{n+1}|_{i\Delta x, j\Delta y} = G_{x\pm}^n|_{i\Delta x \mp c\Delta t, j\Delta y} \tag{6.19}$$

ただし，実際の計算では $F_{x\pm}^n(i\Delta x \mp c\Delta t, j\Delta y)$ および $G_{x\pm}^n(i\Delta x \mp c\Delta t, j\Delta y)$ はグリッド上の点でないために，存在しない値である。したがって，前後のグリッド上の値を利用した補間計算によって $F_{x\pm}^n(i\Delta x \mp c\Delta t, j\Delta y)$ および $G_{x\pm}^n(i\Delta x \mp c\Delta t, j\Delta y)$ は求めることになる。

今，3次Hermite補間を用いると，同図より，$\pm x$方向について，タイムステップ$n+1$の$F_{x\pm}$および$G_{x\pm}$は以下の式で与えられる。

$$F_{x\pm}^{n+1}(i,j) = a_\pm \xi_\pm^3 + b_\pm \xi_\pm^2 + G_{x\pm}^n(i,j)\xi_\pm + F_{x\pm}^n(i,j) \tag{6.20}$$

$$G_{x\pm}^{n+1}(i,j) = 3a_\pm \xi_\pm^2 + 2b_\pm \xi_\pm + G_{x\pm}^n(i,j) \tag{6.21}$$

となる。ただし

$$a_\pm = \frac{G_{x\pm}^n(i,j) + G_{x\pm}^n(i\mp 1,j)}{(\Delta x)^2} \mp \frac{2(F_{x\pm}^n(i,j) - F_{x\pm}^n(i\mp 1,j))}{(\Delta x)^3} \tag{6.22}$$

$$b_\pm = \frac{3(F_{x\pm}^n(i\mp 1,j) - F_{x\pm}^n(i,j))}{(\Delta x)^2} \pm \frac{2G_{x\pm}^n(i,j) \pm G_{x\pm}^n(i\mp 1,j)}{\Delta x} \tag{6.23}$$

$$\xi_\pm = \mp c\,\Delta t \tag{6.24}$$

としている。ここで，ΔxおよびΔtはそれぞれグリッドサイズおよびタイムステップとする。上式は2点の値と微分値で定義される3次Hermite補間となっている。式(6.20)〜(6.23)は，グリッド上の$F_{x\pm}$および$G_{x\pm}$の境界条件より求められる[1]。

また，$H_{x\pm}$と$I_{x\pm}$についても$F_{x\pm}$と$G_{x\pm}$と入れ替えることで，同様に3次Hermite補間を用いて計算できる。一方，$\pm y$方向についても$F_{y\pm}$および$G_{y\pm}$，$H_{y\pm}$および$I_{y\pm}$と置き換え，さらに$\Delta x \to \Delta y$と入れ替えることで同様に求めることができる。

（3）積和形による計算について　　式(6.20)，式(6.21)に示すように，補間は多項式形で与えられるが，通常，補間計算を行う場合は，以下のように積和計算の形にして値を求める。

$$F_{x\pm}^{n+1}(i,j) = C_{1\pm} F_{x\pm}^n(i\mp 1,j) + C_{2\pm} F_{x\pm}^n(i,j)$$
$$+ C_{3\pm} G_{x\pm}^n(i\mp 1,j) + C_{4\pm} G_{x\pm}^n(i,j) \tag{6.25}$$

$$G_{x\pm}^{n+1}(i,j) = C'_{1\pm} F_{x\pm}^n(i\mp 1,j) + C'_{2\pm} F_{x\pm}^n(i,j)$$
$$+ C'_{3\pm} G_{x\pm}^n(i\mp 1,j) + C'_{4\pm} G_{x\pm}^n(i,j) \tag{6.26}$$

ただし

$$C_{1\pm} = -2\chi^3 + 3\chi^2 \tag{6.27}$$

$$C_{2\pm} = 2\chi^3 - 3\chi^2 + 1 \tag{6.28}$$

$$C_{3\pm} = \xi_\pm(\chi^2 - \chi) \tag{6.29}$$

$$C_{4\pm} = \xi_\pm(\chi^2 - 2\chi + 1) \tag{6.30}$$

$$C'_{1\pm} = 6(-\chi^3 + \chi^2)/\xi_\pm \tag{6.31}$$

$$C'_{2\pm} = 6(\chi^3 - \chi^2)/\xi_\pm \tag{6.32}$$

$$C'_{3\pm} = 3\chi^2 - 2\chi \tag{6.33}$$

$$C'_{4\pm} = 3\chi^2 - 4\chi + 1 \tag{6.34}$$

とする。ここで，$\xi_\pm = \mp c\,\Delta t$，$\chi = c\,\Delta t/\Delta x$ である。$C_{1\pm} \sim C_{4\pm}$ および $C'_{1\pm} \sim C'_{4\pm}$ は媒質で決まる定数であるので，時間更新のループの外で代入しておき，積和演算の形で実装することで比較的高速な計算が可能となる[†]。式 (6.20)，(6.25) はまったく同様の計算を表しており，計算結果もまったく同じになる。

さらに直交微分値の取扱いについても，Hermite 補間を用いる場合には同様の考え方で

$$H^{n+1}_{x\pm}(i, j) = C_{1\pm}\,H^n_{x\pm}(i\mp 1, j) + C_{2\pm}\,H^n_{x\pm}(i, j)$$
$$+ C_{3\pm}\,I^n_{x\pm}(i\mp 1, j) + C_{4\pm}\,I^n_{x\pm}(i, j) \tag{6.35}$$

$$I^{n+1}_{x\pm}(i, j) = C'_{1\pm}\,H^n_{x\pm}(i\mp 1, j) + C'_{2\pm}\,H^n_{x\pm}(i, j)$$
$$+ C'_{3\pm}\,I^n_{x\pm}(i\mp 1, j) + C'_{4\pm}\,I^n_{x\pm}(i, j) \tag{6.36}$$

なる式で，$F^{n+1}_{x\pm}$ および $G^{n+1}_{x\pm}$ のときとまったく同様に求められる。この手法がいわゆる C 型 CIP 法と呼ばれている方法である。

一方，M 型 CIP 法において，式 (6.13)，(6.15) の H に関する式のみを利用し Lagrange 補間を適用する場合には

$$H^{n+1}_{x\pm}(i, j) = C^L_{1\pm}\,H^n_{x\pm}(i\mp 1, j) + C^L_{2\pm}\,H^n_{x\pm}(i, j) \tag{6.37}$$

となる。ただし

$$C^L_{1\pm} = \chi \tag{6.38}$$
$$C^L_{2\pm} = 1 - \chi \tag{6.39}$$

である。この手法が，従来，M 型 CIP 法と呼ばれている方法である。

さて，ここまでは物理量である p と u_x ではなく，特性曲線（F，G，H および I）による計算として話を進めてきたが，$n+1$ における p と u_x とその微分値は以下の式で求められる。

$$p^{n+1}(i, j) = \frac{F^{n+1}_{x+}(i, j) + F^{n+1}_{x-}(i, j)}{2} \tag{6.40}$$

$$u^{n+1}_x(i, j) = \frac{F^{n+1}_{x+}(i, j) - F^{n+1}_{x-}(i, j)}{2Z} \tag{6.41}$$

$$\partial_x p^{n+1}(i, j) = \frac{G^{n+1}_{x+}(i, j) + G^{n+1}_{x-}(i, j)}{2} \tag{6.42}$$

$$\partial_x u^{n+1}_x(i, j) = \frac{G^{n+1}_{x+}(i, j) - G^{n+1}_{x-}(i, j)}{2Z} \tag{6.43}$$

[†] 近年，急速に進歩し盛んに研究されている GPU（graphics processing unit）などの並列計算にも非常に向いている。

$$\partial_y p^{n+1}(i,j) = \frac{H_{x+}^{n+1}(i,j) + H_{x-}^{n+1}(i,j)}{2} \tag{6.44}$$

$$\partial_y u_x^{n+1}(i,j) = \frac{H_{x+}^{n+1}(i,j) - H_{x-}^{n+1}(i,j)}{2Z} \tag{6.45}$$

$$\partial_{xy} p^{n+1}(i,j) = \frac{I_{x+}^{n+1}(i,j) + I_{x-}^{n+1}(i,j)}{2} \tag{6.46}$$

$$\partial_{xy} u_x^{n+1}(i,j) = \frac{I_{x+}^{n+1}(i,j) - I_{x-}^{n+1}(i,j)}{2Z} \tag{6.47}$$

6.1.6 CIP 法の計算手順のまとめ

以上のように，CIP 法は，(1) 各タイムステップで音場の支配方程式から特性曲線（$F_{\pm}^n$, $G_{\pm}^n$, $H_{\pm}^n$, および $I_{\pm}^n$）を求め，(2)Hermite 補間を繰り返して，つぎの時刻の場の値を求める手法である．注目すべき点は，多項式の次数が増えたとしても，補間計算は積和演算の形で表されるため，比較的アルゴリズムが簡便となる．特に並列計算では高速化が期待できる．また実際に計算コードを記述するときは，媒質変化がない領域では (Zu_x), (Zu_y) は積の形で変数として扱えるため，計算時間を削減できる．

以下，C 型 CIP 法と M 型 CIP 法の計算手順をまとめる．

（１） C 型 CIP 法　　C 型 CIP 法を用いた 2 次元音場数値解析の手順をまとめると，以下のようになる．

1. 音場の値から x 方向の特性曲線を計算する（n 時刻の特性曲線（特性値）を得る）．

$$F_{x\pm}^n(i,j) \leftarrow p^n(i,j) \pm Z u_x^n(i,j) \tag{6.48}$$

$$G_{x\pm}^n(i,j) \leftarrow \partial_x p^n(i,j) \pm Z \partial_x u_x^n(i,j) \tag{6.49}$$

$$H_{x\pm}^n(i,j) \leftarrow \partial_y p^n(i,j) \pm Z \partial_y u_x^n(i,j) \tag{6.50}$$

$$I_{x\pm}^n(i,j) \leftarrow \partial_{xy} p^n(i,j) \pm Z \partial_{xy} u_x^n(i,j) \tag{6.51}$$

2. x 方向の伝搬を 3 次 Hermite 補間によって計算する（n 時刻の成分から $\dot{n}$ の値を求める．$\dot{n}$ は x 方向の移流計算後の中間の時刻となる）．

$$\begin{aligned}F_{x\pm}^{\dot{n}}(i,j) \leftarrow &\, C_{1\pm} F_{x\pm}^n(i\mp 1,j) + C_{2\pm} F_{x\pm}^n(i,j) \\ &+ C_{3\pm} G_{x\pm}^n(i\mp 1,j) + C_{4\pm} G_{x\pm}^n(i,j)\end{aligned} \tag{6.52}$$

$$\begin{aligned}G_{x\pm}^{\dot{n}}(i,j) \leftarrow &\, C'_{1\pm} F_{x\pm}^n(i\mp 1,j) + C'_{1\pm} F_{x\pm}^n(i,j) \\ &+ C'_{3\pm} G_{x\pm}^n(i\mp 1,j) + C'_{4\pm} G_{x\pm}^n(i,j)\end{aligned} \tag{6.53}$$

$$\begin{aligned}H_{x\pm}^{\dot{n}}(i,j) \leftarrow &\, C_{1\pm} H_{x\pm}^n(i\mp 1,j) + C_{2\pm} H_{x\pm}^n(i,j) \\ &+ C_{3\pm} I_{x\pm}^n(i\mp 1,j) + C_{4\pm} I_{x\pm}^n(i,j)\end{aligned} \tag{6.54}$$

$$I_{x\pm}^{\dot{n}}(i,j) \leftarrow C'_{1\pm} H_{x\pm}^{n}(i\mp1,j) + C'_{1\pm} H_{x\pm}^{n}(i,j)$$
$$+ C'_{3\pm} I_{x\pm}^{n}(i\mp1,j) + C'_{4\pm} I_{x\pm}^{n}(i,j) \tag{6.55}$$

3. x 方向の特性曲線から音場の値を計算する ($\dot{n}$ 時刻の音場の値を得る)。

$$p^{\dot{n}}(i,j) \leftarrow \frac{F_{x+}^{\dot{n}}(i,j) + F_{x-}^{\dot{n}}(i,j)}{2} \tag{6.56}$$

$$u_x^{\dot{n}}(i,j) \leftarrow \frac{F_{x+}^{\dot{n}}(i,j) - F_{x-}^{\dot{n}}(i,j)}{2Z} \tag{6.57}$$

$$\partial_x p^{\dot{n}}(i,j) \leftarrow \frac{G_{x+}^{\dot{n}}(i,j) + G_{x-}^{\dot{n}}(i,j)}{2} \tag{6.58}$$

$$\partial_x u_x^{\dot{n}}(i,j) \leftarrow \frac{G_{x+}^{\dot{n}}(i,j) - G_{x-}^{\dot{n}}(i,j)}{2Z} \tag{6.59}$$

$$\partial_y p^{\dot{n}}(i,j) \leftarrow \frac{H_{x+}^{\dot{n}}(i,j) + H_{x-}^{\dot{n}}(i,j)}{2} \tag{6.60}$$

$$\partial_y u_x^{\dot{n}}(i,j) \leftarrow \frac{H_{x+}^{\dot{n}}(i,j) - H_{x-}^{\dot{n}}(i,j)}{2Z} \tag{6.61}$$

$$\partial_{xy} p^{\dot{n}}(i,j) \leftarrow \frac{I_{x+}^{\dot{n}}(i,j) + I_{x-}^{\dot{n}}(i,j)}{2} \tag{6.62}$$

$$\partial_{xy} u_x^{\dot{n}}(i,j) \leftarrow \frac{I_{x+}^{\dot{n}}(i,j) - I_{x-}^{\dot{n}}(i,j)}{2Z} \tag{6.63}$$

4. 音場の値から y 方向の特性曲線を計算する ($\dot{n}$ 時刻の特性曲線を得る)。

$$F_{y\pm}^{\dot{n}}(i,j) \leftarrow p^{\dot{n}}(i,j) \pm Z u_y^{n}(i,j) \tag{6.64}$$

$$G_{y\pm}^{\dot{n}}(i,j) \leftarrow \partial_y p^{\dot{n}}(i,j) \pm Z \partial_y u_y^{n}(i,j) \tag{6.65}$$

$$H_{y\pm}^{\dot{n}}(i,j) \leftarrow \partial_x p^{\dot{n}}(i,j) \pm Z \partial_x u_y^{n}(i,j) \tag{6.66}$$

$$I_{y\pm}^{\dot{n}}(i,j) \leftarrow \partial_{xy} p^{\dot{n}}(i,j) \pm Z \partial_{xy} u_y^{n}(i,j) \tag{6.67}$$

5. y 方向の伝搬を 3 次 Hermite 補間によって計算する ($\dot{n}$ 時刻の成分から $n+1$ の値を求める)。

$$F_{y\pm}^{n+1}(i,j) \leftarrow C_{1\pm} F_{y\pm}^{\dot{n}}(i,j\mp1) + C_{2\pm} F_{y\pm}^{\dot{n}}(i,j)$$
$$+ C_{3\pm} G_{y\pm}^{\dot{n}}(i,j\mp1) + C_{4\pm} G_{y\pm}^{\dot{n}}(i,j) \tag{6.68}$$

$$G_{y\pm}^{n+1}(i,j) \leftarrow C'_{1\pm} F_{y\pm}^{\dot{n}}(i,j\mp1) + C'_{2\pm} F_{y\pm}^{\dot{n}}(i,j)$$
$$+ C'_{3\pm} G_{y\pm}^{\dot{n}}(i,j\mp1) + C'_{4\pm} G_{y\pm}^{\dot{n}}(i,j) \tag{6.69}$$

$$H_{y\pm}^{n+1}(i,j) \leftarrow C_{1\pm} H_{y\pm}^{\dot{n}}(i,j\mp1) + C_{2\pm} H_{y\pm}^{\dot{n}}(i,j)$$
$$+ C_{3\pm} I_{y\pm}^{\dot{n}}(i,j\mp1) + C_{4\pm} I_{y\pm}^{\dot{n}}(i,j) \tag{6.70}$$

$$I_{y\pm}^{n+1}(i,j) \leftarrow C'_{1\pm} H_{y\pm}^{\dot{n}}(i,j\mp1) + C'_{2\pm} H_{y\pm}^{\dot{n}}(i,j)$$
$$+ C'_{3\pm} I_{y\pm}^{\dot{n}}(i,j\mp1) + C'_{4\pm} I_{y\pm}^{\dot{n}}(i,j) \tag{6.71}$$

6. y 方向の特性曲線から音場の値を計算する ($n+1$ 時刻の音場の値を得る)。

$$p^{n+1}(i,j) \leftarrow \frac{F_{y+}^{n+1}(i,j) + F_{y-}^{n+1}(i,j)}{2} \tag{6.72}$$

$$u_y^{n+1}(i,j) \leftarrow \frac{F_{y+}^{n+1}(i,j) - F_{y-}^{n+1}(i,j)}{2Z} \tag{6.73}$$

$$\partial_x p^{n+1}(i,j) \leftarrow \frac{G_{y+}^{n+1}(i,j) + G_{y-}^{n+1}(i,j)}{2} \tag{6.74}$$

$$\partial_x u_y^{n+1}(i,j) \leftarrow \frac{G_{y+}^{n+1}(i,j) - G_{y-}^{n+1}(i,j)}{2Z} \tag{6.75}$$

$$\partial_y p^{n+1}(i,j) \leftarrow \frac{H_{y+}^{n+1}(i,j) + H_{y-}^{n+1}(i,j)}{2} \tag{6.76}$$

$$\partial_y u_y^{n+1}(i,j) \leftarrow \frac{H_{y+}^{n+1}(i,j) - H_{y-}^{n+1}(i,j)}{2Z} \tag{6.77}$$

$$\partial_{xy} p^{n+1}(i,j) \leftarrow \frac{I_{y+}^{n+1}(i,j) + I_{y-}^{n+1}(i,j)}{2} \tag{6.78}$$

$$\partial_{xy} u_y^{n+1}(i,j) \leftarrow \frac{I_{y+}^{n+1}(i,j) - I_{y-}^{n+1}(i,j)}{2Z} \tag{6.79}$$

この手順を繰り返すことで 2 次元音場解析を行うことができる。

（２） M 型 CIP 法　M 型 CIP 法を用いた 2 次元音場数値解析の手順をまとめると、以下のようになる。

1. 音場の値から x 方向の特性曲線を計算する (n 時刻の特性曲線（特性値）を得る)。

$$F_{x\pm}^n(i,j) \leftarrow p^n(i,j) \pm Z u_x^n(i,j) \tag{6.80}$$

$$G_{x\pm}^n(i,j) \leftarrow \partial_x p^n(i,j) \pm Z \partial_x u_x^n(i,j) \tag{6.81}$$

$$H_{x\pm}^n(i,j) \leftarrow \partial_y p^n(i,j) \pm Z \frac{u_x^n(i,j+1) - u_x^n(i,j-1)}{2\Delta y} \tag{6.82}$$

2. x 方向の伝搬を 3 次 Hermite 補間と線形補間（1 次 Lagrange 補間）によって計算する (n 時刻の成分から $\dot{n}$ の値を求める。$\dot{n}$ は x 方向の移流計算後の中間の時刻となる)。

$$F_{x\pm}^{\dot{n}}(i,j) \leftarrow C_{1\pm} F_{x\pm}^n(i\mp1,j) + C_{2\pm} F_{x\pm}^n(i,j)$$
$$+ C_{3\pm} G_{x\pm}^n(i\mp1,j) + C_{4\pm} G_{x\pm}^n(i,j) \tag{6.83}$$

$$G_{x\pm}^{\dot{n}}(i,j) \leftarrow C'_{1\pm} F_{x\pm}^n(i\mp1,j) + C'_{1\pm} F_{x\pm}^n(i,j)$$
$$+ C'_{3\pm} G_{x\pm}^n(i\mp1,j) + C'_{4\pm} G_{x\pm}^n(i,j) \tag{6.84}$$

$$H^{\dot{n}}_{x\pm}(i,j) \leftarrow C^L_{1\pm} H^n_{x\pm}(i\mp1,j) + C^L_{2\pm} H^n_{x\pm}(i,j) \tag{6.85}$$

3. x 方向の特性曲線から音場の値を計算する ($\dot{n}$ 時刻の音場の値を得る)。

$$p^{\dot{n}}(i,j) \leftarrow \frac{F^{\dot{n}}_{x+}(i,j) + F^{\dot{n}}_{x-}(i,j)}{2} \tag{6.86}$$

$$u^{\dot{n}}_x(i,j) \leftarrow \frac{F^{\dot{n}}_{x+}(i,j) - F^{\dot{n}}_{x-}(i,j)}{2Z} \tag{6.87}$$

$$\partial_x p^{\dot{n}}(i,j) \leftarrow \frac{G^{\dot{n}}_{x+}(i,j) + G^{\dot{n}}_{x-}(i,j)}{2} \tag{6.88}$$

$$\partial_x u^{\dot{n}}_x(i,j) \leftarrow \frac{G^{\dot{n}}_{x+}(i,j) - G^{\dot{n}}_{x-}(i,j)}{2Z} \tag{6.89}$$

$$\partial_y p^{\dot{n}}(i,j) \leftarrow \frac{H^{\dot{n}}_{x+}(i,j) + H^{\dot{n}}_{x-}(i,j)}{2} \tag{6.90}$$

4. 音場の値から y 方向の特性曲線を計算する ($\dot{n}$ 時刻の特性曲線を得る)。

$$F^{\dot{n}}_{y\pm}(i,j) \leftarrow p^{\dot{n}}(i,j) \pm Z u^n_y(i,j) \tag{6.91}$$

$$G^{\dot{n}}_{y\pm}(i,j) \leftarrow \partial_y p^{\dot{n}}(i,j) \pm Z \partial_y u^n_y(i,j) \tag{6.92}$$

$$H^{\dot{n}}_{y\pm}(i,j) \leftarrow \partial_x p^{\dot{n}}(i,j) \pm Z \frac{u^n_y(i+1,j) - u^n_y(i-1,j)}{2\Delta x} \tag{6.93}$$

5. y 方向の伝搬を 3 次 Hermite 補間と線形補間（1 次 Lagrange 補間）によって計算する ($\dot{n}$ 時刻の成分から $n+1$ の値を求める)。

$$F^{n+1}_{y\pm}(i,j) \leftarrow C_{1\pm} F^{\dot{n}}_{y\pm}(i,j\mp1) + C_{2\pm} F^{\dot{n}}_{y\pm}(i,j)$$
$$+ C_{3\pm} G^{\dot{n}}_{y\pm}(i,j\mp1) + C_{4\pm} G^{\dot{n}}_{y\pm}(i,j) \tag{6.94}$$

$$G^{n+1}_{y\pm}(i,j) \leftarrow C'_{1\pm} F^{\dot{n}}_{y\pm}(i,j\mp1) + C'_{2\pm} F^{\dot{n}}_{y\pm}(i,j)$$
$$+ C'_{3\pm} G^{\dot{n}}_{y\pm}(i,j\mp1) + C'_{4\pm} G^{\dot{n}}_{y\pm}(i,j, \tag{6.95}$$

$$H^{n+1}_{y\pm}(i,j) \leftarrow C^L_{1\pm} H^n_{y\pm}(i,j\mp1) + C^L_{2\pm} H^n_{y\pm}(i,j) \tag{6.96}$$

6. y 方向の特性曲線から音場の値を計算する ($n+1$ 時刻の音場の値を得る)。

$$p^{n+1}(i,j) \leftarrow \frac{F^{n+1}_{y+}(i,j) + F^{n+1}_{y-}(i,j)}{2} \tag{6.97}$$

$$u^{n+1}_y(i,j) \leftarrow \frac{F^{n+1}_{y+}(i,j) - F^{n+1}_{y-}(i,j)}{2Z} \tag{6.98}$$

$$\partial_y p^{n+1}(i,j) \leftarrow \frac{G^{n+1}_{y+}(i,j) + G^{n+1}_{y-}(i,j)}{2} \tag{6.99}$$

$$\partial_y u^{n+1}_y(i,j) \leftarrow \frac{G^{n+1}_{y+}(i,j) - G^{n+1}_{y-}(i,j)}{2Z} \tag{6.100}$$

$$\partial_x p^{n+1}(i,j) \leftarrow \frac{H_{y+}^{n+1}(i,j) + H_{y-}^{n+1}(i,j)}{2} \tag{6.101}$$

この手順を繰り返すことで2次元音場解析を行うことができる。

6.1.7 音源設定

CIP法の音源設定については，FDTD法の方法とほぼ同様に考えることができる。CIP法とFDTD法はグリッドモデルの違いこそあれ，本書で扱う範囲では基本的には直交格子を用いた時間領域解法だからである。

よく用いられる方法のひとつは，$t=0$における音圧の初期値として数グリッドにわたって滑らかな空間分布を与える方法である。例えば，式(6.102)のように空間的にある分散をもつガウス分布を与える場合がある。

$$p^0(x,y) = e^{-((x-x_c)^2+(y-y_c)^2)/2\sigma^2} \tag{6.102}$$

また，他の手法として点音源（または，空間的に広がりをもつ音源）を差分法的に利用する手法もしばしば用いられる。点音源から放出される体積速度を$Q(t)$として，音源位置での音圧の関係式は

$$\frac{1}{K}\frac{\partial p}{\partial t} = -\nabla \cdot u + \frac{Q(t)}{V} \tag{6.103}$$

のように書ける。これを例えば前進差分で差分化すると

$$p^{n+1} = p^n + K\frac{Q^n}{V}\Delta t \tag{6.104}$$

となる。ここで場合によっては，簡単のため体積速度波形であるQ^nとして与えるのではなく，$p_i^n = K\dfrac{Q^n}{V}\Delta t$のように規格化して入力とすることもある。入力する信号の時間変化をガウスパルスで与えれば

$$p_i(t) = \begin{cases} e^{-(t-t_0)^2/2\sigma_t^2} & 0 \leq t \leq 2t_0 \\ 0 & その他 \end{cases} \tag{6.105}$$

となる。

6.1.8 境界条件

CIP法は特性曲線法であり，解析領域の壁面では自動的に平面波成分は吸収されるため，開放空間を計算機上で作るのにFDTD法のように新たな吸収境界を設ける必要はない。一方で，媒質境界で一定量だけ反射するような場合には，逆に反射量を計算中に導入する必要がある。

いま，ある境界表面上（境界の両側を媒質1と媒質2とし，以下の式中では添え字で示している）での反射係数を Γ_{12} とすると

$$\Gamma_{12} = \frac{Z_2 - Z_1}{Z_1 + Z_2} \tag{6.106}$$

と与えられる。ただし，Z_1 および Z_2 はそれぞれ境界の両側の音響インピーダンスを示している。

この反射係数は，音圧と粒子速度のディリクレ条件

$$p_1 = p_2 \tag{6.107}$$
$$u_{x1} = u_{x2} \tag{6.108}$$

より求められる。多くの手法は，この条件のみ考慮すればよい。しかし，CIP法は空間微分も計算に陽に組み入れているため

$$\frac{1}{\rho_1}\partial_x p_1 = \frac{1}{\rho_2}\partial_x p_2 \tag{6.109}$$
$$K_1 \partial_x u_{x1} = K_2 \partial_x u_{x2} \tag{6.110}$$

で示されるノイマン条件も考慮し，空間微分についての反射係数 Γ'_{21} も与える必要がある。Γ'_{21} をノイマン条件より計算すると

$$\Gamma'_{12} = -\frac{Z_2 - Z_1}{Z_1 + Z_2} = -\Gamma_{12} \tag{6.111}$$

となる。

したがって，CIP法では，境界面での反射を設定する場合には

$$F_{x1-}^{(n+1)}(i_0, j) = \Gamma_{12} F_{x1+}^n(i_0, j) \tag{6.112}$$
$$G_{x1-}^{(n+1)}(i_0, j) = \Gamma'_{12} G_{x1+}^n(i_0, j) \tag{6.113}$$

なる境界条件を境界面での計算に組み入れる必要がある。この場合，Γ_{12} は式 (6.106) より計算しなくても単に反射係数として定数で与えることも可能である。

6.2　コーディングの基礎 -sampleCIP1.py-

本節では，C型CIP法のコーディングについて
- 音圧，粒子速度，特性曲線について格子点分の変数を確保する
- 初期音圧分布を与える
- 格子点ごとに音圧，粒子速度から特性曲線を計算する

- 格子点ごとに更新式を実行し，つぎの時刻の特性曲線を計算する

- 格子点ごとに特性曲線から音圧，粒子速度を計算する

- 目的の音圧分布を得る

といったステップに分けて考えることにする。

6.2.1 音圧，粒子速度，および特性曲線について格子点分の変数を確保する

テストケースとして，10 m×10 m の 2 次元の音場を考えることにする。空間離散化幅を 0.05 m とすると

- 音圧の格子点は x 方向に 201 個，y 方向に 201 個

- 粒子速度の格子点は x 方向に 201 個，y 方向に 201 個

- 特性曲線の格子点は x 方向に 201 個，y 方向に 201 個

だけ，変数配列を準備することになる。FDTD 法とは異なり，co-llocated grid モデルであるため，音圧，粒子速度の格子点の数は，各空間方向とも同数となる。

音圧，粒子速度の初期化操作として，すべての格子点での音響量が 0 であるものと定義する。この Python コードは

──────── プログラム 6-1 ────────

```
X = 201
Y = 201


f_p    = zeros((X,Y), "float64")
f_m    = zeros((X,Y), "float64")
g_p    = zeros((X,Y), "float64")
g_m    = zeros((X,Y), "float64")
fn_p   = zeros((X,Y), "float64")
fn_m   = zeros((X,Y), "float64")
gn_p   = zeros((X,Y), "float64")
gn_m   = zeros((X,Y), "float64")

P      = zeros((X,Y), "float64")
dx_P   = zeros((X,Y), "float64")
dy_P   = zeros((X,Y), "float64")
dxy_P  = zeros((X,Y), "float64")

Ux     = zeros((X,Y), "float64")
dx_Ux  = zeros((X,Y), "float64")
dy_Ux  = zeros((X,Y), "float64")
dxy_Ux = zeros((X,Y), "float64")

Uy     = zeros((X,Y), "float64")
dx_Uy  = zeros((X,Y), "float64")
```

```
dy_Uy  = zeros((X,Y), "float64")
dxy_Uy = zeros((X,Y), "float64")
```

のようになる。ここで，XおよびYそれぞれの方向のグリッド数を指し，Pは各格子点での音圧を格納する2次元配列，Ux，Uyは各格子点でのx，y方向の粒子速度を格納する2次元配列である。dx_，dy_およびdxy_はそれぞれ空間微分を示している。一方，f_およびg_は特性曲線の変数である。ここでは，わかりやすくするため，PやUxと同様に2次元配列で確保しているが，メモリを削減したい場合には1次元の配列でおくことも可能である。また，zerosは，0で埋められた配列を返す関数で，(X,Y)と，サイズを指定することで0で埋められた2次元の配列を作成している。

続けて，本コードでは，初期音圧や媒質定数を設定するためのパラメータを，以下のとおり定義している。

──── プログラム 6-2 ────
```
xc= (X-1) / 2
yc= (Y-1) / 2

dx = 5.e-2
dy = 5.e-2
dt = 5.e-5

Ro = 1.21
bm = 1.4235529e5
c0 = sqrt(bm / Ro)
Z0 = sqrt(bm * Ro)
sigma = 0.2
```

ここでは，xc, ycは後に初期分布を与えるときに用いるための変数であり，今は単に解析領域の中心としている。dx, dyは，x方向およびy方向の空間刻み（グリッドサイズ）であり，dtは時間刻み（タイムステップ）である。また，Roは解析空間の密度を示し，bmは体積弾性率を示している。これらを用いて定義されるZ0は媒質の特性インピーダンス，c0は媒質中の音速である。さらに，sigmaは後に初期分布を与えるときに用いるための空間的な分散を示している。

6.2.2 初期音圧分布を与える

2次元の音場に対して初期音圧分布を与える。ここで与えた音圧分布が時刻$t=0$における音圧の初期値となる。注意すべき点として，CIP法ではdx_p, dy_pおよびdxy_pにも初期値を与える必要がある。

6. CIP(constrained interpolation profile) 法

───── プログラム 6-3 ─────
```
for i in range(1, X-1):
    x = dx * i
    for j in range(1, Y-1):
        y = dy * j
        TX = x - xc * dx
        TY = y - yc * dy
        P[i][j]     = \
                    exp(((-TX * TX) + (-TY * TY)) / (2. * sigma**2))
        dx_P[i][j]  = -TX * \
                    exp(((-TX * TX) + (-TY * TY)) / (2. * sigma**2)) / sigma**2
        dy_P[i][j]  = -TY * \
                    exp(((-TX * TX) + (-TY * TY)) / (2. * sigma**2)) / sigma**2
        dxy_P[i][j] = TX * TY * \
                    exp(((-TX * TX) + (-TY * TY)) / (2. * sigma**2)) / sigma**4
```

6.2.3 格子点ごとに音圧,粒子速度から特性曲線を計算する

音圧,粒子速度から特性曲線を計算する式は,式 (6.48)〜(6.51) を参考にしてただちに得ることができる。進行波を_p,後退波を_mとして変数を定義している。

───── プログラム 6-4 ─────
```
    f_p[1:X-1,1:Y-1]    =    P[1:X-1,1:Y-1] + (Z0 *    Ux[1:X-1,1:Y-1])
    f_m[1:X-1,1:Y-1]    =    P[1:X-1,1:Y-1] - (Z0 *    Ux[1:X-1,1:Y-1])
    g_p[1:X-1,1:Y-1]    = dx_P[1:X-1,1:Y-1] + (Z0 * dx_Ux[1:X-1,1:Y-1])
    g_m[1:X-1,1:Y-1]    = dx_P[1:X-1,1:Y-1] - (Z0 * dx_Ux[1:X-1,1:Y-1])
```

のようになる。Pは音圧,Ux, Uyはx,y軸方向の粒子速度である。計算速度を考えてNumPy表記としている。Z0は先ほど定義した媒質の特性インピーダンスを表している。

6.2.4 格子点ごとに更新式を実行し,つぎの時刻の特性曲線を計算する

n時刻から$n+1$の特性曲線を計算するには,移流方程式に基づいた補間計算を行う。式 (6.52)〜(6.55) に対応している。まず,補間計算に用いる係数を媒質パラメータから求める。

───── プログラム 6-5 ─────
```
coeff  = zeros(32, "float64")

Ua = c0
xi =-Ua * dt
C  = c0 * dt / dx
C2 = C  * C
C3 = C2 * C

coeff[0]  = (-2. * C3 + 3. * C2)
coeff[1]  = (2. * C3 - 3. * C2 + 1.)
coeff[2]  = xi * (C2 - C)
coeff[3]  = xi * (C2 - 2. * C + 1.)
```

```
coeff[4]  = 6. * (-C3 + C2) / xi
coeff[5]  = 6. * (C3 - C2) / xi
coeff[6]  = (3. * C2 - 2. * C)
coeff[7]  = (3. * C2 - 4. * C + 1.)

Ua =-c0
xi =-Ua * dt
C  = c0 * dt / dx
C2 = C  * C
C3 = C2 * C

coeff[8]  = (-2. * C3 + 3. * C2)
coeff[9]  = (2. * C3 - 3. * C2 + 1.)
coeff[10] = xi * (C2 - C)
coeff[11] = xi * (C2 - 2. * C + 1.)
coeff[12] = 6. * (-C3 + C2) / xi
coeff[13] = 6. * (C3 - C2) / xi
coeff[14] = (3. * C2 - 2. * C)
coeff[15] = (3. * C2 - 4. * C + 1.)

Ua = c0
yi =-Ua * dt
C  = c0 * dt / dy
C2 = C  * C
C3 = C2 * C

coeff[16] = (-2. * C3 + 3. * C2)
coeff[17] = (2. * C3 - 3. * C2 + 1.)
coeff[18] = yi * (C2 - C)
coeff[19] = yi * (C2 - 2. * C + 1.)
coeff[20] = 6. * (-C3 + C2) / yi
coeff[21] = 6. * (C3 - C2) / yi
coeff[22] = (3. * C2 - 2. * C)
coeff[23] = (3. * C2 - 4. * C + 1.)

Ua =-c0
yi =-Ua * dt
C  = c0 * dt / dy
C2 = C  * C
C3 = C2 * C

coeff[24] = (-2. * C3 + 3. * C2)
coeff[25] = (2. * C3 - 3. * C2 + 1.)
coeff[26] = yi * (C2 - C)
coeff[27] = yi * (C2 - 2. * C + 1.)
coeff[28] = 6. * (-C3 + C2) / yi
coeff[29] = 6. * (C3 - C2) / yi
coeff[30] = (3. * C2 - 2. * C)
coeff[31] = (3. * C2 - 4. * C + 1.)
```

一般に，音波伝搬の計算では計算の途中に格子点上の媒質定数が変わることはないので，

このようにはじめに補間計算用の係数を計算しておくことで，更新計算を高速に実行できる。CIP 法ではこの更新計算が全体の計算時間のほとんどを占めるので，この工夫はとても重要である。

更新式は式 (6.52)～(6.55) のとおり，上で求めた補間計算用の係数を用いて，以下のように実装される。コードの簡略化のため，補間のための積和計算部分については，def CIP と先に定義している。

───────── プログラム 6-6 ─────────
```
def CIP(coeff0, coeff1, coeff2, coeff3, f0, f1, g0, g1):
    return   coeff0 * f0 \
           + coeff1 * f1 \
           + coeff2 * g0 \
           + coeff3 * g1

fn_p[1:X-1,1:Y-1]    = CIP(coeff[0],  coeff[1],  coeff[2],  coeff[3], \
                           f_p[0:X-2,1:Y-1], f_p[1:X-1,1:Y-1], \
                           g_p[0:X-2,1:Y-1], g_p[1:X-1,1:Y-1])
gn_p[1:X-1,1:Y-1]    = CIP(coeff[4],  coeff[5],  coeff[6],  coeff[7], \
                           f_p[0:X-2,1:Y-1], f_p[1:X-1,1:Y-1], \
                           g_p[0:X-2,1:Y-1], g_p[1:X-1,1:Y-1])
fn_m[1:X-1,1:Y-1]    = CIP(coeff[8],  coeff[9],  coeff[10], coeff[11], \
                           f_m[2:X,1:Y-1], f_m[1:X-1,1:Y-1], \
                           g_m[2:X,1:Y-1], g_m[1:X-1,1:Y-1])
gn_m[1:X-1,1:Y-1]    = CIP(coeff[12], coeff[13], coeff[14], coeff[15], \
                           f_m[2:X,1:Y-1], f_m[1:X-1,1:Y-1], \
                           g_m[2:X,1:Y-1], g_m[1:X-1,1:Y-1])
```

6.2.5　格子点ごとに特性曲線から音圧，粒子速度を計算する

つぎは，更新した $\hat{n}$ の特性曲線を用いて，x 方向の伝搬を計算した後の音圧，粒子速度を計算する。

───────── プログラム 6-7 ─────────
```
P[1:X-1,1:Y-1]       = (fn_p[1:X-1,1:Y-1] + fn_m[1:X-1,1:Y-1]) /  2.
Ux[1:X-1,1:Y-1]      = (fn_p[1:X-1,1:Y-1] - fn_m[1:X-1,1:Y-1]) / (2. * Z0)
dx_P[1:X-1,1:Y-1]    = (gn_p[1:X-1,1:Y-1] + gn_m[1:X-1,1:Y-1]) /  2.
dx_Ux[1:X-1,1:Y-1]   = (gn_p[1:X-1,1:Y-1] - gn_m[1:X-1,1:Y-1]) / (2. * Z0)
```

直交方向の空間微分値についても同様に以下のようになる。本コードでは，メモリ削減のため，特性曲線の変数は $F_{x\pm}^{\hat{n}}$，$G_{x\pm}^{\hat{n}}$ を求めたときのものを流用している。

───────── プログラム 6-8 ─────────
```
f_p[1:X-1,1:Y-1]     = dy_P[1:X-1,1:Y-1]  + (Z0 *  dy_Ux[1:X-1,1:Y-1])
f_m[1:X-1,1:Y-1]     = dy_P[1:X-1,1:Y-1]  - (Z0 *  dy_Ux[1:X-1,1:Y-1])
g_p[1:X-1,1:Y-1]     = dxy_P[1:X-1,1:Y-1] + (Z0 * dxy_Ux[1:X-1,1:Y-1])
g_m[1:X-1,1:Y-1]     = dxy_P[1:X-1,1:Y-1] - (Z0 * dxy_Ux[1:X-1,1:Y-1])
```

```
        fn_p[1:X-1,1:Y-1]   = CIP(coeff[0],  coeff[1],  coeff[2],  coeff[3], \
                                  f_p[0:X-2,1:Y-1], f_p[1:X-1,1:Y-1], \
                                  g_p[0:X-2,1:Y-1], g_p[1:X-1,1:Y-1])
        gn_p[1:X-1,1:Y-1]   = CIP(coeff[4],  coeff[5],  coeff[6],  coeff[7], \
                                  f_p[0:X-2,1:Y-1], f_p[1:X-1,1:Y-1], \
                                  g_p[0:X-2,1:Y-1], g_p[1:X-1,1:Y-1])
        fn_m[1:X-1,1:Y-1]   = CIP(coeff[8],  coeff[9],  coeff[10], coeff[11], \
                                  f_m[2:X,1:Y-1],   f_m[1:X-1,1:Y-1], \
                                  g_m[2:X,1:Y-1],   g_m[1:X-1,1:Y-1])
        gn_m[1:X-1,1:Y-1]   = CIP(coeff[12], coeff[13], coeff[14], coeff[15], \
                                  f_m[2:X,1:Y-1],   f_m[1:X-1,1:Y-1], \
                                  g_m[2:X,1:Y-1],   g_m[1:X-1,1:Y-1])

        dy_P[1:X-1,1:Y-1]   = (fn_p[1:X-1,1:Y-1] + fn_m[1:X-1,1:Y-1]) / 2.
        dy_Ux[1:X-1,1:Y-1]  = (fn_p[1:X-1,1:Y-1] - fn_m[1:X-1,1:Y-1]) / (2. * Z0)
        dxy_P[1:X-1,1:Y-1]  = (gn_p[1:X-1,1:Y-1] + gn_m[1:X-1,1:Y-1]) / 2.
        dxy_Ux[1:X-1,1:Y-1] = (gn_p[1:X-1,1:Y-1] - gn_m[1:X-1,1:Y-1]) / (2. * Z0)
```

さらに，y 方向についても，同様にして更新した時刻 n の特性曲線を用いて，音圧，粒子速度が計算できる．

──────── プログラム 6-9 ────────

```
        f_p[1:X-1,1:Y-1]    =    P[1:X-1,1:Y-1] + (Z0 *    Uy[1:X-1,1:Y-1])
        f_m[1:X-1,1:Y-1]    =    P[1:X-1,1:Y-1] - (Z0 *    Uy[1:X-1,1:Y-1])
        g_p[1:X-1,1:Y-1]    = dy_P[1:X-1,1:Y-1] + (Z0 * dy_Uy[1:X-1,1:Y-1])
        g_m[1:X-1,1:Y-1]    = dy_P[1:X-1,1:Y-1] - (Z0 * dy_Uy[1:X-1,1:Y-1])

        fn_p[1:X-1,1:Y-1]   = CIP(coeff[16], coeff[17], coeff[18], coeff[19], \
                                  f_p[1:X-1,0:Y-2], f_p[1:X-1,1:Y-1], \
                                  g_p[1:X-1,0:Y-2], g_p[1:X-1,1:Y-1])
        gn_p[1:X-1,1:Y-1]   = CIP(coeff[20], coeff[21], coeff[22], coeff[23], \
                                  f_p[1:X-1,0:Y-2], f_p[1:X-1,1:Y-1], \
                                  g_p[1:X-1,0:Y-2], g_p[1:X-1,1:Y-1])
        fn_m[1:X-1,1:Y-1]   = CIP(coeff[24], coeff[25], coeff[26], coeff[27], \
                                  f_m[1:X-1,2:Y],   f_m[1:X-1,1:Y-1], \
                                  g_m[1:X-1,2:Y],   g_m[1:X-1,1:Y-1])
        gn_m[1:X-1,1:Y-1]   = CIP(coeff[28], coeff[29], coeff[30], coeff[31], \
                                  f_m[1:X-1,2:Y],   f_m[1:X-1,1:Y-1], \
                                  g_m[1:X-1,2:Y],   g_m[1:X-1,1:Y-1])

        P[1:X-1,1:Y-1]      = (fn_p[1:X-1,1:Y-1] + fn_m[1:X-1,1:Y-1]) / 2.
        Uy[1:X-1,1:Y-1]     = (fn_p[1:X-1,1:Y-1] - fn_m[1:X-1,1:Y-1]) / (2. * Z0)
        dy_P[1:X-1,1:Y-1]   = (gn_p[1:X-1,1:Y-1] + gn_m[1:X-1,1:Y-1]) / 2.
        dy_Uy[1:X-1,1:Y-1]  = (gn_p[1:X-1,1:Y-1] - gn_m[1:X-1,1:Y-1]) / (2. * Z0)

        f_p[1:X-1,1:Y-1]    =  dx_P[1:X-1,1:Y-1] + (Z0 *  dx_Uy[1:X-1,1:Y-1])
        f_m[1:X-1,1:Y-1]    =  dx_P[1:X-1,1:Y-1] - (Z0 *  dx_Uy[1:X-1,1:Y-1])
        g_p[1:X-1,1:Y-1]    = dxy_P[1:X-1,1:Y-1] + (Z0 * dxy_Uy[1:X-1,1:Y-1])
        g_m[1:X-1,1:Y-1]    = dxy_P[1:X-1,1:Y-1] - (Z0 * dxy_Uy[1:X-1,1:Y-1])
```

```
    fn_p[1:X-1,1:Y-1]    = CIP(coeff[16], coeff[17], coeff[18], coeff[19], \
                             f_p[1:X-1,0:Y-2], f_p[1:X-1,1:Y-1], \
                             g_p[1:X-1,0:Y-2], g_p[1:X-1,1:Y-1])
    gn_p[1:X-1,1:Y-1]    = CIP(coeff[20], coeff[21], coeff[22], coeff[23], \
                             f_p[1:X-1,0:Y-2], f_p[1:X-1,1:Y-1], \
                             g_p[1:X-1,0:Y-2], g_p[1:X-1,1:Y-1])
    fn_m[1:X-1,1:Y-1]    = CIP(coeff[24], coeff[25], coeff[26], coeff[27], \
                             f_m[1:X-1,2:Y],   f_m[1:X-1,1:Y-1], \
                             g_m[1:X-1,2:Y],   g_m[1:X-1,1:Y-1])
    gn_m[1:X-1,1:Y-1]    = CIP(coeff[28], coeff[29], coeff[30], coeff[31], \
                             f_m[1:X-1,2:Y],   f_m[1:X-1,1:Y-1], \
                             g_m[1:X-1,2:Y],   g_m[1:X-1,1:Y-1])

    dx_P[1:X-1,1:Y-1]    = (fn_p[1:X-1,1:Y-1] + fn_m[1:X-1,1:Y-1]) /  2.
    dx_Uy[1:X-1,1:Y-1]   = (fn_p[1:X-1,1:Y-1] - fn_m[1:X-1,1:Y-1]) / (2. * Z0)
    dxy_P[1:X-1,1:Y-1]   = (gn_p[1:X-1,1:Y-1] + gn_m[1:X-1,1:Y-1]) /  2.
    dxy_Uy[1:X-1,1:Y-1]  = (gn_p[1:X-1,1:Y-1] - gn_m[1:X-1,1:Y-1]) / (2. * Z0)
```

以上のとおり，これらのコードを更新したい時間分だけ繰り返し実行すれば，時々刻々の音圧を計算することができる．例えば，時間離散化幅を $\Delta t = 5 \times 10^{-2}$ms とすると，25ms 間の時間波形を観測するには 500 回の更新が必要になる．そうした場合の Python コードは

―― プログラム 6-10 ――

```
NT = 501
....
....
for t in range(NT):
    ....
    ....
    ....
```

のように時間更新のループ回数を指定する．その他の追加コードとして，ある離散格子上の音圧時間波形を表示するためのコードは以下のとおりである．

―― プログラム 6-11 ――

```
mic = zeros((NT,3), "float64")
....
....
    mic[t,0] = P[xc+20,yc]
    mic[t,1] = P[xc+30,yc]
    mic[t,2] = P[xc+40,yc]
....
....
figure(1)
plot(mic)
xlabel("Sampling point")
ylabel("Relative sound pressure")
show()
```

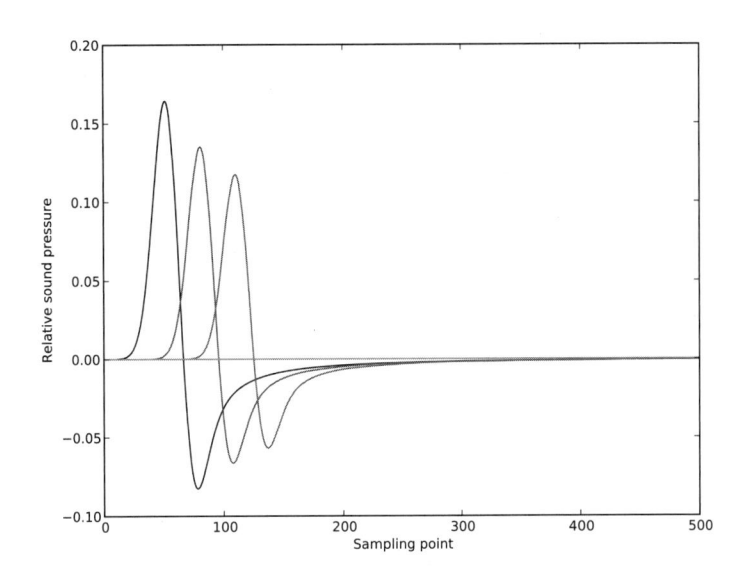

6.2 コーディングの基礎 -sampleCIP1.py-

図 6.4 離散格子点上の音圧時間波形

上記のコードによる音響空間の複数の格子点上の音圧波形がひとつの図に重ねて描画される。コードは FDTD 法と同様に matplotlib という可視化ライブラリを用いて描画している（図 **6.4**）。matplotlib を利用した可視化は，FDTD 法などの解説のなかでふれているのでそちらを参照してほしい。

さらに，図 6.4 で描いたグラフ中のデータをファイル出力したい場合には

―――― プログラム 6-12 ――――
```
....
....
f = open('mic.txt', 'w')
....
....
    mic[t,0] = P[xc+20,yc]
    mic[t,1] = P[xc+30,yc]
    mic[t,2] = P[xc+40,yc]
....
....
    f.write(str(t*dt)+"\t")
    f.write(str(mic[t,0])+"\t")
    f.write(str(mic[t,1])+"\t")
    f.write(str(mic[t,2])+"\n")
....
....
f.close()
....
....
```

のように open で出力用ファイルを開き，f.write(str(...)) によってファイルに書き込む。+"\t"および+"\n"はそれぞれタブと改行を指示する標記である。例えば，ファイルへの出力結果は以下のようになる。

───── ファイル 6-1 (ファイルへの出力結果) ─────
```
0.0 3.72665317208e-06  6.10193667761e-13  1.92874984796e-22
5e-05 4.02801971688e-06  7.15365104674e-13  2.38550857432e-22
0.0001 5.00254440408e-06  1.10058939103e-12  4.43850128731e-22
0.00015 6.78359433038e-06  1.89199912195e-12  8.97921276902e-22
0.0002 9.60936265884e-06  3.37502111075e-12  1.91394098169e-21
0.00025 1.38462857172e-05  6.0406233034e-12  3.97361243016e-21
....
....
```

また，計算時間を計測するためのコードが記述されている。clock() 関数を用いて，開始時刻と終了時刻の差を利用して計算時間を算出している。

───── プログラム 6-13 ─────
```python
start = clock()
....
....
end = clock()

print "Processing Time : " + str((end - start)) + " [sec]"
```

これらをすべてまとめて，音圧の時間波形 (図 6.4) を計算するサンプルコードは，プログラム 6-14 のようになる。FDTD 法に比べてコードは長くなるが，ほとんどが同様の表記の繰返しで書かれているので，それほど難しい実装ではないことがわかる。

───── プログラム 6-14 (CIP コード例) ─────
```python
from time     import *
from pylab    import *
from numpy    import *
from scipy    import *
from matplotlib import cm
from mpl_toolkits.mplot3d import axes3d

X  = 201
Y  = 201
NT = 501

f_p   = zeros((X,Y), "float64")
f_m   = zeros((X,Y), "float64")
g_p   = zeros((X,Y), "float64")
g_m   = zeros((X,Y), "float64")
fn_p  = zeros((X,Y), "float64")
fn_m  = zeros((X,Y), "float64")
gn_p  = zeros((X,Y), "float64")
gn_m  = zeros((X,Y), "float64")
```

6.2 コーディングの基礎 -sampleCIP1.py-

```python
P      = zeros((X,Y), "float64")
dx_P   = zeros((X,Y), "float64")
dy_P   = zeros((X,Y), "float64")
dxy_P  = zeros((X,Y), "float64")

Ux     = zeros((X,Y), "float64")
dx_Ux  = zeros((X,Y), "float64")
dy_Ux  = zeros((X,Y), "float64")
dxy_Ux = zeros((X,Y), "float64")

Uy     = zeros((X,Y), "float64")
dx_Uy  = zeros((X,Y), "float64")
dy_Uy  = zeros((X,Y), "float64")
dxy_Uy = zeros((X,Y), "float64")

xc= (X-1) / 2
yc= (Y-1) / 2

dx = 5.e-2
dy = 5.e-2
dt = 5.e-5

Ro = 1.21
bm = 1.4235529e5
c0 = sqrt(bm / Ro)
Z0 = sqrt(bm * Ro)
sigma = 0.2

mic = zeros((NT,3), "float64")

coeff  = zeros(32, "float64")

Ua = c0
xi =-Ua * dt
C  = c0 * dt / dx
C2 = C  * C
C3 = C2 * C

coeff[0] = (-2. * C3 + 3. * C2)
coeff[1] = (2. * C3 - 3. * C2 + 1.)
coeff[2] = xi * (C2 - C)
coeff[3] = xi * (C2 - 2. * C + 1.)
coeff[4] = 6. * (-C3 + C2) / xi
coeff[5] = 6. * (C3 - C2) / xi
coeff[6] = (3. * C2 - 2. * C)
coeff[7] = (3. * C2 - 4. * C + 1.)

Ua =-c0
xi =-Ua * dt
C  = c0 * dt / dx
C2 = C  * C
C3 = C2 * C
```

```
coeff[8]  = (-2. * C3 + 3. * C2)
coeff[9]  = (2. * C3 - 3. * C2 + 1.)
coeff[10] = xi * (C2 - C)
coeff[11] = xi * (C2 - 2. * C + 1.)
coeff[12] = 6. * (-C3 + C2) / xi
coeff[13] = 6. * (C3 - C2) / xi
coeff[14] = (3. * C2 - 2. * C)
coeff[15] = (3. * C2 - 4. * C + 1.)

Ua = c0
yi =-Ua * dt
C  = c0 * dt / dy
C2 = C  * C
C3 = C2 * C

coeff[16] = (-2. * C3 + 3. * C2)
coeff[17] = (2. * C3 - 3. * C2 + 1.)
coeff[18] = yi * (C2 - C)
coeff[19] = yi * (C2 - 2. * C + 1.)
coeff[20] = 6. * (-C3 + C2) / yi
coeff[21] = 6. * (C3 - C2) / yi
coeff[22] = (3. * C2 - 2. * C)
coeff[23] = (3. * C2 - 4. * C + 1.)

Ua =-c0
yi =-Ua * dt
C  = c0 * dt / dy
C2 = C  * C
C3 = C2 * C

coeff[24] = (-2. * C3 + 3. * C2)
coeff[25] = (2. * C3 - 3. * C2 + 1.)
coeff[26] = yi * (C2 - C)
coeff[27] = yi * (C2 - 2. * C + 1.)
coeff[28] = 6. * (-C3 + C2) / yi
coeff[29] = 6. * (C3 - C2) / yi
coeff[30] = (3. * C2 - 2. * C)
coeff[31] = (3. * C2 - 4. * C + 1.)

for i in range(1, X-1):
    x = dx * i
    for j in range(1, Y-1):
        y = dy * j
        TX = x - xc * dx
        TY = y - yc * dy
        P[i][j]     = \
                exp(((-TX * TX) + (-TY * TY)) / (2. * sigma**2))
        dx_P[i][j]  = -TX * \
                exp(((-TX * TX) + (-TY * TY)) / (2. * sigma**2)) / sigma**2
        dy_P[i][j]  = -TY * \
                exp(((-TX * TX) + (-TY * TY)) / (2. * sigma**2)) / sigma**2
        dxy_P[i][j] = TX * TY * \
                exp(((-TX * TX) + (-TY * TY)) / (2. * sigma**2)) / sigma**4
```

6.2 コーディングの基礎 -sampleCIP1.py-

```python
f = open('mic.txt', 'w')

def CIP(coeff0, coeff1, coeff2, coeff3, f0, f1, g0, g1):
    return     coeff0 * f0 \
             + coeff1 * f1 \
             + coeff2 * g0 \
             + coeff3 * g1

start = clock()

for t in range(NT):

    mic[t,0] = P[xc+20,yc]
    mic[t,1] = P[xc+30,yc]
    mic[t,2] = P[xc+40,yc]

    f.write(str(t*dt)+"\t")
    f.write(str(mic[t,0])+"\t")
    f.write(str(mic[t,1])+"\t")
    f.write(str(mic[t,2])+"\n")

    f_p[1:X-1,1:Y-1]   =    P[1:X-1,1:Y-1] + (Z0 *    Ux[1:X-1,1:Y-1])
    f_m[1:X-1,1:Y-1]   =    P[1:X-1,1:Y-1] - (Z0 *    Ux[1:X-1,1:Y-1])
    g_p[1:X-1,1:Y-1]   = dx_P[1:X-1,1:Y-1] + (Z0 * dx_Ux[1:X-1,1:Y-1])
    g_m[1:X-1,1:Y-1]   = dx_P[1:X-1,1:Y-1] - (Z0 * dx_Ux[1:X-1,1:Y-1])

    fn_p[1:X-1,1:Y-1]  = CIP(coeff[0],  coeff[1],  coeff[2],  coeff[3],  \
                             f_p[0:X-2,1:Y-1], f_p[1:X-1,1:Y-1], \
                             g_p[0:X-2,1:Y-1], g_p[1:X-1,1:Y-1])
    gn_p[1:X-1,1:Y-1]  = CIP(coeff[4],  coeff[5],  coeff[6],  coeff[7],  \
                             f_p[0:X-2,1:Y-1], f_p[1:X-1,1:Y-1], \
                             g_p[0:X-2,1:Y-1], g_p[1:X-1,1:Y-1])
    fn_m[1:X-1,1:Y-1]  = CIP(coeff[8],  coeff[9],  coeff[10], coeff[11], \
                             f_m[2:X,1:Y-1], f_m[1:X-1,1:Y-1], \
                             g_m[2:X,1:Y-1], g_m[1:X-1,1:Y-1])
    gn_m[1:X-1,1:Y-1]  = CIP(coeff[12], coeff[13], coeff[14], coeff[15], \
                             f_m[2:X,1:Y-1], f_m[1:X-1,1:Y-1], \
                             g_m[2:X,1:Y-1], g_m[1:X-1,1:Y-1])

    P[1:X-1,1:Y-1]     = (fn_p[1:X-1,1:Y-1] + fn_m[1:X-1,1:Y-1]) / 2.
    Ux[1:X-1,1:Y-1]    = (fn_p[1:X-1,1:Y-1] - fn_m[1:X-1,1:Y-1]) / (2. * Z0)
    dx_P[1:X-1,1:Y-1]  = (gn_p[1:X-1,1:Y-1] + gn_m[1:X-1,1:Y-1]) / 2.
    dx_Ux[1:X-1,1:Y-1] = (gn_p[1:X-1,1:Y-1] - gn_m[1:X-1,1:Y-1]) / (2. * Z0)

    f_p[1:X-1,1:Y-1]   =  dy_P[1:X-1,1:Y-1] + (Z0 *  dy_Ux[1:X-1,1:Y-1])
    f_m[1:X-1,1:Y-1]   =  dy_P[1:X-1,1:Y-1] - (Z0 *  dy_Ux[1:X-1,1:Y-1])
    g_p[1:X-1,1:Y-1]   = dxy_P[1:X-1,1:Y-1] + (Z0 * dxy_Ux[1:X-1,1:Y-1])
    g_m[1:X-1,1:Y-1]   = dxy_P[1:X-1,1:Y-1] - (Z0 * dxy_Ux[1:X-1,1:Y-1])

    fn_p[1:X-1,1:Y-1]  = CIP(coeff[0],  coeff[1],  coeff[2],  coeff[3],  \
                             f_p[0:X-2,1:Y-1], f_p[1:X-1,1:Y-1], \
                             g_p[0:X-2,1:Y-1], g_p[1:X-1,1:Y-1])
    gn_p[1:X-1,1:Y-1]  = CIP(coeff[4],  coeff[5],  coeff[6],  coeff[7],  \
                             f_p[0:X-2,1:Y-1], f_p[1:X-1,1:Y-1], \
```

6. CIP(constrained interpolation profile)法

```
                                 g_p[0:X-2,1:Y-1], g_p[1:X-1,1:Y-1])
fn_m[1:X-1,1:Y-1]   = CIP(coeff[8],  coeff[9],  coeff[10], coeff[11], \
                          f_m[2:X,1:Y-1],   f_m[1:X-1,1:Y-1], \
                          g_m[2:X,1:Y-1],   g_m[1:X-1,1:Y-1])
gn_m[1:X-1,1:Y-1]   = CIP(coeff[12], coeff[13], coeff[14], coeff[15], \
                          f_m[2:X,1:Y-1],   f_m[1:X-1,1:Y-1], \
                          g_m[2:X,1:Y-1],   g_m[1:X-1,1:Y-1])

dy_P[1:X-1,1:Y-1]   = (fn_p[1:X-1,1:Y-1] + fn_m[1:X-1,1:Y-1]) /  2.
dy_Ux[1:X-1,1:Y-1]  = (fn_p[1:X-1,1:Y-1] - fn_m[1:X-1,1:Y-1]) / (2. * Z0)
dxy_P[1:X-1,1:Y-1]  = (gn_p[1:X-1,1:Y-1] + gn_m[1:X-1,1:Y-1]) /  2.
dxy_Ux[1:X-1,1:Y-1] = (gn_p[1:X-1,1:Y-1] - gn_m[1:X-1,1:Y-1]) / (2. * Z0)

f_p[1:X-1,1:Y-1]    =    P[1:X-1,1:Y-1] + (Z0 *    Uy[1:X-1,1:Y-1])
f_m[1:X-1,1:Y-1]    =    P[1:X-1,1:Y-1] - (Z0 *    Uy[1:X-1,1:Y-1])
g_p[1:X-1,1:Y-1]    = dy_P[1:X-1,1:Y-1] + (Z0 * dy_Uy[1:X-1,1:Y-1])
g_m[1:X-1,1:Y-1]    = dy_P[1:X-1,1:Y-1] - (Z0 * dy_Uy[1:X-1,1:Y-1])

fn_p[1:X-1,1:Y-1]   = CIP(coeff[16], coeff[17], coeff[18], coeff[19], \
                          f_p[1:X-1,0:Y-2], f_p[1:X-1,1:Y-1], \
                          g_p[1:X-1,0:Y-2], g_p[1:X-1,1:Y-1])
gn_p[1:X-1,1:Y-1]   = CIP(coeff[20], coeff[21], coeff[22], coeff[23], \
                          f_p[1:X-1,0:Y-2], f_p[1:X-1,1:Y-1], \
                          g_p[1:X-1,0:Y-2], g_p[1:X-1,1:Y-1])
fn_m[1:X-1,1:Y-1]   = CIP(coeff[24], coeff[25], coeff[26], coeff[27], \
                          f_m[1:X-1,2:Y],   f_m[1:X-1,1:Y-1], \
                          g_m[1:X-1,2:Y],   g_m[1:X-1,1:Y-1])
gn_m[1:X-1,1:Y-1]   = CIP(coeff[28], coeff[29], coeff[30], coeff[31], \
                          f_m[1:X-1,2:Y],   f_m[1:X-1,1:Y-1], \
                          g_m[1:X-1,2:Y],   g_m[1:X-1,1:Y-1])

P[1:X-1,1:Y-1]      = (fn_p[1:X-1,1:Y-1] + fn_m[1:X-1,1:Y-1]) /  2.
Uy[1:X-1,1:Y-1]     = (fn_p[1:X-1,1:Y-1] - fn_m[1:X-1,1:Y-1]) / (2. * Z0)
dy_P[1:X-1,1:Y-1]   = (gn_p[1:X-1,1:Y-1] + gn_m[1:X-1,1:Y-1]) /  2.
dy_Uy[1:X-1,1:Y-1]  = (gn_p[1:X-1,1:Y-1] - gn_m[1:X-1,1:Y-1]) / (2. * Z0)

f_p[1:X-1,1:Y-1]    =  dx_P[1:X-1,1:Y-1] + (Z0 *  dx_Uy[1:X-1,1:Y-1])
f_m[1:X-1,1:Y-1]    =  dx_P[1:X-1,1:Y-1] - (Z0 *  dx_Uy[1:X-1,1:Y-1])
g_p[1:X-1,1:Y-1]    = dxy_P[1:X-1,1:Y-1] + (Z0 * dxy_Uy[1:X-1,1:Y-1])
g_m[1:X-1,1:Y-1]    = dxy_P[1:X-1,1:Y-1] - (Z0 * dxy_Uy[1:X-1,1:Y-1])

fn_p[1:X-1,1:Y-1]   = CIP(coeff[16], coeff[17], coeff[18], coeff[19], \
                          f_p[1:X-1,0:Y-2], f_p[1:X-1,1:Y-1], \
                          g_p[1:X-1,0:Y-2], g_p[1:X-1,1:Y-1])
gn_p[1:X-1,1:Y-1]   = CIP(coeff[20], coeff[21], coeff[22], coeff[23], \
                          f_p[1:X-1,0:Y-2], f_p[1:X-1,1:Y-1], \
                          g_p[1:X-1,0:Y-2], g_p[1:X-1,1:Y-1])
fn_m[1:X-1,1:Y-1]   = CIP(coeff[24], coeff[25], coeff[26], coeff[27], \
                          f_m[1:X-1,2:Y],   f_m[1:X-1,1:Y-1], \
                          g_m[1:X-1,2:Y],   g_m[1:X-1,1:Y-1])
gn_m[1:X-1,1:Y-1]   = CIP(coeff[28], coeff[29], coeff[30], coeff[31], \
                          f_m[1:X-1,2:Y],   f_m[1:X-1,1:Y-1], \
                          g_m[1:X-1,2:Y],   g_m[1:X-1,1:Y-1])
```

```
    dx_P[1:X-1,1:Y-1]   = (fn_p[1:X-1,1:Y-1] + fn_m[1:X-1,1:Y-1]) /  2.
    dx_Uy[1:X-1,1:Y-1]  = (fn_p[1:X-1,1:Y-1] - fn_m[1:X-1,1:Y-1]) / (2. * Z0)
    dxy_P[1:X-1,1:Y-1]  = (gn_p[1:X-1,1:Y-1] + gn_m[1:X-1,1:Y-1]) /  2.
    dxy_Uy[1:X-1,1:Y-1] = (gn_p[1:X-1,1:Y-1] - gn_m[1:X-1,1:Y-1]) / (2. * Z0)


figure(1)
plot(mic)
xlabel("Sampling point")
ylabel("Relative sound pressure")
show()

f.close()
end = clock()

print "Processing Time : " + str((end - start)) + " [sec]"
```

6.3　コーディングの応用 -sampleCIP2.py-

前節では，C型CIP法のコーディングについて述べてきた．本節では，メモリと計算時間を削減したバージョンとしてM型CIP法のコーディングについて示す．

6.3.1　計算量の削減のための工夫

sampleCIP2.pyでは，以下のようにZUxやZUyと特性インピーダンスを含む形で変数を定義することで，Z * Uxなる演算を削減している．一様な音場を計算する場合には，この工夫によって演算数を低減できる．

―――――――― プログラム 6-15 ――――――――
```
ZUx    = zeros((X,Y), "float64")
dx_ZUx = zeros((X,Y), "float64")

ZUy    = zeros((X,Y), "float64")
dy_ZUy = zeros((X,Y), "float64")
```

式 (6.40) などより明らかなように，特性曲線から物理量に戻すときに 1/2 を乗じているので，それを式 (6.94) の積和計算の定数に組み込むことでさらに演算量を削減することができる．

―――――――― プログラム 6-16 ――――――――
```
coeff10[0]  = C * 0.5
coeff10[1]  = (-C + 1.) * 0.5
```

152　6. CIP(constrained interpolation profile) 法

```
coeff31[0]  = (-2. * C3 + 3. * C2) * 0.5
coeff31[1]  = (2. * C3 - 3. * C2 + 1.) * 0.5
coeff31[2]  = xi * (C2 - C) * 0.5
coeff31[3]  = xi * (C2 - 2. * C + 1.) * 0.5
coeff31[4]  = 6. * (-C3 + C2) / xi * 0.5
coeff31[5]  = 6. * (C3 - C2) / xi * 0.5
coeff31[6]  = (3. * C2 - 2. * C) * 0.5
coeff31[7]  = (3. * C2 - 4. * C + 1.) * 0.5
```

6.3.2　2次元音場のスナップショット表示

その他の追加コードとしては，50 タイムステップごとに音圧分布を表示するためのものがある。(t % 50) は余りを求める計算式となる。

―――――― プログラム 6-17 ――――――
```
if (t % 50) == 0:
    figure(figsize=(7.5,6))
    pcolor(P)
    colorbar()
    xlim(1,X-1)
    ylim(1,Y-1)
    clim(-0.2,0.2)
    xlabel("Y [sample]")
    ylabel("X [sample]")
    show()
```

コードは，これまでと同様に matplotlib という可視化ライブラリを用いて描画している。この描画法で描いた空間分布を図 6.5 に示す。

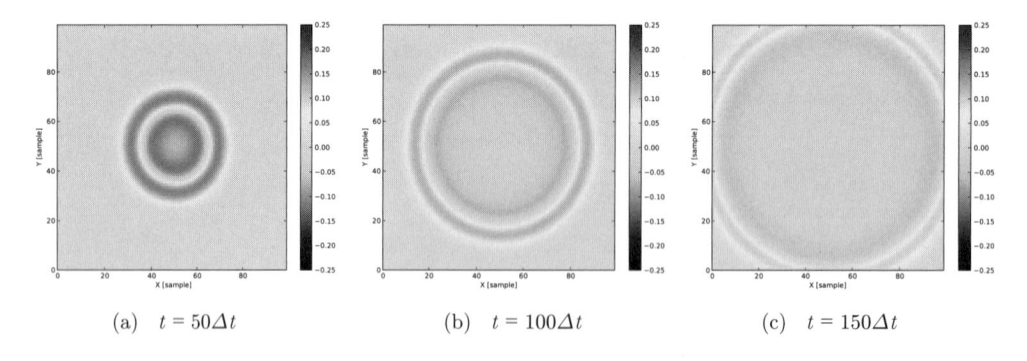

(a)　$t = 50\Delta t$　　　(b)　$t = 100\Delta t$　　　(c)　$t = 150\Delta t$

図 6.5　あるタイムステップにおける音圧の空間分布

以上の工夫を加えた M 型 CIP 法の全コードをサンプルとしてまとめた，50 タイムステップごとの音圧分布を計算するサンプルコードは，プログラム 6-18 のようになる。

―――――― プログラム 6-18 (CIP コード例 (可視化も含む)) ――――――
```
from time   import *
from pylab  import *
```

6.3 コーディングの応用 -sampleCIP2.py-

```python
from numpy import *
from scipy import *
from matplotlib import cm
from mpl_toolkits.mplot3d import axes3d

X  = 101
Y  = 101
NT = 301

f_p   = zeros((X,Y), "float64")
f_m   = zeros((X,Y), "float64")
g_p   = zeros((X,Y), "float64")
g_m   = zeros((X,Y), "float64")
fn_p  = zeros((X,Y), "float64")
fn_m  = zeros((X,Y), "float64")
gn_p  = zeros((X,Y), "float64")
gn_m  = zeros((X,Y), "float64")

P     = zeros((X,Y), "float64")
dx_P  = zeros((X,Y), "float64")
dy_P  = zeros((X,Y), "float64")

ZUx   = zeros((X,Y), "float64")
dx_ZUx = zeros((X,Y), "float64")

ZUy   = zeros((X,Y), "float64")
dy_ZUy = zeros((X,Y), "float64")

coeff10 = zeros(8,  "float64")
coeff31 = zeros(32, "float64")

xc= (X-1) / 2
yc= (Y-1) / 2

dx = 5.e-2
dy = 5.e-2
dt = 5.e-5

Ro = 1.21
bm = 1.4235529e5
c0 = sqrt(bm / Ro)
Z0 = sqrt(bm * Ro)
sigma = 0.2

Ua = c0
xi =-Ua * dt
C  = c0 * dt / dx
C2 = C  * C
C3 = C2 * C

coeff10[0]  = C * 0.5
coeff10[1]  = (-C + 1.) * 0.5

coeff31[0]  = (-2. * C3 + 3. * C2) * 0.5
```

6. CIP(constrained interpolation profile) 法

```
coeff31[1]  = (2. * C3 - 3. * C2 + 1.) * 0.5
coeff31[2]  = xi * (C2 - C) * 0.5
coeff31[3]  = xi * (C2 - 2. * C + 1.) * 0.5
coeff31[4]  = 6. * (-C3 + C2) / xi * 0.5
coeff31[5]  = 6. * (C3 - C2) / xi * 0.5
coeff31[6]  = (3. * C2 - 2. * C) * 0.5
coeff31[7]  = (3. * C2 - 4. * C + 1.) * 0.5

Ua =-c0
xi =-Ua * dt
C  = c0 * dt / dx
C2 = C  * C
C3 = C2 * C

coeff10[2]  = C * 0.5
coeff10[3]  = (-C + 1.) * 0.5

coeff31[8]  = (-2. * C3 + 3. * C2) * 0.5
coeff31[9]  = (2. * C3 - 3. * C2 + 1.) * 0.5
coeff31[10] = xi * (C2 - C) * 0.5
coeff31[11] = xi * (C2 - 2. * C + 1.) * 0.5
coeff31[12] = 6. * (-C3 + C2) / xi * 0.5
coeff31[13] = 6. * (C3 - C2) / xi * 0.5
coeff31[14] = (3. * C2 - 2. * C) * 0.5
coeff31[15] = (3. * C2 - 4. * C + 1.) * 0.5

Ua = c0
yi =-Ua * dt
C  = c0 * dt / dy
C2 = C  * C
C3 = C2 * C

coeff10[4]  = C * 0.5
coeff10[5]  = (-C + 1.) * 0.5

coeff31[16] = (-2. * C3 + 3. * C2) * 0.5
coeff31[17] = (2. * C3 - 3. * C2 + 1.) * 0.5
coeff31[18] = yi * (C2 - C) * 0.5
coeff31[19] = yi * (C2 - 2. * C + 1.) * 0.5
coeff31[20] = 6. * (-C3 + C2) / yi * 0.5
coeff31[21] = 6. * (C3 - C2) / yi * 0.5
coeff31[22] = (3. * C2 - 2. * C) * 0.5
coeff31[23] = (3. * C2 - 4. * C + 1.) * 0.5

Ua =-c0
yi =-Ua * dt
C  = c0 * dt / dy
C2 = C  * C
C3 = C2 * C

coeff10[6]  = C * 0.5
coeff10[7]  = (-C + 1.) * 0.5

coeff31[24] = (-2. * C3 + 3. * C2) * 0.5
```

```python
coeff31[25] = (2. * C3 - 3. * C2 + 1.) * 0.5
coeff31[26] = yi * (C2 - C) * 0.5
coeff31[27] = yi * (C2 - 2. * C + 1.) * 0.5
coeff31[28] = 6. * (-C3 + C2) / yi * 0.5
coeff31[29] = 6. * (C3 - C2) / yi * 0.5
coeff31[30] = (3. * C2 - 2. * C) * 0.5
coeff31[31] = (3. * C2 - 4. * C + 1.) * 0.5

for i in range(1, X-1):
    x = dx * i
    for j in range(1, Y-1):
        y = dy * j
        TX = x - xc * dx
        TY = y - yc * dy
        P[i][j]    = \
                    exp(((-TX * TX) + (-TY * TY)) / (2. * sigma**2))
        dx_P[i][j] = -TX * \
                    exp(((-TX * TX) + (-TY * TY)) / (2. * sigma**2)) / sigma**2
        dy_P[i][j] = -TY * \
                    exp(((-TX * TX) + (-TY * TY)) / (2. * sigma**2)) / sigma**2

def LINEAR(coeff0, coeff1, f0, f1):
    return    coeff0 * f0 \
            + coeff1 * f1

def CIP(coeff0, coeff1, coeff2, coeff3, f0, f1, g0, g1):
    return    coeff0 * f0 \
            + coeff1 * f1 \
            + coeff2 * g0 \
            + coeff3 * g1

start = clock()


for t in range(NT):
    if (t % 50) == 0:
        figure(figsize=(7.5,6))
        pcolor(P)
        colorbar()
        xlim(0,X-1)
        ylim(0,Y-1)
        clim(-0.25,0.25)
        xlabel("Y [sample]")
        ylabel("X [sample]")
        show()

    f_p[1:X-1,1:Y-1]  = dy_P[1:X-1,1:Y-1] + (ZUx[1:X-1,2:Y] \
                        - ZUx[1:X-1,0:Y-2]) / (2. * dy)
    f_m[1:X-1,1:Y-1]  = dy_P[1:X-1,1:Y-1] - (ZUx[1:X-1,2:Y] \
                        - ZUx[1:X-1,0:Y-2]) / (2. * dy)

    fn_p[1:X-1,1:Y-1] = LINEAR(coeff10[0], coeff10[1], \
                               f_p[0:X-2,1:Y-1], f_p[1:X-1,1:Y-1])
    fn_m[1:X-1,1:Y-1] = LINEAR(coeff10[2], coeff10[3], \
```

```
                                         f_m[2:X,1:Y-1],    f_m[1:X-1,1:Y-1])

dy_P[1:X-1,1:Y-1]   = (fn_p[1:X-1,1:Y-1] + fn_m[1:X-1,1:Y-1])

f_p[1:X-1,1:Y-1]    =    P[1:X-1,1:Y-1] +ZUx[1:X-1,1:Y-1]
f_m[1:X-1,1:Y-1]    =    P[1:X-1,1:Y-1] - ZUx[1:X-1,1:Y-1]
g_p[1:X-1,1:Y-1]    = dx_P[1:X-1,1:Y-1] + dx_ZUx[1:X-1,1:Y-1]
g_m[1:X-1,1:Y-1]    = dx_P[1:X-1,1:Y-1] - dx_ZUx[1:X-1,1:Y-1]

fn_p[1:X-1,1:Y-1]   = CIP(coeff31[0],   coeff31[1],   coeff31[2],   coeff31[3], \
                          f_p[0:X-2,1:Y-1], f_p[1:X-1,1:Y-1], \
                          g_p[0:X-2,1:Y-1], g_p[1:X-1,1:Y-1])
gn_p[1:X-1,1:Y-1]   = CIP(coeff31[4],   coeff31[5],   coeff31[6],   coeff31[7], \
                          f_p[0:X-2,1:Y-1], f_p[1:X-1,1:Y-1], \
                          g_p[0:X-2,1:Y-1], g_p[1:X-1,1:Y-1])
fn_m[1:X-1,1:Y-1]   = CIP(coeff31[8],   coeff31[9],   coeff31[10],  coeff31[11], \
                          f_m[2:X,1:Y-1],   f_m[1:X-1,1:Y-1], \
                          g_m[2:X,1:Y-1],   g_m[1:X-1,1:Y-1])
gn_m[1:X-1,1:Y-1]   = CIP(coeff31[12],  coeff31[13],  coeff31[14],  coeff31[15], \
                          f_m[2:X,1:Y-1],   f_m[1:X-1,1:Y-1], \
                          g_m[2:X,1:Y-1],   g_m[1:X-1,1:Y-1])

P[1:X-1,1:Y-1]      = (fn_p[1:X-1,1:Y-1] + fn_m[1:X-1,1:Y-1])
ZUx[1:X-1,1:Y-1]    = (fn_p[1:X-1,1:Y-1] - fn_m[1:X-1,1:Y-1])
dx_P[1:X-1,1:Y-1]   = (gn_p[1:X-1,1:Y-1] + gn_m[1:X-1,1:Y-1])
dx_ZUx[1:X-1,1:Y-1] = (gn_p[1:X-1,1:Y-1] - gn_m[1:X-1,1:Y-1])

f_p[1:X-1,1:Y-1]    = dx_P[1:X-1,1:Y-1] \
                      + (ZUy[2:X,1:Y-1] - ZUy[0:X-2,1:Y-1]) / (2. * dx)
f_m[1:X-1,1:Y-1]    = dx_P[1:X-1,1:Y-1] \
                      - (ZUy[2:X,1:Y-1] - ZUy[0:X-2,1:Y-1]) / (2. * dx)

fn_p[1:X-1,1:Y-1]   = LINEAR(coeff10[4], coeff10[5], \
                             f_p[1:X-1,0:Y-2], f_p[1:X-1,1:Y-1])
fn_m[1:X-1,1:Y-1]   = LINEAR(coeff10[6], coeff10[7], \
                             f_m[1:X-1,2:Y],   f_m[1:X-1,1:Y-1])

dx_P[1:X-1,1:Y-1]   = (fn_p[1:X-1,1:Y-1] + fn_m[1:X-1,1:Y-1])

f_p[1:X-1,1:Y-1]    =    P[1:X-1,1:Y-1] + ZUy[1:X-1,1:Y-1]
f_m[1:X-1,1:Y-1]    =    P[1:X-1,1:Y-1] -   ZUy[1:X-1,1:Y-1]
g_p[1:X-1,1:Y-1]    = dy_P[1:X-1,1:Y-1] + dy_ZUy[1:X-1,1:Y-1]
g_m[1:X-1,1:Y-1]    = dy_P[1:X-1,1:Y-1] - dy_ZUy[1:X-1,1:Y-1]

fn_p[1:X-1,1:Y-1]   = CIP(coeff31[16],  coeff31[17],  coeff31[18],  coeff31[19], \
                          f_p[1:X-1,0:Y-2], f_p[1:X-1,1:Y-1], \
                          g_p[1:X-1,0:Y-2], g_p[1:X-1,1:Y-1])
gn_p[1:X-1,1:Y-1]   = CIP(coeff31[20],  coeff31[21],  coeff31[22],  coeff31[23], \
                          f_p[1:X-1,0:Y-2], f_p[1:X-1,1:Y-1], \
                          g_p[1:X-1,0:Y-2], g_p[1:X-1,1:Y-1])
fn_m[1:X-1,1:Y-1]   = CIP(coeff31[24],  coeff31[25],  coeff31[26],  coeff31[27], \
                          f_m[1:X-1,2:Y],   f_m[1:X-1,1:Y-1], \
                          g_m[1:X-1,2:Y],   g_m[1:X-1,1:Y-1])
gn_m[1:X-1,1:Y-1]   = CIP(coeff31[28],  coeff31[29],  coeff31[30],  coeff31[31], \
```

```
                                   f_m[1:X-1,2:Y],    f_m[1:X-1,1:Y-1], \
                                   g_m[1:X-1,2:Y],    g_m[1:X-1,1:Y-1])

    P[1:X-1,1:Y-1]     = (fn_p[1:X-1,1:Y-1] + fn_m[1:X-1,1:Y-1])
    ZUy[1:X-1,1:Y-1]   = (fn_p[1:X-1,1:Y-1] - fn_m[1:X-1,1:Y-1])
    dy_P[1:X-1,1:Y-1]  = (gn_p[1:X-1,1:Y-1] + gn_m[1:X-1,1:Y-1])
    dy_ZUy[1:X-1,1:Y-1] = (gn_p[1:X-1,1:Y-1] - gn_m[1:X-1,1:Y-1])

end = clock()

print "Processing Time : " + str((end - start)) + " [sec]"
```

6.4　コーディングの応用 -sampleCIP3.py-

本節では，C型CIP法のコーディングについて，解析空間の端面に反射境界面を設定する場合について述べる。ここでは，sampleCIP1.pyの外側壁面の境界すべてに反射係数 $\Gamma_{12} = 0.5$ の境界面があることを想定している。式 (6.112)，(6.113) に従って，端面に対してこれらの式を満たすように実装した例を示す。ここでは一番端のグリッド ($x=0, X$ の面) の計算のみ，反射を考慮した式として別に記述している。

―――――― プログラム 6-19 ――――――
```
    RX=0.5

    f_p[1:X,  1:Y-1]   =    P[1:X,  1:Y-1] + (Z0 *    Ux[1:X,  1:Y-1])
    g_p[1:X,  1:Y-1]   = dx_P[1:X,  1:Y-1] + (Z0 * dx_Ux[1:X,  1:Y-1])
    f_m[0:X-1,1:Y-1]   =    P[0:X-1,1:Y-1] - (Z0 *    Ux[0:X-1,1:Y-1])
    g_m[0:X-1,1:Y-1]   = dx_P[0:X-1,1:Y-1] - (Z0 * dx_Ux[0:X-1,1:Y-1])

    fn_p[2:X  ,1:Y-1]  = CIP(coeff[0],  coeff[1],  coeff[2],  coeff[3], \
                             f_p[1:X-1,1:Y-1], f_p[2:X  ,1:Y-1], \
                             g_p[1:X-1,1:Y-1], g_p[2:X  ,1:Y-1])
    gn_p[2:X  ,1:Y-1]  = CIP(coeff[4],  coeff[5],  coeff[6],  coeff[7], \
                             f_p[1:X-1,1:Y-1], f_p[2:X  ,1:Y-1], \
                             g_p[1:X-1,1:Y-1], g_p[2:X  ,1:Y-1])
    fn_m[0:X-2,1:Y-1]  = CIP(coeff[8],  coeff[9],  coeff[10], coeff[11], \
                             f_m[1:X-1,1:Y-1], f_m[0:X-2,1:Y-1], \
                             g_m[1:X-1,1:Y-1], g_m[0:X-2,1:Y-1])
    gn_m[0:X-2,1:Y-1]  = CIP(coeff[12], coeff[13], coeff[14], coeff[15], \
                             f_m[1:X-1,1:Y-1], f_m[0:X-2,1:Y-1], \
                             g_m[1:X-1,1:Y-1], g_m[0:X-2,1:Y-1])

    fn_p[1:2  ,1:Y-1]  = CIP(coeff[0],  coeff[1],  coeff[2],  coeff[3], \
                             RX*f_m[0:1,1:Y-1], f_p[1:2  ,1:Y-1], \
                            -RX*g_m[0:1,1:Y-1], g_p[1:2  ,1:Y-1])
    gn_p[1:2  ,1:Y-1]  = CIP(coeff[4],  coeff[5],  coeff[6],  coeff[7], \
```

```
                            RX*f_m[0:1,1:Y-1], f_p[1:2  ,1:Y-1], \
                           -RX*g_m[0:1,1:Y-1], g_p[1:2  ,1:Y-1])
fn_m[X-2:X-1,1:Y-1] = CIP(coeff[8],  coeff[9],  coeff[10], coeff[11], \
                            RX*f_p[X-1:X,1:Y-1], f_m[X-2:X-1, 1:Y-1], \
                           -RX*g_p[X-1:X,1:Y-1], g_m[X-2:X-1,1:Y-1])
gn_m[X-2:X-1,1:Y-1] = CIP(coeff[12], coeff[13], coeff[14], coeff[15], \
                            RX*f_p[X-1:X,1:Y-1], f_m[X-2:X-1, 1:Y-1], \
                           -RX*g_p[X-1:X,1:Y-1], g_m[X-2:X-1,1:Y-1])

P[:    ,1:Y-1]     = (fn_p[:  ,1:Y-1] + fn_m[:  ,1:Y-1]) / 2.
Ux[:   ,1:Y-1]     = (fn_p[:  ,1:Y-1] - fn_m[:  ,1:Y-1]) / (2. * Z0)
dx_P[: ,1:Y-1]     = (gn_p[:  ,1:Y-1] + gn_m[:  ,1:Y-1]) / 2.
dx_Ux[:,1:Y-1]     = (gn_p[:  ,1:Y-1] - gn_m[:  ,1:Y-1]) / (2. * Z0)
```

この例では，境界面だけ別の引数を用いて計算するようにしている。同様に matplotlib という可視化ライブラリを用いて描画した空間分布を図 6.6 に示す。

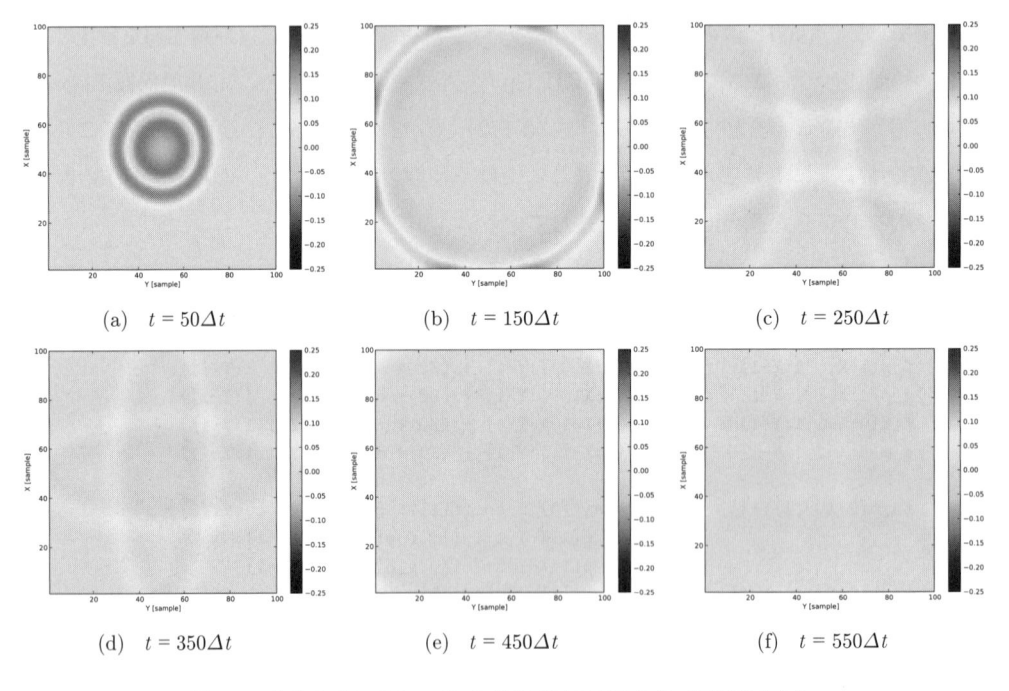

(a)　$t = 50\Delta t$　　　　(b)　$t = 150\Delta t$　　　　(c)　$t = 250\Delta t$

(d)　$t = 350\Delta t$　　　　(e)　$t = 450\Delta t$　　　　(f)　$t = 550\Delta t$

図 6.6　あるタイムステップにおける音圧の空間分布（反射面あり）

以上の工夫を加えた全コードをサンプルとしてまとめた，50 タイムステップごとの音圧分布を計算するサンプルコードは，プログラム 6-20 のようになる。

―――――――― プログラム 6-20 (CIP コード例 (可視化も含む)) ――――――――
```
from time  import *
from pylab import *
from numpy import *
```

6.4 コーディングの応用 -sampleCIP3.py-

```python
from scipy import *
from matplotlib import cm
from mpl_toolkits.mplot3d import axes3d

X = 101
Y = 101
NT = 601

f_p    = zeros((X,Y), "float64")
f_m    = zeros((X,Y), "float64")
g_p    = zeros((X,Y), "float64")
g_m    = zeros((X,Y), "float64")
fn_p   = zeros((X,Y), "float64")
fn_m   = zeros((X,Y), "float64")
gn_p   = zeros((X,Y), "float64")
gn_m   = zeros((X,Y), "float64")

P      = zeros((X,Y), "float64")
dx_P   = zeros((X,Y), "float64")
dy_P   = zeros((X,Y), "float64")
dxy_P  = zeros((X,Y), "float64")

Ux     = zeros((X,Y), "float64")
dx_Ux  = zeros((X,Y), "float64")
dy_Ux  = zeros((X,Y), "float64")
dxy_Ux = zeros((X,Y), "float64")

Uy     = zeros((X,Y), "float64")
dx_Uy  = zeros((X,Y), "float64")
dy_Uy  = zeros((X,Y), "float64")
dxy_Uy = zeros((X,Y), "float64")

xc= (X-1) / 2
yc= (Y-1) / 2

dx = 5.e-2
dy = 5.e-2
dt = 5.e-5

Ro = 1.21
bm = 1.4235529e5
c0 = sqrt(bm / Ro)
Z0 = sqrt(bm * Ro)
sigma = 0.2

mic = zeros((NT,4), "float64")

coeff  = zeros(32, "float64")

Ua = c0
xi =-Ua * dt
C  = c0 * dt / dx
C2 = C  * C
C3 = C2 * C
```

6. CIP(constrained interpolation profile)法

```
coeff[0]  = (-2. * C3 + 3. * C2)
coeff[1]  = (2. * C3 - 3. * C2 + 1.)
coeff[2]  = xi * (C2 - C)
coeff[3]  = xi * (C2 - 2. * C + 1.)
coeff[4]  = 6. * (-C3 + C2) / xi
coeff[5]  = 6. * (C3 - C2) / xi
coeff[6]  = (3. * C2 - 2. * C)
coeff[7]  = (3. * C2 - 4. * C + 1.)

Ua =-c0
xi =-Ua * dt
C  = c0 * dt / dx
C2 = C  * C
C3 = C2 * C

coeff[8]  = (-2. * C3 + 3. * C2)
coeff[9]  = (2. * C3 - 3. * C2 + 1.)
coeff[10] = xi * (C2 - C)
coeff[11] = xi * (C2 - 2. * C + 1.)
coeff[12] = 6. * (-C3 + C2) / xi
coeff[13] = 6. * (C3 - C2) / xi
coeff[14] = (3. * C2 - 2. * C)
coeff[15] = (3. * C2 - 4. * C + 1.)

Ua = c0
yi =-Ua * dt
C  = c0 * dt / dy
C2 = C  * C
C3 = C2 * C

coeff[16] = (-2. * C3 + 3. * C2)
coeff[17] = (2. * C3 - 3. * C2 + 1.)
coeff[18] = yi * (C2 - C)
coeff[19] = yi * (C2 - 2. * C + 1.)
coeff[20] = 6. * (-C3 + C2) / yi
coeff[21] = 6. * (C3 - C2) / yi
coeff[22] = (3. * C2 - 2. * C)
coeff[23] = (3. * C2 - 4. * C + 1.)

Ua =-c0
yi =-Ua * dt
C  = c0 * dt / dy
C2 = C  * C
C3 = C2 * C

coeff[24] = (-2. * C3 + 3. * C2)
coeff[25] = (2. * C3 - 3. * C2 + 1.)
coeff[26] = yi * (C2 - C)
coeff[27] = yi * (C2 - 2. * C + 1.)
coeff[28] = 6. * (-C3 + C2) / yi
coeff[29] = 6. * (C3 - C2) / yi
coeff[30] = (3. * C2 - 2. * C)
coeff[31] = (3. * C2 - 4. * C + 1.)
```

```python
for i in range(1, X-1):
    x = dx * i
    for j in range(1, Y-1):
        y = dy * j
        TX = x - xc * dx
        TY = y - yc * dy
        P[i][j]     = \
                    exp(((-TX * TX) + (-TY * TY)) / (2. * sigma**2))
        dx_P[i][j]  = -TX * \
                    exp(((-TX * TX) + (-TY * TY)) / (2. * sigma**2)) / sigma**2
        dy_P[i][j]  = -TY * \
                    exp(((-TX * TX) + (-TY * TY)) / (2. * sigma**2)) / sigma**2
        dxy_P[i][j] = TX * TY * \
                    exp(((-TX * TX) + (-TY * TY)) / (2. * sigma**2)) / sigma**4

def CIP(coeff0, coeff1, coeff2, coeff3, f0, f1, g0, g1):
    return   coeff0 * f0 \
           + coeff1 * f1 \
           + coeff2 * g0 \
           + coeff3 * g1

start = clock()

for t in range(NT):
    if (t % 50) == 0:
        figure(figsize=(7.5,6))
        pcolor(P)
        colorbar()
        xlim(1,X-1)
        ylim(1,Y-1)
        clim(-0.25,0.25)
        xlabel("Y [sample]")
        ylabel("X [sample]")
        show()

    RX=0.5
    RY=0.5

    f_p[1:X,  1:Y-1]   =    P[1:X,  1:Y-1] + (Z0 *    Ux[1:X,  1:Y-1])
    g_p[1:X,  1:Y-1]   = dx_P[1:X,  1:Y-1] + (Z0 * dx_Ux[1:X,  1:Y-1])
    f_m[0:X-1,1:Y-1]   =    P[0:X-1,1:Y-1] - (Z0 *    Ux[0:X-1,1:Y-1])
    g_m[0:X-1,1:Y-1]   = dx_P[0:X-1,1:Y-1] - (Z0 * dx_Ux[0:X-1,1:Y-1])

    fn_p[2:X ,1:Y-1]   = CIP(coeff[0],  coeff[1],  coeff[2],  coeff[3], \
                             f_p[1:X-1,1:Y-1], f_p[2:X ,1:Y-1], \
                             g_p[1:X-1,1:Y-1], g_p[2:X ,1:Y-1])
    gn_p[2:X ,1:Y-1]   = CIP(coeff[4],  coeff[5],  coeff[6],  coeff[7], \
                             f_p[1:X-1,1:Y-1], f_p[2:X ,1:Y-1], \
                             g_p[1:X-1,1:Y-1], g_p[2:X ,1:Y-1])
    fn_m[0:X-2,1:Y-1]  = CIP(coeff[8],  coeff[9],  coeff[10], coeff[11], \
                             f_m[1:X-1,1:Y-1], f_m[0:X-2,1:Y-1], \
                             g_m[1:X-1,1:Y-1], g_m[0:X-2,1:Y-1])
    gn_m[0:X-2,1:Y-1]  = CIP(coeff[12], coeff[13], coeff[14], coeff[15], \
```

```
                                  f_m[1:X-1,1:Y-1], f_m[0:X-2,1:Y-1], \
                                  g_m[1:X-1,1:Y-1], g_m[0:X-2,1:Y-1])

    fn_p[1:2  ,1:Y-1]     = CIP(coeff[0],  coeff[1],  coeff[2],  coeff[3], \
                                  RX*f_m[0:1,1:Y-1], f_p[1:2  ,1:Y-1], \
                                  -RX*g_m[0:1,1:Y-1], g_p[1:2  ,1:Y-1])
    gn_p[1:2  ,1:Y-1]     = CIP(coeff[4],  coeff[5],  coeff[6],  coeff[7], \
                                  RX*f_m[0:1,1:Y-1], f_p[1:2  ,1:Y-1], \
                                  -RX*g_m[0:1,1:Y-1], g_p[1:2  ,1:Y-1])
    fn_m[X-2:X-1,1:Y-1]   = CIP(coeff[8],  coeff[9],  coeff[10], coeff[11], \
                                  RX*f_p[X-1:X,1:Y-1], f_m[X-2:X-1,  1:Y-1], \
                                  -RX*g_p[X-1:X,1:Y-1], g_m[X-2:X-1,1:Y-1])
    gn_m[X-2:X-1,1:Y-1]   = CIP(coeff[12], coeff[13], coeff[14], coeff[15], \
                                  RX*f_p[X-1:X,1:Y-1], f_m[X-2:X-1,  1:Y-1], \
                                  -RX*g_p[X-1:X,1:Y-1], g_m[X-2:X-1,1:Y-1])

    P[:    ,1:Y-1]    = (fn_p[:  ,1:Y-1] + fn_m[:  ,1:Y-1]) / 2.
    Ux[:   ,1:Y-1]    = (fn_p[:  ,1:Y-1] - fn_m[:  ,1:Y-1]) / (2. * Z0)
    dx_P[: ,1:Y-1]    = (gn_p[:  ,1:Y-1] + gn_m[:  ,1:Y-1]) / 2.
    dx_Ux[:,1:Y-1]    = (gn_p[:  ,1:Y-1] - gn_m[:  ,1:Y-1]) / (2. * Z0)


    f_p[1:X   ,1:Y-1]    =   dy_P[1:X   ,1:Y-1] + (Z0 *  dy_Ux[1:X   ,1:Y-1])
    g_p[1:X   ,1:Y-1]    =  dxy_P[1:X   ,1:Y-1] + (Z0 * dxy_Ux[1:X   ,1:Y-1])
    f_m[0:X-1 ,1:Y-1]    =   dy_P[0:X-1 ,1:Y-1] - (Z0 *  dy_Ux[0:X-1 ,1:Y-1])
    g_m[0:X-1 ,1:Y-1]    =  dxy_P[0:X-1 ,1:Y-1] - (Z0 * dxy_Ux[0:X-1 ,1:Y-1])

    fn_p[2:X  ,1:Y-1]     = CIP(coeff[0],  coeff[1],  coeff[2],  coeff[3], \
                                  f_p[1:X-1,1:Y-1], f_p[2:X  ,1:Y-1], \
                                  g_p[1:X-1,1:Y-1], g_p[2:X  ,1:Y-1])
    gn_p[2:X  ,1:Y-1]     = CIP(coeff[4],  coeff[5],  coeff[6],  coeff[7], \
                                  f_p[1:X-1,1:Y-1], f_p[2:X  ,1:Y-1], \
                                  g_p[1:X-1,1:Y-1], g_p[2:X  ,1:Y-1])
    fn_m[0:X-2,1:Y-1]     = CIP(coeff[8],  coeff[9],  coeff[10], coeff[11], \
                                  f_m[1:X-1,1:Y-1], f_m[0:X-2,1:Y-1], \
                                  g_m[1:X-1,1:Y-1], g_m[0:X-2,1:Y-1])
    gn_m[0:X-2,1:Y-1]     = CIP(coeff[12], coeff[13], coeff[14], coeff[15], \
                                  f_m[1:X-1,1:Y-1], f_m[0:X-2,1:Y-1], \
                                  g_m[1:X-1,1:Y-1], g_m[0:X-2,1:Y-1])

    fn_p[1:2  ,1:Y-1]     = CIP(coeff[0],  coeff[1],  coeff[2],  coeff[3], \
                                  RX*f_m[0:1,1:Y-1], f_p[1:2  ,1:Y-1], \
                                  -RX*g_m[0:1,1:Y-1], g_p[1:2  ,1:Y-1])
    gn_p[1:2  ,1:Y-1]     = CIP(coeff[4],  coeff[5],  coeff[6],  coeff[7], \
                                  RX*f_m[0:1,1:Y-1], f_p[1:2  ,1:Y-1], \
                                  -RX*g_m[0:1,1:Y-1], g_p[1:2  ,1:Y-1])
    fn_m[X-2:X-1,1:Y-1]   = CIP(coeff[8],  coeff[9],  coeff[10], coeff[11], \
                                  RX*f_p[X-1:X,1:Y-1], f_m[X-2:X-1,  1:Y-1], \
                                  -RX*g_p[X-1:X,1:Y-1], g_m[X-2:X-1,1:Y-1])
    gn_m[X-2:X-1,1:Y-1]   = CIP(coeff[12], coeff[13], coeff[14], coeff[15], \
                                  RX*f_p[X-1:X,1:Y-1], f_m[X-2:X-1,  1:Y-1], \
                                  -RX*g_p[X-1:X,1:Y-1], g_m[X-2:X-1,1:Y-1])

    dy_P[:  ,1:Y-1]    = (fn_p[:  ,1:Y-1] + fn_m[:  ,1:Y-1]) / 2.
```

```
            dy_Ux[: ,1:Y-1]   = (fn_p[: ,1:Y-1] - fn_m[: ,1:Y-1]) / (2. * Z0)
            dxy_P[: ,1:Y-1]   = (gn_p[: ,1:Y-1] + gn_m[: ,1:Y-1]) / 2.
            dxy_Ux[: ,1:Y-1]  = (gn_p[: ,1:Y-1] - gn_m[: ,1:Y-1]) / (2. * Z0)


            f_p[1:X-1,1:Y]      =    P[1:X-1,1:Y]   + (Z0 *    Uy[1:X-1,1:Y])
            g_p[1:X-1,1:Y]      = dy_P[1:X-1,1:Y]   + (Z0 * dy_Uy[1:X-1,1:Y])
            f_m[1:X-1,0:Y-1]    =    P[1:X-1,0:Y-1] - (Z0 *    Uy[1:X-1,0:Y-1])
            g_m[1:X-1,0:Y-1]    = dy_P[1:X-1,0:Y-1] - (Z0 * dy_Uy[1:X-1,0:Y-1])

            fn_p[1:X-1,2:Y]   = CIP(coeff[16], coeff[17], coeff[18], coeff[19], \
                                    f_p[1:X-1,1:Y-1], f_p[1:X-1,2:Y], \
                                    g_p[1:X-1,1:Y-1], g_p[1:X-1,2:Y])
            gn_p[1:X-1,2:Y]   = CIP(coeff[20], coeff[21], coeff[22], coeff[23], \
                                    f_p[1:X-1,1:Y-1], f_p[1:X-1,2:Y], \
                                    g_p[1:X-1,1:Y-1], g_p[1:X-1,2:Y])
            fn_m[1:X-1,0:Y-2] = CIP(coeff[24], coeff[25], coeff[26], coeff[27], \
                                    f_m[1:X-1,1:Y-1],   f_m[1:X-1,0:Y-2], \
                                    g_m[1:X-1,1:Y-1],   g_m[1:X-1,0:Y-2])
            gn_m[1:X-1,0:Y-2] = CIP(coeff[28], coeff[29], coeff[30], coeff[31], \
                                    f_m[1:X-1,1:Y-1],   f_m[1:X-1,0:Y-2], \
                                    g_m[1:X-1,1:Y-1],   g_m[1:X-1,0:Y-2])

            fn_p[1:X-1,1:2]   = CIP(coeff[16], coeff[17], coeff[18], coeff[19], \
                                    RY*f_m[1:X-1,0:1], f_p[1:X-1,1:2], \
                                    -RY*g_m[1:X-1,0:1], g_p[1:X-1,1:2])
            gn_p[1:X-1,1:2]   = CIP(coeff[20], coeff[21], coeff[22], coeff[23], \
                                    RY*f_m[1:X-1,0:1], f_p[1:X-1,1:2], \
                                    -RY*g_m[1:X-1,0:1], g_p[1:X-1,1:2])

            fn_m[1:X-1,Y-2:Y-1] = CIP(coeff[24], coeff[25], coeff[26], coeff[27], \
                                    RY*f_p[1:X-1,Y-1:Y],  f_m[1:X-1,Y-2:Y-1], \
                                    -RY*g_p[1:X-1,Y-1:Y],  g_m[1:X-1,Y-2:Y-1])
            gn_m[1:X-1,Y-2:Y-1] = CIP(coeff[28], coeff[29], coeff[30], coeff[31], \
                                    RY*f_p[1:X-1,Y-1:Y],  f_m[1:X-1,Y-2:Y-1], \
                                    -RY*g_p[1:X-1,Y-1:Y],  g_m[1:X-1,Y-2:Y-1])

            P[1:X-1,0:Y]      = (fn_p[1:X-1,0:Y] + fn_m[1:X-1,0:Y]) / 2.
            Uy[1:X-1,0:Y]     = (fn_p[1:X-1,0:Y] - fn_m[1:X-1,0:Y]) / (2. * Z0)
            dy_P[1:X-1,0:Y]   = (gn_p[1:X-1,0:Y] + gn_m[1:X-1,0:Y]) / 2.
            dy_Uy[1:X-1,0:Y]  = (gn_p[1:X-1,0:Y] - gn_m[1:X-1,0:Y]) / (2. * Z0)


            f_p[1:X-1,1:Y]      =  dx_P[1:X-1,1:Y]   + (Z0 *  dx_Uy[1:X-1,1:Y])
            g_p[1:X-1,0:Y]      = dxy_P[1:X-1,0:Y]   + (Z0 * dxy_Uy[1:X-1,0:Y])
            f_m[1:X-1,0:Y-1]    =  dx_P[1:X-1,0:Y-1] - (Z0 *  dx_Uy[1:X-1,0:Y-1])
            g_m[1:X-1,0:Y-1]    = dxy_P[1:X-1,0:Y-1] - (Z0 * dxy_Uy[1:X-1,0:Y-1])

            fn_p[1:X-1,2:Y]   = CIP(coeff[16], coeff[17], coeff[18], coeff[19], \
                                    f_p[1:X-1,1:Y-1], f_p[1:X-1,2:Y], \
                                    g_p[1:X-1,1:Y-1], g_p[1:X-1,2:Y])
            gn_p[1:X-1,2:Y]   = CIP(coeff[20], coeff[21], coeff[22], coeff[23], \
                                    f_p[1:X-1,1:Y-1], f_p[1:X-1,2:Y], \
                                    g_p[1:X-1,1:Y-1], g_p[1:X-1,2:Y])
```

```
                fn_m[1:X-1,0:Y-2]  = CIP(coeff[24], coeff[25], coeff[26], coeff[27], \
                                         f_m[1:X-1,1:Y-1],    f_m[1:X-1,0:Y-2], \
                                         g_m[1:X-1,1:Y-1],    g_m[1:X-1,0:Y-2])
                gn_m[1:X-1,0:Y-2]  = CIP(coeff[28], coeff[29], coeff[30], coeff[31], \
                                         f_m[1:X-1,1:Y-1],    f_m[1:X-1,0:Y-2], \
                                         g_m[1:X-1,1:Y-1],    g_m[1:X-1,0:Y-2])

                fn_p[1:X-1,1:2]    = CIP(coeff[16], coeff[17], coeff[18], coeff[19], \
                                         RY*f_m[1:X-1,0:1], f_p[1:X-1,1:2], \
                                         -RY*g_m[1:X-1,0:1], g_p[1:X-1,1:2])
                gn_p[1:X-1,1:2]    = CIP(coeff[20], coeff[21], coeff[22], coeff[23], \
                                         RY*f_m[1:X-1,0:1], f_p[1:X-1,1:2], \
                                         -RY*g_m[1:X-1,0:1], g_p[1:X-1,1:2])
                fn_m[1:X-1,Y-2:Y-1] = CIP(coeff[24], coeff[25], coeff[26], coeff[27], \
                                         RY*f_p[1:X-1,Y-1:Y],  f_m[1:X-1,Y-2:Y-1], \
                                         -RY*g_p[1:X-1,Y-1:Y],  g_m[1:X-1,Y-2:Y-1])
                gn_m[1:X-1,Y-2:Y-1] = CIP(coeff[28], coeff[29], coeff[30], coeff[31], \
                                         RY*f_p[1:X-1,Y-1:Y],  f_m[1:X-1,Y-2:Y-1], \
                                         -RY*g_p[1:X-1,Y-1:Y],  g_m[1:X-1,Y-2:Y-1])

                dx_P[1:X-1,0:Y]    = (fn_p[1:X-1,0:Y] + fn_m[1:X-1,0:Y]) / 2.
                dx_Uy[1:X-1,0:Y]   = (fn_p[1:X-1,0:Y] - fn_m[1:X-1,0:Y]) / (2. * Z0)
                dxy_P[1:X-1,0:Y]   = (gn_p[1:X-1,0:Y] + gn_m[1:X-1,0:Y]) / 2.
                dxy_Uy[1:X-1,0:Y]  = (gn_p[1:X-1,0:Y] - gn_m[1:X-1,0:Y]) / (2. * Z0)


end = clock()

print "Processing Time : " + str((end - start)) + " [sec]"
```

引用・参考文献

1) Takashi Yabe, Feng Xiao, and Takayuki Utsumi. The constrained interpolation profile method for multiphase analysis. *J. of Comput. Phys.*, Vol. 169, pp. 556–593, 1 (2001).

2) 矢部孝, 内海隆行, 尾形陽一. CIP法―原子から宇宙までを解くマルチスケール解法. 森北出版, 2003.

3) Y. W. Shin and R. A. Valentin. Numerical analysis of fluid hammer waves by the method of characteristics. *J. of Comput. Phys.*, Vol. 20, pp. 220–237, 1 (1976).

4) G.D. Smith. *Numerical Solution of Partial Differential Equations*. Oxford University Press, 1965.

5) 大久保寛. 音場の数値計算における新しい展開: (2) FDTD法の高精度化. 海洋音響学会誌, Vol. 37, No. 4, pp. 193–200, 10 2010.

6) Masahito Konno, Kan Okubo, Takao Tsuchiya, and Norio Tagawa. Two-dimensional simulation of nonlinear acoustic wave propagation using constrained interpolation profile

method. *Jpn. J. Appl. Phys.*, Vol. 48, p. 07GN01, 1 (2009).

7) 土屋隆生, 大久保寛, 竹内伸直. CIP 法による音波伝搬シミュレーション. 音響学会超音波研究会, 2-4-3, 2006.11.

8) 大久保寛, 呉星冠, 土屋隆生, 竹内伸直. CIP 法を用いた 3 次元音場解析に関する検討. 第 106 巻, pp. 25–30. 社団法人電子情報通信学会, 2006-09-22.

9) Kan Okubo and Nobunao Takeuchi. Analysis of an electromagnetic field created by line current using constrained interpolation profile method. *Antennas and Propagation, IEEE Trans.*, Vol. 55, pp. 111–119, 1 (2007).

10) 紺野正仁, 大久保寛, 土屋隆生, 田川憲男. CIP 法を用いた音場解析における時間刻みの計算精度への依存性. 第 107 巻, pp. 7–12. 社団法人電子情報通信学会, 2008-01-21.

7 音 線 法

コンピュータグラフィックス（computer graphics, CG）に代表されるレイトレーシング手法は，今なお計算機ハードウェアとともに発達を続けている。音線法は，光のレイトレーシング手法を音に適用したものであり，幾何音響学に基づく手法のひとつである。幾何音響学に基づく手法は，回折や散乱といった現象を正確に模擬できないことから，厳密な解を得ることは難しい。しかし，前章まで扱ってきた波動方程式に基づく手法と比べると，計算負荷が小さい，伝搬経路がわかるため逆問題として設計にフィードバックしやすい，などといった大きなメリットがある。そのため幾何音響学に基づくシミュレーションは，現在でも特に建築や土木など大空間を扱う分野で広く使われており，そして今後もすたれることなく設計ツールのひとつとして使われ続けることだろう。

本書では，幾何音響学に基づく手法にはじめてふれる読者を想定し，そのひとつである音線法の考え方について解説する。続いて実際のプログラムを通じて，処理の流れ（フロー）と，コーディングの留意点ついて解説する。その他の幾何音響学に基づく手法に関する解説および歴史的変遷については，文献1)~3) に詳しく記述されている。参照いただきたい。

7.1 音線法に必要となる幾何音響学の基礎

本節では，音線法を理解するために必要な幾何音響学の基本事項や専門用語を解説する。

7.1.1 音波の表現

あるエネルギーをもった物体が空間内を進行することを考えよう。この進行する物体を音粒子と呼ぶ。また音粒子の属性として方向ベクトルを伴ったもの，もしくは音粒子が通過した軌跡を音線と呼ぶ。音粒子と音線は同意で表現されることも多く，本書においてもほぼ同意のものとして扱う。一般的に進行波は空間的に幅をもつが，音粒子は概念的なもので大きさをもたない。

音粒子の移動は，進むのにかかる時間が最小となる経路を通るという Fermat の法則に則る。そのため温度および密度が均一な媒質中を進行する場合，音粒子は直進する（図 **7.1**）。

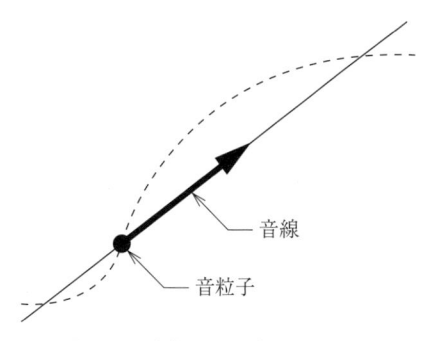

図 7.1　音粒子と音線のイメージ

　ここで球面波と平面波を考えよう。球面波は，全（無）指向性の点音源からインパルスが発せられると音波は球面状に広がり，進行とともに単位面積に通過するエネルギーは減少する。これを音線で表すと，図 7.2 (a) のように，音粒子が進むに従って音線の間隔が広がり，単位面積に通過する音線の数が減少する。この音線数の減少で球面波を模擬する。

　一方，平面波は図 (b) のように音粒子は平行を保ったまま進み，間隔は広がらない。

　建築音響の分野で用いられるシミュレーションでは，全指向性の点音源を利用することが多い。一方，電気音響などの分野では，スピーカから発せられる音波などを模擬するために指向性をもつ音源を利用することが多い。指向性をもつ音源の生成方法は，おもに全指向性音源をもとに指向性に応じたエネルギーを音粒子に割り当てる方法と，音源から音粒子を発する方向を限定する方法の 2 種類がある。本プログラムでは，全指向性音源を生成する方法を紹介する。音源の生成方法については後述する。

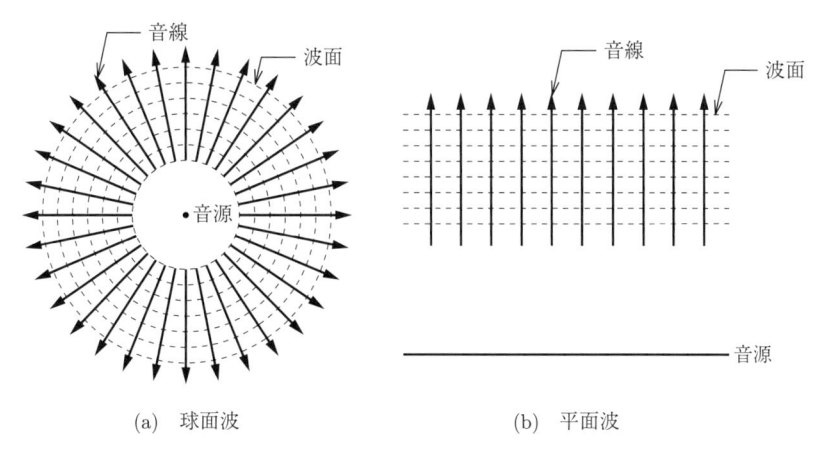

(a)　球面波　　　　　(b)　平面波

図 7.2　球面波と平面波の表現

7.1.2 境界面における音波の振る舞い

反射はインピーダンスが異なる媒質の境界で起きる現象であり，音響インピーダンスの比を考えなければならない。しかし幾何音響学では，音波がもつエネルギーのみを考えるため，境界の音響インピーダンス比ではなく，境界面の吸音率（absorption coefficient：α）を用いる。

（1） 反射エネルギー　境界面に入射した音波のエネルギー（E_i）は，反射するエネルギー（E_r）と，境界内部で欠損するエネルギー（E_l），もしくは透過するエネルギー（E_t）に分かれる（図 **7.3**）。エネルギー保存則から以下が成り立つ。

$$E_i = E_r + E_l + E_t \tag{7.1}$$

このとき入射波のエネルギー（E_i）に対する反射波のエネルギー（E_r）の割合を反射率（reflection coefficient）といい

$$反射率 = \frac{E_r}{E_i} \tag{7.2}$$

で表される。またここでは，反射しないエネルギーはすべて吸音されると仮定し，吸音率は

$$\alpha = 1 - \frac{E_r}{E_i} \tag{7.3}$$

とする。

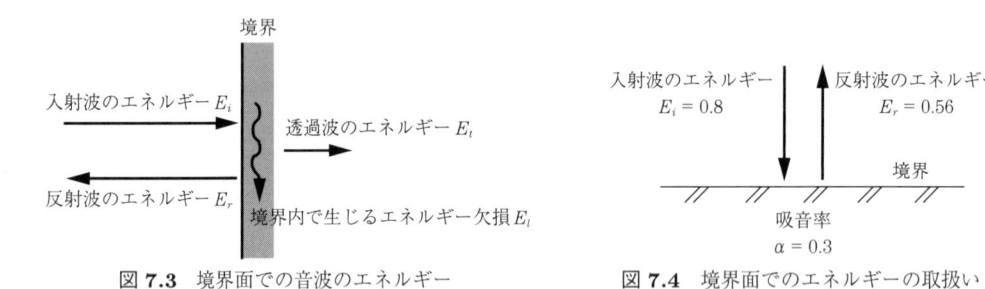

図 **7.3** 境界面での音波のエネルギー　　　図 **7.4** 境界面でのエネルギーの取扱い

反射波のエネルギーは，入射エネルギーに境界面に設定した反射率（$1-\alpha$）を乗じることで求められる。例えば，図 **7.4** のように入射波のエネルギーを0.8，境界の吸音率を0.3とすれば，反射波のエネルギーは $0.8 \times (1 - 0.3) = 0.56$ となる。

（2） 反 射 方 向　音線の反射角は入射角と等しいと考える。すなわち図 **7.5** のように鏡面反射する。境界で生じる回折や散乱などの波動現象は無視する。

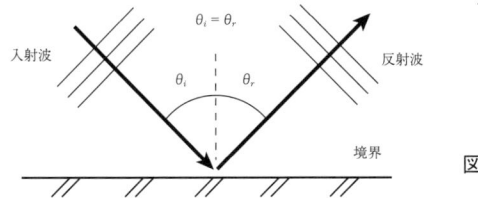

図 7.5 反射方向

7.1.3 波動性の考慮

回折や干渉は波動現象であり，幾何音響学の範疇ではない。しかしないものは付け加えたくなるものである。今回，音線法のサンプルプログラムでは扱わないので詳しくは解説しないが，市販プログラムに多く採用されている散乱の模擬についてふれておく。幾何音響学に基づくシミュレーションにおいて，散乱現象は壁面の散乱係数（scattering coefficient）を用いて模擬することが多い。散乱係数とは，全反射エネルギーに対する鏡面反射成分以外のエネルギーの割合である。

散乱の模擬方法はおもに 2 種類ある。ひとつは鏡面反射成分と散乱反射成分に分ける方法である。この方法は，これら 2 つを分けて考えるため，音線数が増えてしまうという弊害が生じる。また，音線を増やす程度が結果に影響を及ぼす。もうひとつは，鏡面反射するか，もしくは散乱反射するか，散乱係数を用いて確率的に振る舞いを決める方法である。さらに，散乱の方向の考え方についても，すべての方向に一様か，Lambert の余弦法則に従うかなどがある。

このように散乱を扱うだけでも考え方が多数ある。市販プログラムを利用するとき，散乱を模擬するアルゴリズムをよく理解したうえで利用することを勧める。また，回折現象の模擬については文献4) に詳しく書かれている。

7.2 幾何音響学に基づくシミュレーション

幾何音響学に基づくシミュレーション手法は，音線法と虚像（鏡像）法に大別できる。音線法と虚像法のイメージを図 7.6 に示す。音線法（sound ray tracing method）は前述のとおり，音源から多数の音線を発し追跡する手法である。ある位置で受音したい場合は，音線をとらえるために受音エリアを設定する。2 次元空間では円を，3 次元空間では球を受音エリアと設定することが多い。プログラミングにかかる労力は，後述する虚像法と比べて少ない。計算にかかる時間は，単純に考えれば壁面数，反射回数，音線数を乗じた数に比例する。計算時間短縮のため，後述の虚像法を併用した cone beam method [5) などが提案され，多くのソフトウェアで採用されている。

虚像法（sound source image method）は，反射音が実音源とは別の音源から発せられて

(a) 音線法　　　(b) 虚像法

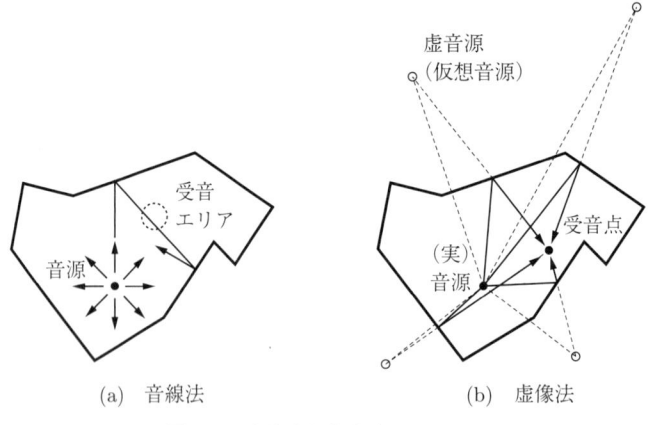

図 **7.6**　音線法と虚像法のイメージ

いると考え，この音源の位置と出力の大きさを求める手法である．この音源のことを虚音源，もしくは仮想音源という．虚像法の考え方は，境界の素材がすべて鏡でできている部屋において，音源の位置に光源を置き，受音する位置で内在する状況を想像するとわかりやすい．受音点から見て鏡に映る光源すべてが虚音源である．虚音源の位置は，音源の見える方向に，それまで経た距離だけ離れていると考える．虚音源の出力は，実音源のエネルギーに対し，それまで経た壁面の反射率をすべて乗じた大きさとする．本書では虚像法は扱わないが，虚音源の求め方については文献6)に詳しく記述がある．虚像法の計算にかかる時間は，計算時間をT，壁面数をm，反射回数をnとすれば

$$T \propto \sum_{i}^{n} m(m-1)^{i-1} \tag{7.4}$$

という関係がある．すなわち，反射回数の増加により計算時間は飛躍的に増加する．

両手法とも，計算の限界や誤差の増大から，時系列後半の後期反射音の予測は難しい．そのため後期反射音は統計的に見積もる方法などがとられる．後期反射音の取扱いについては，文献1),2)に詳しく解説されている．

このように両手法は数学的基礎は同じであるが，異なる思想からなる手法であるため，シミュレーションの手順も大きく異なる．本書では音線法に限定して話を進めていく．

7.3　音線法を実行するうえでの注意点

本節では，音線法を実行するときに決めなくてはならない諸条件について注意点を述べる．プログラミングに直接かかわる問題ではないので，とりあえず本節は読み飛ばしてもかまわない．

7.3.1 音粒子の数，受音エリアの大きさ，および室容積の関係

受音点でのエネルギーの到来時間と大きさを求めるとする。そのためには，音源から音粒子を"多数"飛ばして，"ある大きさ"の受音エリアで受音する必要がある。では"多数"とは，"ある大きさ"とはどのぐらいだろうか。

以下 3 次元空間において，受音エリアの形状が球であることを前提に話を進める。ここで音粒子（音線）数を N〔個〕，受音球の半径を r〔m〕，設定した室の体積を V〔m³〕とする。

（1） SN 比　まずひとつの考えとして SN 比から音粒子の個数を導く考え方がある。数値計算なのでノイズは 0〔dB〕であり，信号の大きさがそのまま SN 比となる。信号の大きさは，言い換えれば音粒子の数であり，音粒子が多いほどダイナミックレンジが広いことを意味する。音粒子 1 個を基準とすると，SN 比を x〔dB〕確保するために必要な音粒子の数は式 (7.5) から

$$x = 10 \log_{10} \frac{N}{1} \tag{7.5}$$

となり，$10^{x/10}$ 個必要であることが導ける。受音球などで受音する場合，受音できるのは，もちろん音源から放った音粒子の一部である。そのため，音源から放つ音粒子の数は少なくともさらに 10～100 倍必要となる。

（2） 定常状態　2 つ目の考え方は，定常状態を表現できる音粒子の最低個数から導く考え方である。放ったエネルギーが空間内にまんべんなく行き渡った状態では，受音球を空間内のどこに設定しても等しい音粒子の数が検出されるはずである。このような状態を模擬するためには，受音球を任意の位置に設置したときに音粒子が少なくともひとつ存在することが必要条件となる。よって式 (7.6) を満たす必要がある。

$$\frac{V}{\frac{4}{3}\pi r^3} \leq N \tag{7.6}$$

これはあくまで必要条件であり，N が大きいほど設置位置のわずかなずれによる値の変動が少なくなる。

（3） 伝搬距離　音源が点音源である場合，音線の間隔の広がりが距離減衰を表すことはすでに述べた。しかし，音波が受音点を通過することを模擬するためには，音線の間隔が広がりすぎて受音球に入らない状況を避けなければならない。受音球に音粒子が少なくともひとつ入ることが必要条件である。

図 **7.7** を見てみる。音速を c，音線追跡時間を $t_{\max}$ としたとき，音波は半径 $ct_{\max}$ の球に広がっている。ここで音源を頂点，音線が回転の軸となる円すいを考える。

1 本の音線が占める立体角は

$$\frac{4\pi}{N} \quad \text{〔単位 sr（ステラジアン）〕} \tag{7.7}$$

172　　7. 音 線 法

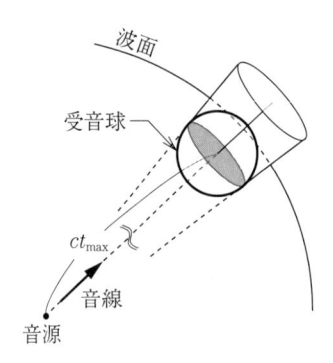

図 7.7　1本の音線が占める立体角と受音球の関係

である。音波が $ct_{\max}$ 伝搬したとき，波頭面の球殻が円すいによって切り取られる面積は

$$\frac{4\pi}{N}(ct_{\max})^2 \quad [\mathrm{m}^2] \tag{7.8}$$

と表すことができる。音粒子の数 N が十分大きい場合には，式 (7.8) はほぼ平面の円と見なすことができる。この円の半径は

$$2\frac{ct_{\max}}{\sqrt{N}} \quad [\mathrm{m}] \tag{7.9}$$

である。よって，この円の半径より受音球の半径 r が大きければ，少なくとも音線1本が受音球と交差することが期待できるから

$$r \geq 2\frac{ct_{\max}}{\sqrt{N}} \tag{7.10}$$

が成り立てば必要条件を満たす。

（4）**受音球の大きさと室容積の関係**　　上述の3点を満たすように音粒子の数と受音球の大きさを設定することが理想的である。しかし計算負荷軽減の必要に迫られ，音線の数を減らすことを試みるとしよう。音線の数 N の減少させると，式 (7.6)，(7.10) の不等式を満たすためには，いずれも受音球の半径 r を大きくしなくてはならない。音線の数を減らした結果，図 7.8 のように，室の大部分が受音球に占められるような状態では，的確にシミュレーションできるとはいいがたい。室容積を十分に考えて，適切な受音球の大きさとなるように音線の数を決めるべきである。

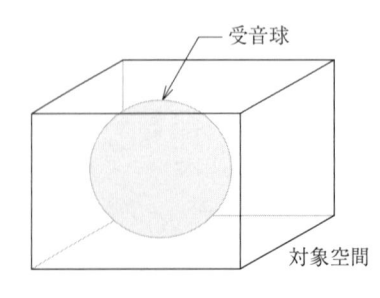

図 7.8　室形状に対し受音球が異常に大きい悪例

人間が聴くことを想定した場合，一般的に受音球の大きさは，頭の大きさ，もしくはそれより少し大きいサイズに設定されることが多い。受音球の大きさを決めたら，十分な音線数であるか式 (7.5)，(7.6)，(7.10) によって確認する。

7.3.2 入力形状と音波の関係
一般的に波が鏡面反射するためには以下の条件が必要である。

- 入射波の波長に対し，境界面が十分に大きい

- 入射波の波長に対し，境界面の形状の凹凸の周期が非常に細かい

- 境界面での音響インピーダンス比が著しく大きい

すなわち入射する音波から見て "大きく"，"平ら" で "堅い" 面であるという仮定のもとで鏡面反射する。

ここで注意すべきは，音の波長と室形状の関係である。現在，3次元 CAD ソフトの発展により，複雑な3次元形状が容易に生成できるようになってきた。細かな形状まで表現されることは見た目には正確であるが，音波から "見た" 場合，正確といえるのだろうか。その答えはシミュレーションしたい音の波長で決まる。例えば，波長が数十メートルの音波にとって，数センチオーダーの形状（バルコニーの手すりや，ドアのノブ，椅子のディテールなど）は，ほとんど意味をなさないであろう。

幾何音響シミュレーションにおいて，境界の形状を決める作業はシミュレーション結果を大きく左右することになる。シミュレーションする音の波長を考えながら，慎重に形状を設定する必要がある。

7.4 プログラミングの前に

音線法のプログラミングは，これまで述べた音線法の考え方を忠実に実行するように組み立てていけばよい。本書で扱う音線法のプログラムは，汎用性と可読性を考慮し，室形状ファイル，吸音率ファイル，各種設定をプログラム本体から切り離し，それぞれ別ファイルとして読み込むスタイルをとる。本節ではこれら3ファイルの書式について説明する。

各ファイルとも，ASCII（テキスト）ファイル形式で，データはカンマ (,) で区切る。ファイルの拡張子は (*.csv) である。

（1）**室情報ファイル**　　室情報ファイルとは，室内部の形状情報，およびその部材の吸音率を示すインデックス情報を記したものである。インデックス情報とは吸音率データベースと連携するための番号のことである。なお今回は吸音率のみを扱い，散乱係数 (scattering coefficient) は扱わない。

室形状は平面で囲まれていると定義する。曲面などは平面に近似する。各面を定義するためには：

- 室形状を構成する頂点座標とその番号

- 面を構成する

    – 吸音率データの番号

    – 頂点の数

    – 頂点の番号

を情報としてもつ必要がある。そこで，室情報ファイルのフォーマットをファイル7-1のように定める。

―――― ファイル 7-1 (室情報ファイルの記述様式) ――――
```
頂点の総数
0, x 座標, y 座標, z 座標
1, x 座標, y 座標, z 座標
2, x 座標, y 座標, z 座標
...
...
面の総数
0, 吸音データの番号, 頂点の数, 頂点番号 1, 頂点番号 2, 頂点番号 3, ...
1, 吸音データの番号, 頂点の数, 頂点番号 1, 頂点番号 2, 頂点番号 3, ...
2, 吸音データの番号, 頂点の数, 頂点番号 1, 頂点番号 2, 頂点番号 3, ...
...
...
```

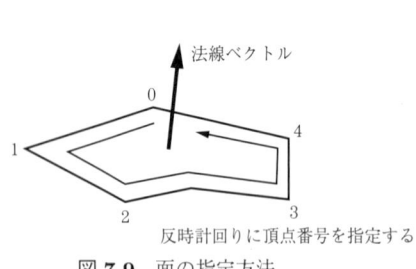

図 7.9　面の指定方法

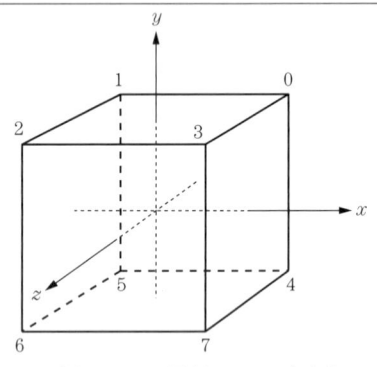

図 7.10　1辺が20 mの立方体と頂点番号の定義

注意点は面の表裏の定義が必要なことである。本プログラムは，図7.9のように頂点番号を反時計回りに指定された面を室の内部に向いた面と定義する。

図7.10に示すような1辺20 mの立方体を室形状としたとき，室情報ファイル (`room.csv`) はファイル7-2のように記述する。なお，番号（インデックス）は0番から始まることとする。

7.4 プログラミングの前に

---― ファイル **7-2** (room.csv の内容) ―――――
```
8
0,  10.0,  10.0, -10.0
1, -10.0,  10.0, -10.0
2, -10.0,  10.0,  10.0
3,  10.0,  10.0,  10.0
4,  10.0, -10.0, -10.0
5, -10.0, -10.0, -10.0
6, -10.0, -10.0,  10.0
7,  10.0, -10.0,  10.0
6
0, 3, 4, 0, 1, 2, 3
1, 3, 4, 4, 7, 6, 5
2, 3, 4, 3, 7, 4, 0
3, 3, 4, 5, 6, 2, 1
4, 3, 4, 0, 4, 5, 1
5, 3, 4, 2, 6, 7, 3
```

今回，室の設定ファイルは簡単のためこのようなフォーマットにした。しかし，複雑な形状になると面を構成する頂点を定義することが困難になり，かつ微小なすきまが生じる。その結果，音粒子が室外に漏れ出す事態が発生する。これを防ぐためには，平面を定義する3点の座標と，平面を取り囲む面を情報として，面の頂点はこれら情報から算出するとよい。例えば，図 **7.11** に示すような面を定義したいならば，面上の a～c の 3 点の座標と，A～H の8面に囲まれていることを用いる。

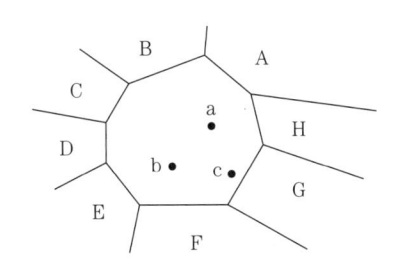

図 7.11 複雑な面とその境界

（2） 吸音率データベース 吸音率のデータベースは，おもな材料の 125 Hz ～ 4 kHz までの 6 オクターブバンドのデータが収められている。データベースの内容はファイル 7-3 のような方法で記されている。

---― ファイル **7-3** (吸音率データファイルの記述様式) ―――――
```
材料の総数
0, 材料名, 吸音率 (125Hz), (250Hz), (500Hz), (1kHz), (2kHz), (4kHz)
1, 材料名, 吸音率 (125Hz), (250Hz), (500Hz), (1kHz), (2kHz), (4kHz)
2, 材料名, 吸音率 (125Hz), (250Hz), (500Hz), (1kHz), (2kHz), (4kHz)
...
...
...
```

176   7. 音　　線　　法

音線法プログラムに同梱されている吸音率データベースファイル (absorption.csv) の内容は，文献7) から抜粋した。ファイル 7-4 にその一部を示す。

―――――――― ファイル **7-4** (absorption.csv の内容（中略）) ――――――――
```
69
0, Concrete wall,          0.01, 0.02, 0.02, 0.02, 0.03, 0.04
1, Cloth on concrete wall, 0.03, 0.03, 0.03, 0.04, 0.06, 0.08
2, Needle punch,           0.03, 0.04, 0.06, 0.1,  0.2,  0.35
3, pile carpet 10mm,       0.09, 0.1,  0.2,  0.25, 0.3,  0.4
4, glass window (wood sash),0.35,0.25, 0.18, 0.12, 0.07, 0.04
5, velvet curtain,         0.05, 0.07, 0.13, 0.22, 0.32, 0.35
6, velvet curtain with 100mm air layer, 0.1,  0.25, 0.55, 0.65, 0.7, 0.7
7, velvet curtain with 500mm air layer, 0.15, 0.25, 0.5,  0.75, 0.8, 0.85
.....
.....
.....
67, Full Absorption,       1.0, 1.0, 1.0, 1.0, 1.0, 1.0
68, Full Reflection,       0.0, 0.0, 0.0, 0.0, 0.0, 0.0
```

計算に必要な材料の吸音率が記載されていなければ，absorption.csv ファイルの最後に書き加え，冒頭に記されている材料の総数を書き換えればよい。

（3）各 種 設 定　計算の前に設定すべきパラメータを 1 ファイルにまとめた。パラメータは以下のとおりである。

- 音速〔m/s〕
- 音源位置の座標
- 音線の数
- 受音位置の座標
- 受音球の半径〔m〕
- 反射回数の上限
- 計算する音波の伝搬時間
- エコータイムパターンの時間間隔

パラメータはもちろん付け加えることができるが，加えたパラメータの変数を用意して値を読み込むようにプログラムを書き足す必要がある（コーディングの応用–sampleRay2.py–で 1 つ追加する）。プログラムでは，各行最初の値（1 列目）は読み飛ばすように設定している。以下に sampleRay1.py で読み込む各種設定ファイルの内容を示す。

―――――――― ファイル **7-5** (control4sample1.csv の内容) ――――――――
```
[sound speed (m/s)], 340
```

```
[sound source position (x y z)], 0, 0, 0
[number of sound rays], 100
[recieve position (x y z)], 8, 7, 9
[radius of recive point (m)], 0.5
[limit number of reflection times], 3
[calculation total time (sec)], 1
[echo time interval (sec)], 0.005
```

7.5 コーディングの基礎 -sampleRay1.py-

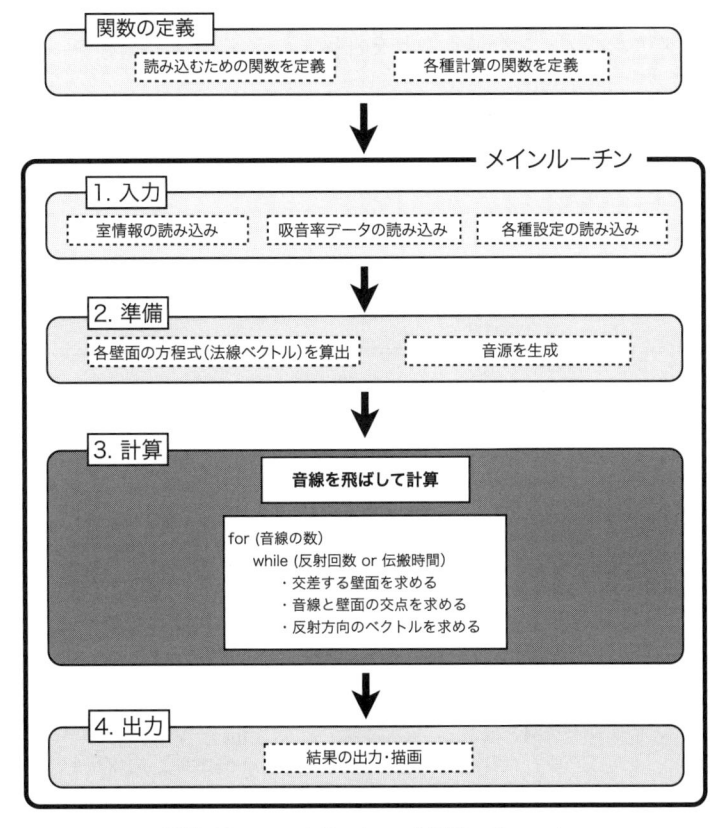

図 7.12 sampleRay1.py のフローチャート

本節で説明するプログラムおよび各種ファイルは

- sampleRay1.py

- room.csv

- absorption.csv

178   *7. 音　線　法*

- `control4sample1.csv`

に対応している．ファイルの内容を眺めながら読み進めてほしい．

図 **7.12** にフローチャートを示す．プログラム自体は，入力，準備，計算，出力と非常にシンプルな構成である．まずはじめに計算に必要となる関数を定義する．つぎに，室形状，各部材の吸音率データ，計算条件を読み込む．つぎに，壁面の方程式を求め，音源を設定する．続いて計算の根幹となる部分を実行する．音線を飛ばし，すべての音線について追跡し終わったら，結果を整理・出力するといった流れである．もちろん，音線追跡中に結果を随時出力することもできる．

基礎編では，このフローに沿って計算し，音線の経路を描くこと，さらにオクターブバンドごとのエコータイムパターンを描くことを目指す．

7.5.1　グローバル変数

以下にプログラムで利用するグローバル変数を表 **7.1** に示す．変数名は意味が類推できるよう，なるべく略さないようにした．

表 **7.1**　グローバル変数一覧

変数名	変数の意味	型
numberOfPoints	頂点の数	int
point	頂点データ	float64, 2 次元配列 (頂点の数, 3)
numberOfWalls	壁面の数	int
absorpCoeffIndex	壁面に与えられる吸音率の番号	int
numberOfApexes	頂点の数	int
wall	壁面データ	int, 不定型リスト
numberOfMaterials	材料の数	int
absorpCoeff	吸音率データ	float64, 2 次元配列 (材料の数, 6)
soundSpeed	音速 (m/s)	float64
soundSourcePosition	音源の位置	float64, 1 次元配列 (3)
numberOfRays	音線の数	int
receiverPosition	受音点の位置	float64, 1 次元配列 (3)
radiusReceivingPoint	受音球の半径 (m)	float64
limitNumOfReflectTimes	反射回数の上限	float64
totalTimeOfCalc	音波が伝搬する時間の上限	float64
echoTimeInterval	エコータイムのヒストグラムを描くための時間間隔	float64
planeEquation	壁面の方程式の係数	float64, 2 次元配列 (壁面の数, 4)
rayVector	音線の方向ベクトル	float64, 2 次元配列 (音線の数, 3)
rayPosition	音線の現在位置	float64, 1 次元配列 (3)

7.5.2 メインルーチン

細かい部分を説明する前に，メインルーチンについて説明する．図 7.12 と照らし合わせながらコードを眺めてほしい．

（1） 計算前の準備　音線を飛ばすまでの処理は以下のとおりである．また対応するコードをプログラム 7-1 に示す．

- 各種ファイル読み込み

- 平面の方程式の計算

- 音源の生成

―――― プログラム 7-1 (メインルーチン (1)) ――――

```
#------------------------------------------------------
#              4. main routine
#------------------------------------------------------
print "#1 Read Room Data"
readRoomData("room.csv")

print "#2 Read Absorption Coefficient Data"
readAbsorpCoeffData("absorption.csv")

print "#3 Read Calculation Condition"
readCalcCondData("control4sample1.csv")

print "#4 Calculate Plane Eq"
calcPlaneEq()

print "#5 Create Sound Souce"
numberOfRays = createOmniSoundSource()
```

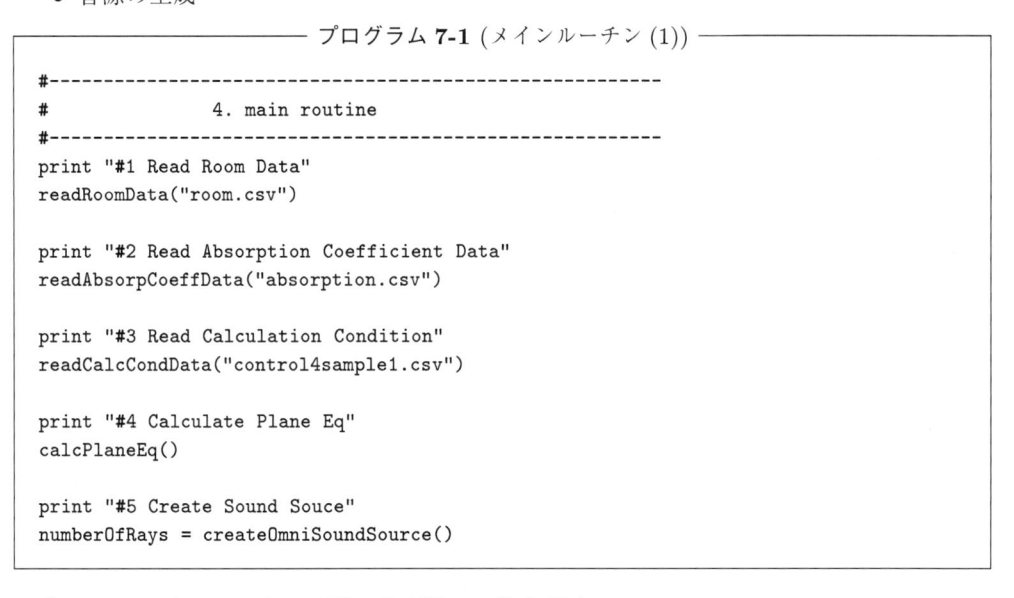

表 7.2 にメインルーチンで用いる変数の一覧を示す．

表 7.2　メインルーチンで用いる変数の一覧 (1)

変数名	変数の意味	型
distance	音粒子が進んだ距離	float64, 1 次元配列（音線の数）
reflectionTimes	反射回数	float64, 1 次元配列（音線の数）
limitDistance	音粒子が進む距離の上限	float64
energy	音粒子のエネルギー	float64, 2 次元配列（音線の数，6 帯域）
crossPoint	音線と壁面の交点	float64, 1 次元配列 (3)
tmpCrossPoint	音線と壁面の交点（一時的）	float64, 1 次元配列 (3)
tmpDistance	壁面までの距離（一時的）	float64
minDistance	壁面までの距離の最小値	float64
crossWallIndex	交差する壁面の番号	int, 1 次元配列（音線の数）
crossPointArchive	交点座標の履歴	float64, 3 次元配列（音線の数，反射回数+1, 3)
echoTime	エコータイムのヒストグラム	float64, 2 次元配列，（配列数，6 帯域）

(2) 音線追跡の計算　　音線追跡の流れは，図 7.12 に示したフローチャートの灰色の部分に対応している。プログラム 7-2 に再掲すると

──────── プログラム 7-2 ────────
```
for (音線の数)
  while( 計算距離（時間）以内　かつ　反射回数以内)
    (a) 交差する壁面を探し，交点を求める
    (b) 交点に至るまでに受音球と交差するか判定する
    (c) 音線の位置と向きを更新する（反射）
```

という流れである。この部分のコードをプログラム 7-3 に示す。なお，プログラムには読みやすいように適宜改行（プログラム中のバックスラッシュ記号）を入れてある。続いて，プログラム 7-2 の (a) ～ (c) について解説する。

──────── プログラム 7-3 (メインルーチン (2)) ────────
```
##################################################
#   main loop
##################################################
for m in range(numberOfRays):
    minDistance = 0.0
    while( distance[m] < limitDistance
           and reflectionTimes[m] < limitNumOfReflectTimes):
    #------------------------------
    #  search crossing wall
    #------------------------------
        for n in range(numberOfWalls):
            if( isTowardWall( rayVector[m], planeEq[n][0:3] ) == True ):
                tmpCrossPoint = \
                    calcCrossPoint(rayVector[m], rayPosition[m], planeEq[n])
                if( norm(tmpCrossPoint) < 10.0**3.0 ):
                                            ### avoid math domain error
                                            ### 10.0 ** 3.0 is magick number
                    if( isInsideWall( tmpCrossPoint, n ) == True ):
                        tmpDistance = \
                            calcPointToPointDistance(tmpCrossPoint, rayPosition[m])
                        if(minDistance == 0.0 or minDistance > tmpDistance):
                            minDistance = tmpDistance
                            crossWallIndex[m] = n
                            crossPoint[m] = tmpCrossPoint

    #----------------------------------------------------
    #  Does a sound ray cross the receiving sphere?
    #----------------------------------------------------
        v1 = pointToVector(rayPosition[m], receiverPosition)
        d = calcPointToLineDistance(rayVector[m], rayPosition[m], receiverPosition)
        if(dot(v1, rayVector[m]) > 0 and d <= radiusReceivingPoint):
            time = (distance[m] \
                + calcPointToPointDistance(rayPosition[m], receiverPosition)) / soundSpeed
            boxIndex = int(time / echoTimeInterval)
            if( boxIndex < numberOfElemofEchoTime ):
                echoTime[boxIndex,:] += energy[m,:]
```

7.5 コーディングの基礎 -sampleRay1.py-

```python
#----------------------------------------------
# reflect and refine sound ray properties
#----------------------------------------------
if(minDistance != 0):
    rayVector[m] = \
      calcReflectionVector(rayVector[m], planeEq[int(crossWallIndex[m])][0:3])
    distance[m] += minDistance
    reflectionTimes[m] += 1
    rayPosition[m] = crossPoint[m]
    energy[m,:] *= (1 - absorpCoeff[absorpCoeffIndex[int(crossWallIndex[m])]])
    crossPointArchive[m, reflectionTimes[m], :]  = crossPoint[m]
    minDistance = 0.0
else:
    print "error!!"
    exit()
```

(a) **交差する壁面を求める**　プログラム 7-3 の search crossing wall の部分である。交差する壁面を決めるには図 **7.13** のように複数の壁面と交差する場合があるため，交差する壁面のなかで一番近い壁面を選択する必要がある。本プログラムでは以下の手順で交差する壁面を判定している。

1. 音線は壁面に向かっているか

2. 交点は壁面の内部にあるか

3. 壁面との距離は一番短いか

これら 3 つの判定は 3 つの if 文で実行されている。なお，"音線は壁面に向かっているか" はローカル関数 isTowardWall() で，"交点は壁面の内部にあるか" は isInsideWall() で実行される。内容については後述する。

もうひとつの if 文は計算エラーを回避するために実行する。具体的には，数値誤差で壁面に向かっていると判定されるが，交点が非常に遠方になる場合，後述する壁面内部にあるか判定する関数内の acos() 関数でゼロ割が発生する。それを回避するために挿入してある。計算アルゴリズムには関係ない。

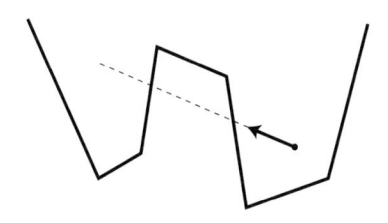

図 **7.13**　どの壁面で反射するか

(b) **受音点と交差するか判定する**　プログラム 7-3 の中の `Does a sound ray cross the recieving sphere?` の部分である。音粒子が受音球を通過するかは

1. 音粒子の方向ベクトルが受音球に向いている

2. 音粒子が描く軌跡の直線と受音球の中心との距離が受音球の半径より短い

の 2 項目を満たしているか判定すればよい（`if` 文参照）。交わることがわかったら，受音球までの距離と時間を計算する。最後に求めた時間からエコータイムの配列にエネルギーを加算する。

(c) **音線の向きと位置を変更する**　プログラム 7-3 の，`reflect and refine sound ray properties` の部分である。

1. 反射方向のベクトルを求める

2. 音線の位置を壁面との交点に更新する

3. 進んだ距離，反射回数の更新

4. 音粒子エネルギーの更新

5. 描画用に壁面との交点を保存する

1. はローカル関数 `calcReflectionVector()` で実行する。

2. は前に求めた `crossPoint` を利用して更新する。

4. は，反射率 $(1-\alpha)$ を乗じて求める。1 行で 6 つの周波数すべてを計算している。

(3) **結果の描画**　結果は `matplotlib` パッケージと `Axes3D` クラスを読み込んで実行する。そのため，プログラムファイルの先頭に

―――――――― プログラム 7-4 ――――――――

```
from mpl_toolkits.mplot3d import Axes3D
import matplotlib.pyplot
```

を記述する。描画に関する記述はプログラム 7-5 のとおりである。

―――――――― プログラム 7-5（メインルーチン (3)）――――――――

```
#---------------------------------------------
#    drawing results
#---------------------------------------------
### drawing ray tracing results
fig1 = matplotlib.pyplot.figure(1, figsize=(5,5))
ax1 = Axes3D(fig1)

for m in range(numberOfRays):
    x = crossPointArchive[m,:,0]
    y = crossPointArchive[m,:,1]
    z = crossPointArchive[m,:,2]
```

```
        ax1.plot(x,y,z, color=[float(numberOfRays-m)/numberOfRays,
                               float(abs(numberOfRays/2-m))/numberOfRays,
                               float(m)/numberOfRays])
matplotlib.pyplot.draw()

### drawing impulse responses
#fig2 = matplotlib.pyplot.figure(2)
#timeScale = linspace(0, totalTimeOfCalc, numberOfElemofEchoTime)
#legend = ['125 Hz', '250 Hz', '500 Hz', '1 kHz', '2 kHz', '4 kHz']
#for n in range(6):
#    matplotlib.pyplot.subplot('32'+str(n+1))
#    matplotlib.pyplot.bar(timeScale, echoTime[:,n], width=echoTimeInterval*0.9)
#    matplotlib.pyplot.xlim([0, totalTimeOfCalc])
#    matplotlib.pyplot.ylim([0, echoTime.max()])
#    matplotlib.pyplot.text(0.8*totalTimeOfCalc, 0.8*echoTime.max(), legend[n])
#    matplotlib.pyplot.ylabel('energy')
#    if n==4 or n==5:
#        matplotlib.pyplot.xlabel('time (s)')

matplotlib.pyplot.show()
```

描画は，音線追跡結果を描く部分と，受音エリアで受音したエコータイムパターンを描く部分がある．エコータイムを描くためには多くの音線数と反射回数が必要なため，デフォルトではコメントアウトしてある．

はじめに音線追跡の結果を描く部分について解説する．最初の 2 行でウィンドウを開き 3 次元グラフを描くためのインスタンスを生成している．

つぎに音線を描くための x, y, z 座標を入れる配列を作成する．crossPointArchive[m, :, 0] の [ ] のなかは

- m 番目の音線

- すべての反射 (:はすべてを表す)

- x 座標 (0 番目)

を表している．つまり，ある音線の反射履歴における x 座標すべてを取り出し，変数 x に代入している．y, z 座標についても同様である．その後，ax1.plot(x, y, z) で 3 次元の音線を描画する．color は見やすいように音線の色を変化させるためのオプションである．

つぎに，エコータイムパターンを描く部分について関数を簡単に説明する．

- linspace(初期値, 終端値, 増分) は，等差数列を作り出す．横軸として利用する．

- subplot(ijk) はフィギュアウィンドウを i 行 j 列に分割して複数のグラフを描く．

- k は k 番目のグラフエリアを指定している．

- bar() は棒グラフを描く関数である．

- xlim(), ylim() はそれぞれ横軸，縦軸の最大，最小値を設定する．

- text() はグラフ内に legend で指定した文字を表示する．

- xlabel(), ylabel() は横軸，縦軸のタイトルを設定する．

7.5.3 関数の定義

本節では，ローカル関数の重要な部分を説明する．

（ 1 ）　各種ファイルの読み込み　　読み込むファイルは ASCII フォーマット，データはカンマ区切り（*.csv）で構成されている．ファイルを開き，行ごとにカンマ区切りで読み込み，必要なデータ部分を変数に格納する作業である．ファイルを開くためには

―――― プログラム 7-6 ――――
```
file = open(ファイル名, "r")
```

file という変数にファイルの存在位置，名称，読み書きの情報を格納する．カンマ区切りのデータを1行ごとに読み込むためには

―――― プログラム 7-7 ――――
```
itemList = file.readline().split(',')
```

とする．変数 itemList にリスト型でデータが格納される．例えば，先頭データを float64 型で変数 num に代入するためには

―――― プログラム 7-8 ――――
```
num = float64(itemList[0])
```

とすればよい．壁面のデータは壁面によって頂点の数が異なるので，頂点の数 m に合わせたリストの長さをもつ変数 wall[m] を生成し，代入をする方法を採っている．

―――― プログラム 7-9 ――――
```
for m in range(numberOfWalls):
    itemList = file.readline().split(',')
    wall[m] = (len(itemList) - 3) * [0]
    for n in range(len(itemList)):
        if(n == 0):
            # 壁面の番号
            wallIndex = int(itemList[n])
        elif(n == 1):
            # 吸音率の番号
            absorpCoeffIndex[m] = int(itemList[n])
        elif(n == 2):
```

```
            # 頂点の数
            numberOfApexes[m] = int(itemList[n])
        else:
            # 壁面を構成する頂点番号のリストを wall に格納
            wall[m][n-3] = int(itemList[n])
```

吸音率のデータベースは，データ番号と材料名は読み飛ばし，125 Hz から 4 kHz までの 6 データを代入するので

―――― プログラム 7-10 ――――
```
for m in range(numberOfMaterials):
    for n in range(6):
        absorpCoeff[m][n] = float64(itemList[n+2])
```

としている。

（2） 平面の方程式を求める　　平面の方程式は，壁面を定義するために必要である。

$$ax + by + cz + d = 0 \tag{7.11}$$

方程式の係数は 3 点の座標から求められる。また，法線ベクトルの成分 $\boldsymbol{n}(a,b,c)$ でもある。

図 **7.14** に示すように，p_1, p_2, p_3 の 3 点から平面の方程式を求める。$\boldsymbol{v}_1$, $\boldsymbol{v}_2$ を求め，この 2 つのベクトルの外積（クロス積）が平面の法線ベクトルとなるから，$\boldsymbol{v}_1 = (v_{1x}, v_{1y}, v_{1z})$, $\boldsymbol{v}_2 = (v_{2x}, v_{2y}, v_{2z})$ とすれば

$$\boldsymbol{v}_1 \times \boldsymbol{v}_2 = \begin{pmatrix} v_{1y}v_{2z} - v_{1z}v_{2y} \\ v_{1z}v_{2x} - v_{1x}v_{2z} \\ v_{1x}v_{2y} - v_{1y}v_{2x} \end{pmatrix} = \begin{pmatrix} a \\ b \\ c \end{pmatrix} \tag{7.12}$$

と求められる。また切片 d は，式 (7.11) に任意の頂点座標を代入することで求められる。

プログラムで注意する点を以下にあげる。

- 外積は `cross()` 関数を用いる。また他の計算に用いるため，単位ベクトルになるよう正規化する。

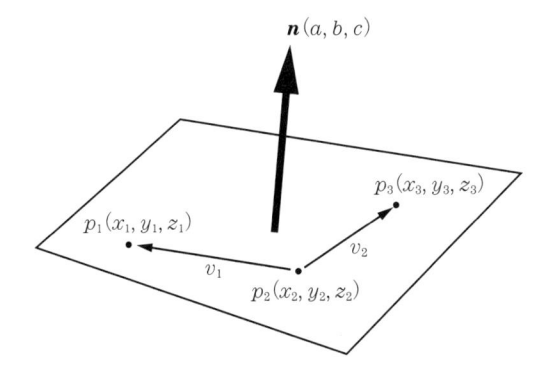

図 **7.14**　平面上の 3 点と法線ベクトル

- 単位ベクトルにするためには norm() 関数で得た値で除せばよい。

―――― プログラム **7-11** ――――
```
def calcPlaneEq():
    global planeEq
    planeEq = zeros((numberOfWalls,4), "float64")
    for m in range(numberOfWalls):
        p1 = point[wall[m][0]]
        p2 = point[wall[m][1]]
        p3 = point[wall[m][2]]

        v1 = pointToVector(p2, p1)
        v2 = pointToVector(p2, p3)

        normalVector = cross(v1, v2)
        normalVector /= norm(normalVector)
        planeEq[m][0:3] = normalVector
        d = (-1.0) * (normalVector[0]*p1[0]
                    + normalVector[1]*p1[1]
                    + normalVector[2]*p1[2])
        planeEq[m][3] = d
```

（3）**直線と平面の交点を求める**　直線と平面の交点を求める関数は，音線と壁面の交点を求める際に利用する。直線の方程式は方向ベクトル $\boldsymbol{v}(v_x, v_y, v_z)$ と位置ベクトル $\boldsymbol{p}(x_1, y_1, z_1)$，媒介変数 t を用いて

$$t\boldsymbol{v} + \boldsymbol{p} \tag{7.13}$$

と表すことができる。壁面と交わるとき変数 t の値は式 (7.14) によって求めることができる。

$$t = -\frac{ax_1 + by_1 + cz_1 + d}{av_x + bv_y + cv_z} \tag{7.14}$$

プログラムは式 (7.14) を忠実に記述するだけである。

―――― プログラム **7-12** ――――
```
def calcCrossPoint(v, p, pe):
    crossPoint = zeros(3, "float64")
    a, b, c, d = pe
    t = -(a*p[0] + b*p[1] + c*p[2] + d) / (a*v[0] + b*v[1] + c*v[2])
    for n in range(3):
        crossPoint[n] = p[n] + t*v[n]
    return crossPoint
```

（4）**点と直線の距離を求める**　点と直線の距離を求める関数は，音線が受音球と交差するか判定する際に用いる。距離は以下の手順で求める（図 **7.15**）。

- 直線から離れた点 $\boldsymbol{p}_2$ から直線に降ろした垂線との交点 $\boldsymbol{h}$ を求める

- $\boldsymbol{p}_2$ と $\boldsymbol{h}$ の 2 点の距離を求める

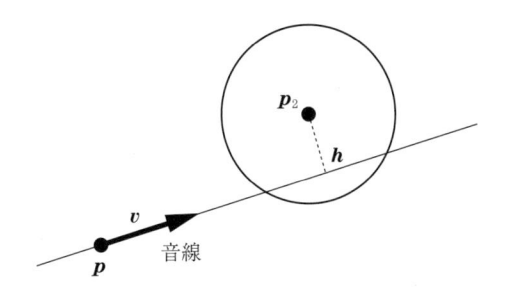

7.5 コーディングの基礎 -sampleRay1.py-

図 7.15 点と直線の距離を求める

直線から離れた点を $p_2(x_2, y_2, z_2)$, 直線の方程式を式 (7.13) とすると, 交点 $h(x_h, y_h, z_h)$ を決める変数 t は

$$t = \frac{v \cdot (p_2 - p)}{v \cdot v} \tag{7.15}$$

で求めることができる。プログラムは式 (7.15) を忠実に記述すればよい。なお, 解説しないが calcPointToPointDistance() も独自の関数である。

―― プログラム 7-13 ――
```
def calcPointToLineDistance(v, p1, p2):
    t = dot(v,(p2-p1)) / dot(v,v)
    h = t * v1 + p1
    d = calcPointToPointDistance(h, p2)
    return d
```

（5） 音線が壁面に向かっているか判定する　音線が壁面に当たるか判定するためには, まず音線が壁面に向かっているか判定する必要がある。判定は, 音線の方向ベクトルと壁面の法線ベクトルの内積を求め, 値が負であればよい (図 **7.16**)。

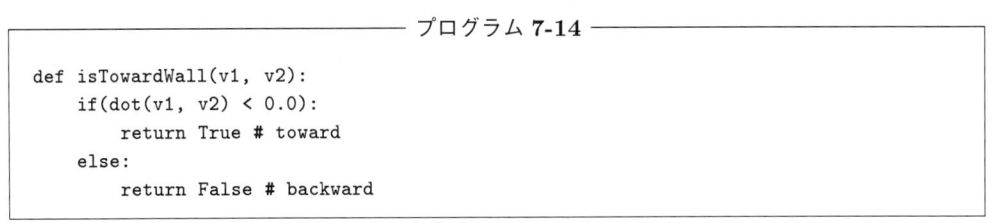

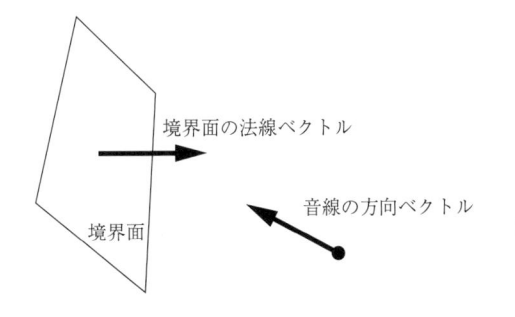

―― プログラム 7-14 ――
```
def isTowardWall(v1, v2):
    if(dot(v1, v2) < 0.0):
        return True # toward
    else:
        return False # backward
```

図 7.16 音線は平面に向かっているか

（6）音線と平面の交点が壁面内にあるか判定する
交点が壁面内に存在するか判定する方法はいくつかあるが，簡便かつ処理負荷が少ない方法を採用する。

壁面の頂点と交点を結ぶ直線がなす角度を考える。頂点の選び方は時計回りもしくは反時計回りどちらでもよい。ただし，角度はπ以下とし，回転方向から角度の正負を考慮する。

図 **7.17** に示すように，交点が内部にあるときは角度の和が 2π，外部にあるときには 0 となる。このアルゴリズムを以下の処理で実現している。

- 交点と 2 つの頂点からベクトル v_1, v_2 を求める
- 内積から角度を求める
- 回転方向を求める
- すべての角度の和を求め，0 か 2π か判定する

コーディングは多少煩雑で，プログラム 7-15 のようになる。和が正確に 2π になることはないので，99%以上101%以下であれば内部としている。

交点が内部
$\theta_{12} + \theta_{23} + \theta_{34} + \theta_{41} = 2\pi$

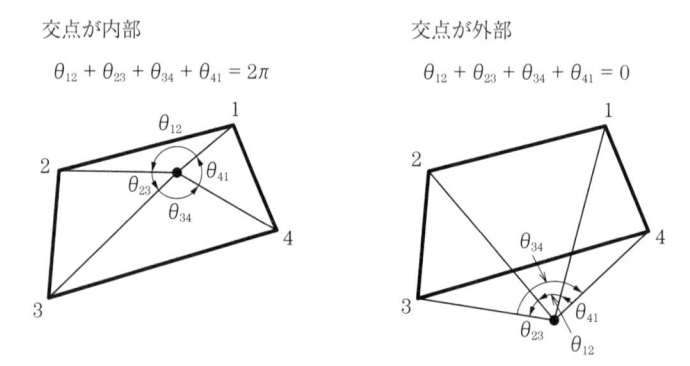

交点が外部
$\theta_{12} + \theta_{23} + \theta_{34} + \theta_{41} = 0$

図 **7.17** 音線と平面の交点は壁面内に存在するか

―― プログラム 7-15 ――
```
def isInsideWall(p1, wallIndex):
    totalDegreeOfAngles = 0.0
    for m in range(numberOfApexes[wallIndex] - 1):
        v1 = pointToVector(point[wall[wallIndex][m]], p1)
        v2 = pointToVector(point[wall[wallIndex][m+1]], p1)
        angle = acos( dot(v1,v2) / (norm(v1)*norm(v2)) )
        isClockwise = dot( cross(v1,v2), planeEquation[wallIndex][0:3] )
        if( isClockwise > 0.0):
            angle *= -1
        totalDegreeOfAngles += angle
    v1 = pointToVector(point[wall[wallIndex][numberOfApexes[wallIndex] - 1]], p1)
    v2 = pointToVector(point[wall[wallIndex][0]], p1)
    angle = acos( dot(v1,v2) / (norm(v1)*norm(v2)) )
    isClockwise = dot( cross(v1,v2), planeEquation[wallIndex][0:3] )
    if( isClockwise > 0.0):
```

```
        angle *= -1
totalDegreeOfAngles += angle

if(totalDegreeOfAngles > 2.0*pi*0.99 and \
   totalDegreeOfAngles < 2.0*pi*1.01):
                        # 0.99 and 1.01 is magic number
    return True
else:
    return False
```

（7）**反射波の方向ベクトルを求める**　入射波の方向ベクトル v_i と壁面の法線ベクトル v_n の両方が単位ベクトルであるとき，反射の方向ベクトル v_r は以下の式によって求められる。

$$v_r = v_i - 2(v_n \cdot v_i)v_n \tag{7.16}$$

なおコーディングでは念のため，算出したベクトルに対して単位ベクトルとなるよう正規化している。

―――――― プログラム 7-16 ――――――
```
def calcReflectionVector(vi, vn):
    reflectionVector = vi - 2 * dot(vn,vi) * vn
    reflectionVector  /= norm(reflectionVector)
    return reflectionVector
```

7.5.4　音源の生成

音源は全（無）指向性点音源を仮定する場合について解説する。

まず音粒子と音粒子の間隔を考える前に，ある音粒子の配置（並び）を考える。音粒子が格子状に並んでいるとき，格子の最小単位を正方形と考えれば，隣どうしの音粒子と対角にある音粒子の距離差が $\sqrt{2}$ 倍となるため，音粒子の間隔がすべて等しくならない。そこで格子は，図 **7.18** のようにすべて正三角形で構成されていると考える。

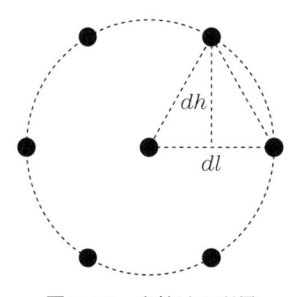

図 **7.18**　音粒子の配置

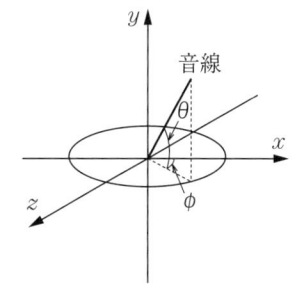

図 **7.19**　3 次元直交座標系における極座標（水平角と鉛直角）の定義

音粒子の個数を N とする．音線 1 本当りの立体角 $d\Omega$ とすると $d\Omega = 4\pi/N$ である．これが正三角形の面積と等しいと考えると，正三角形 1 辺の長さ dl は $dl = \sqrt{2d\Omega/\sqrt{3}}$ と求められる．正三角形の高さは dh は dl の $\sqrt{3}/2$ である．ここで図 **7.19** に示すように水平角 ϕ, 鉛直角 θ を考えよう．半径 1 の円を考えれば，dl は水平方向の変化角 $d\phi$, dh は鉛直方向の変化角 $d\theta$ に対応する．

プログラムは，半径 1 の円を考え鉛直角 θ を $-\pi/2$ から $\pi/2$ まで変化させたときに，それぞれの円周の長さを $d\phi$ で割った（かつ整数に丸めた）個数で分割した点を求め，音粒子の水平方向の方向ベクトルとする．ただし正三角形にするため，ひとつおきに始点を $d\phi/2$ ずらす．音線の本数は設定した本数と等しくならず多少ずれるため，音線数を変数 actualNumberOfRays を用いて数え，戻り値として返している．

─── プログラム 7-17 ───

```
def createOmniSoundSource():
    global rayVector
    global rayPosition
    global actualNumberOfRays
    rayVector = zeros((numberOfRays,3), "float64")
    rayPosition = zeros((numberOfRays,3), "float64")
    d_omega = 4.0*pi/numberOfRays
    d_phi = sqrt(2.0*d_omega/sqrt(3.0))
    d_theta = sqrt(3.0)*d_phi/2.0
    theta = -pi/2.0
    actualNumberOfRays = 0
    counter = 0;
    while(theta <= pi/2.0):
        numberOfRaysOn_H_plane = int(round(cos(theta)*2.0*pi/d_phi))
        if(actualNumberOfRays + numberOfRaysOn_H_plane <= numberOfRays):
            for n in range(actualNumberOfRays,
                           actualNumberOfRays + numberOfRaysOn_H_plane):
                if(mod(counter,2) == 0):
                    m = n
                else:
                    m = n + 1/2
                rayVector[n][0] = cos(2*pi*m/numberOfRaysOn_H_plane) * cos(theta)
                rayVector[n][1] = sin(2*pi*m/numberOfRaysOn_H_plane) * cos(theta)
                rayVector[n][2] = sin(theta)
                rayPosition[n] = soundSourcePosition
            actualNumberOfRays += numberOfRaysOn_H_plane
        if(actualNumberOfRays == numberOfRays):
            break
        theta += d_theta
        counter += 1
    print 'Actual number of Sound Rays: ', actualNumberOfRays
    return actualNumberOfRays
```

7.5.5 sampleRay1.py 実行例

（1） **音線の表示**　音源から出た音線が，壁面できちんと反射しているか確認する。ここでは描画速度を考慮し，音線数，反射回数を少なくして反射の様子を確認する。計算に必要な情報は control4sample1.csv に記述する。

設定内容をプログラム 7-18 に示す。ここでは音線数を 100 本，反射回数を 3 回として実行した結果を図 **7.20** 示す。

―――――――― プログラム **7-18** (control4sample1.csv の内容) ――――――――

```
[sound speed (m/s)], 340
[sound source position (x y z)], 0, 0, 0
[number of sound rays], 100
[recieve position (x y z)], 8, 7, 9
[radius of recive point (m)], 0.5
[limit number of reflection times], 3
[calculation total time (sec)], 1
[echo time interval (sec)], 0.005
```

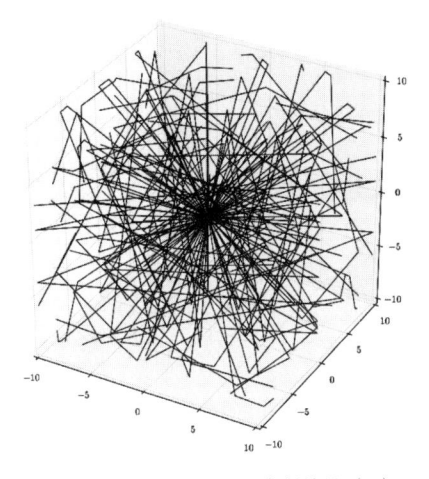

図 **7.20**　sampleRay1.py 実行結果（1）

（2） **エコータイムヒストグラムの表示**　つぎに，エコータイムのヒストグラムを表示するために，設定とプログラムを変更して再度実行する。

まず，control4sample1.csv に記述した内容をプログラム 7-19 のように書き換える。つぎに，sampleRay1.py の最後 fig2 以下にある各行先頭のコメントを削除する。一方，音線を描くと大変なので，sampleRay1.py の fig1 の描画に関する部分は全てコメントアウトする。

192   7. 音　線　法

音線の本数は 10 万本としている。計算時間は 2.53GHz Intel Core2Duo (Mac OS 10.6.4) で約 25 分ほど要する。Python はインタプリタ言語なので非常に時間がかかるが，Fortran や C 言語で記述，計算すれば大幅な高速化が望める。実行結果を図 **7.21** に示す。

プログラム 7-19 (control4sample1.csv の内容)

```
[sound speed (m/s)], 340
[sound source position (x y z)], 0, 0, 0
[number of sound rays], 100000
[recieve position (x y z)], 8, 7, 9
[radius of recive point (m)], 0.5
[limit number of reflection times], 10
[calculation total time (sec)], 1
[echo time interval (sec)], 0.005
```

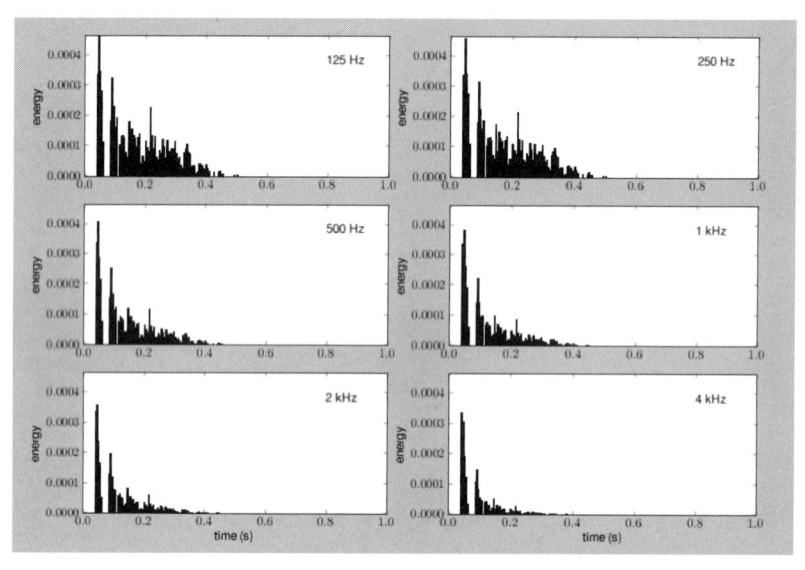

図 **7.21**　sampleRay1.py 実行結果（2）

7.5.6　sampleRay1.py 全プログラム

sampleRay1.py の全プログラムコードをプログラム 7-20 に示す。

プログラム 7-20 (sampleRay1.py 全プログラム)

```python
from numpy import array, dot, float64, linspace
from scipy import pi, sqrt, zeros, ones, random, mod, cross
from math import cos, sin, acos
from scipy.linalg import norm
from mpl_toolkits.mplot3d import Axes3D
import matplotlib.pyplot

#-------------------------------------------------------------------------
#                       1. reading data fuction series
```

7.5 コーディングの基礎 -sampleRay1.py-

```python
#--------------------------------------------------------------------------------
######################################
#### 1.1 read room data           ####
######################################
# @param 1 : file name of room data
#
def readRoomData( roomDataFileName ):
    file = open(roomDataFileName, "r")

    ### read point data
    global numberOfPoints
    global point

    numberOfPoints = int( file.readline() )
    print "number of point: ", numberOfPoints
    point = zeros( (numberOfPoints,3), "float64")

    for m in range(numberOfPoints):
        itemList = file.readline().split(',')
        for n in range(len(itemList)):
            if(n == 0):
                num = int(itemList[n])
            else:
                point[m][n-1] = float64(itemList[n])

    ### read wall data
    global numberOfWalls
    global absorpCoeffIndex
    global numberOfApexes
    global wall

    numberOfWalls = int(file.readline())
    numberOfApexes = zeros(numberOfWalls, "int")
    wall = numberOfWalls*[0]
    absorpCoeffIndex = zeros(numberOfWalls, "int")

    for m in range(numberOfWalls):
        itemList = file.readline().split(',')
        wall[m] = (len(itemList) - 3)*[0]
        for n in range(len(itemList)):
            if(n == 0):
                wallIndex = int(itemList[n])
            elif(n == 1):
                absorpCoeffIndex[m] = int(itemList[n])
            elif(n == 2):
                numberOfApexes[m] = int(itemList[n])
            else:
                wall[m][n-3] = int(itemList[n])
    file.close()

##############################################
#### 1.2 read absorption coefficient data ####
##############################################
# @param 1 :file name of absorption coefficient
```

```
#
def readAbsorpCoeffData( absorpCoeffDataFileName ):
    file = open(absorpCoeffDataFileName, "r")

    global numberOfMaterials
    global absorpCoeff

    numberOfMaterials = int(file.readline())

    absorpCoeff = zeros((numberOfMaterials,6), "float64")

    for m in range(numberOfMaterials):
        itemList = file.readline().split(',')
        for n in range(6):
            absorpCoeff[m][n] = float64(itemList[n+2])

    file.close()

##############################################
#### 1.3 read calculation condtion data    ####
##############################################
# @param 1: file name of calculation condition
#
def readCalcCondData( calcCondFileName ):
    file  = open(calcCondFileName, "r")

    global soundSpeed
    global soundSourcePosition
    global numberOfRays
    global receiverPosition
    global radiusReceivingPoint
    global limitNumOfReflectTimes
    global totalTimeOfCalc
    global echoTimeInterval

    soundSpeed = float(file.readline().split(',')[1])

    soundSourcePosition = zeros(3, "float64")
    itemList = file.readline().split(',')[1:4]
    for n in range(3):
        soundSourcePosition[n] = float64(itemList[n]);
    numberOfRays = int(file.readline().split(',')[1])

    receiverPosition = zeros(3, "float64")
    itemList = file.readline().split(',')[1:4]
    for n in range(3):
        receiverPosition[n] = float64(itemList[n]);

    radiusReceivingPoint = float64(file.readline().split(',')[1])

    limitNumOfReflectTimes = int(file.readline().split(',')[1])

    totalTimeOfCalc = float64(file.readline().split(',')[1])
```

7.5 コーディングの基礎 -sampleRay1.py-

```python
        echoTimeInterval = float64(file.readline().split(',')[1])


#------------------------------------------------------------------------------
#2. geometrical function series for ray tracing
#------------------------------------------------------------------------------
#########################################
#### 2.1 vectorization from 2 points ####
#########################################
# @param p1: point 1 (x1, y1, z1)
# @param p2: point 2 (x2, y2, z2)
#
def pointToVector( p1, p2 ):
    v = array(p2 - p1)
    return v


#######################################
#### 2.2 calculate plane equation ####
#######################################
#
def calcPlaneEq():
    global planeEq
    planeEq = zeros((numberOfWalls,4), "float64")
    for m in range(numberOfWalls):
        p1 = point[wall[m][0]]
        p2 = point[wall[m][1]]
        p3 = point[wall[m][2]]

        v1 = pointToVector(p2, p1)
        v2 = pointToVector(p2, p3)

        normalVector = cross(v1, v2)
        normalVector /= norm(normalVector)
        planeEq[m][0:3] = normalVector
        d = (-1.0) * (normalVector[0]*p1[0]
                    + normalVector[1]*p1[1]
                    + normalVector[2]*p1[2])
        planeEq[m][3] = d
        print planeEq[m]

################################################################
#### 2.3 calculate cross point from one plane and one line ####
################################################################
# @param 1 v: vector of sound ray (vx, vy, vz)
# @param 2 p: point on sound ray (x1, y1, z1)
# @param 3 pe: plane equation coefficient (a, b, c, d)
#
def calcCrossPoint(v, p, pe):
    crossPoint = zeros(3, "float64")
    a, b, c, d = pe
    t = -(a*p[0] + b*p[1] + c*p[2] + d) / (a*v[0] + b*v[1] + c*v[2])
    for n in range(3):
        crossPoint[n] = p[n] + t*v[n]
    return crossPoint
```

```
#################################################
#### 2.4 calculate the distance of two points ####
#################################################
# @param p1: point1 (x1, y1, z1)
# @param p2: point2 (x2, y2, z2)
#
def calcPointToPointDistance(p1, p2):
    d = norm(p2 - p1)
    return d


#########################################################
#### 2.5 calculate the distance from a point to a line ####
#########################################################
# @param v: the vector of a line (vx, vy, vz)
# @param p1: a point on a line (x1, y1, z1)
# @param p2: a point away from a line (x2, y2, z2)
#
def calcPointToLineDistance(v, p1, p2):
    t = dot(v,(p2-p1)) / dot(v,v)
    h = t * v + p1                         ## cross point: h(x, y, z)
    d = calcPointToPointDistance(h, p2)
    return d


#################################
#### 2.6 create sound source  ###
#################################
#
def createOmniSoundSource():
    global rayVector
    global rayPosition
    global actualNumberOfRays
    rayVector = zeros((numberOfRays,3), "float64")
    rayPosition = zeros((numberOfRays,3), "float64")
    d_omega = 4.0*pi/numberOfRays
    d_phi = sqrt(2.0*d_omega/sqrt(3.0))
    d_theta = sqrt(3.0)*d_phi/2.0
    theta = -pi/2.0
    actualNumberOfRays = 0
    counter = 0;
    while(theta <= pi/2.0):
        numberOfRaysOn_H_plane = int(round(cos(theta)*2.0*pi/d_phi))
        if(actualNumberOfRays + numberOfRaysOn_H_plane <= numberOfRays):
            for n in range(actualNumberOfRays,
                           actualNumberOfRays + numberOfRaysOn_H_plane):
                if(mod(counter,2) == 0):
                    m = n
                else:
                    m = n + 1/2
                rayVector[n][0] = cos(2*pi*m/numberOfRaysOn_H_plane)*cos(theta)
                rayVector[n][1] = sin(2*pi*m/numberOfRaysOn_H_plane)*cos(theta)
                rayVector[n][2] = sin(theta)
                rayPosition[n] = soundSourcePosition
            actualNumberOfRays += numberOfRaysOn_H_plane
```

```
            if(actualNumberOfRays == numberOfRays):
                break
            theta += d_theta
            counter += 1
    print 'Actual number of Sound Rays: ', actualNumberOfRays
    return actualNumberOfRays



#-------------------------------------------------------------------------------
#                   3. collision detection function series
#-------------------------------------------------------------------------------
#########################################################
### 3.1 Is a sound ray going toward or backward a wall? ####
#########################################################
# @param v1: vector of a sound ray
# @param v2: normal vector of a wall
#
def isTowardWall(v1, v2):
    if(dot(v1, v2) < 0.0):
        return True # toward
    else:
        return False # backward


######################################
### 3.2 Is a point inside a wall? ####
######################################
# @param p1: a point on a plane
# @param wallIndex: Index of a wall
#
def isInsideWall(p1, wallIndex):
    totalDegreeOfAngles = 0.0
    for m in range(numberOfApexes[wallIndex] - 1):
        v1 = pointToVector(point[wall[wallIndex][m]], p1)
        v2 = pointToVector(point[wall[wallIndex][m+1]], p1)
        angle = acos( dot(v1,v2) / (norm(v1)*norm(v2)) )
        isClockwise = dot( cross(v1,v2), planeEq[wallIndex][0:3] )
        if( isClockwise > 0.0 ):
                angle *= -1
        totalDegreeOfAngles += angle
    v1 = pointToVector(point[wall[wallIndex][numberOfApexes[wallIndex] - 1]], p1)
    v2 = pointToVector(point[wall[wallIndex][0]], p1)
    angle = acos( dot(v1,v2) / (norm(v1)*norm(v2)) )
    isClockwise = dot( cross(v1,v2), planeEq[wallIndex][0:3] )
    if( isClockwise > 0.0 ):
        angle *= -1
    totalDegreeOfAngles += angle

    if(totalDegreeOfAngles > 2.0*pi*0.99 and \
       totalDegreeOfAngles < 2.0*pi*1.01):
                            # 0.99 and 1.01 is magic number
        return True
    else:
        return False
```

```
#########################################
### 3.3 calculate reflection vector #####
#########################################
# @param vi: incident vector of line
# @param vn: normal vector of plane
#
def calcReflectionVector(vi, vn):
    reflectionVector = vi - 2 * dot(vn,vi) * vn
    reflectionVector  /= norm(reflectionVector)
    return reflectionVector




#------------------------------------------------------
#                 4. main routine
#------------------------------------------------------
print "#1 Read Room Data"
readRoomData("room.csv")

print "#2 Read Absorption Coefficient Data"
readAbsorpCoeffData("absorption.csv")

print "#3 Read Calculation Condition"
readCalcCondData("control4sample1.csv")

print "#4 Calculate Plane Eq"
calcPlaneEq()

print "#5 Create Sound Souce"
numberOfRays = createOmniSoundSource()

print "#6 Shoot off Sound Rays!!!!!!"

########################################
### define local varies
########################################
## propageted distance
distance = zeros((numberOfRays,1), "float64")

## number of reflection times
reflectionTimes = zeros((numberOfRays, 1), "int")

## maximum distance for calculation
limitDistance = totalTimeOfCalc * soundSpeed

# energy of all sound particle in each 1/1 octave band (125 to 4k Hz)
energy = ones((numberOfRays,6), "float64") / numberOfRays

## closs point coordinates
crossPoint = zeros((numberOfRays,3), "float64")

## temporary cross point coordinates
tmpCrossPoint = zeros((numberOfRays,3), "float64")
```

7.5 コーディングの基礎 -sampleRay1.py-

```python
## minimum length to cross point
minDistance = 0.0

## index of reflection wall
crossWallIndex = zeros((numberOfRays,1), "int")

## closs point coordinates for every reflection time
crossPointArchive = zeros((numberOfRays, limitNumOfReflectTimes+1, 3), "float64")
for n in range(numberOfRays):
    crossPointArchive[n][0] = soundSourcePosition

### number of elements of array in echo time pattern
numbeOfElemofEchoTime = int(totalTimeOfCalc/echoTimeInterval+1)

### echo time pattern in each 1/1 octave band (125 to 4k Hz)
echoTime = zeros((numbeOfElemofEchoTime, 6), "float64")

###################################################
#   main loop
###################################################
for m in range(numberOfRays):
    minDistance = 0.0
    while( distance[m] < limitDistance
           and reflectionTimes[m] < limitNumOfReflectTimes):
        #------------------------------
        # search crossing wall
        #------------------------------
        for n in range(numberOfWalls):
            if( isTowardWall( rayVector[m], planeEq[n][0:3] ) == True ):
                tmpCrossPoint = \
                    calcCrossPoint(rayVector[m], rayPosition[m], planeEq[n])
                if( norm(tmpCrossPoint) < 10.0**3.0 ):
                                        ### avoid math domain error
                                        ### 10.0 ** 3.0 is magick number
                    if( isInsideWall( tmpCrossPoint, n ) == True ):
                        tmpDistance = \
                            calcPointToPointDistance(tmpCrossPoint, rayPosition[m])
                        if(minDistance == 0.0 or minDistance > tmpDistance):
                            minDistance = tmpDistance
                            crossWallIndex[m] = n
                            crossPoint[m] = tmpCrossPoint

        #----------------------------------------------------
        # Does a sound ray cross the receiving sphere?
        #----------------------------------------------------
        v1 = pointToVector(rayPosition[m], receiverPosition)
        d = calcPointToLineDistance(rayVector[m], rayPosition[m], receiverPosition)
        if(dot(v1, rayVector[m]) > 0 and d <= radiusReceivingPoint):
            time = (distance[m] \
                    + calcPointToPointDistance(rayPosition[m], receiverPosition)) \
                   / soundSpeed
            boxIndex = int(time / echoTimeInterval)
            if( boxIndex < numbeOfElemofEchoTime ):
                echoTime[boxIndex,:] += energy[m,:]
```

```
                #-----------------------------------------------
                # reflect and refine sound ray properties
                #-----------------------------------------------
                if(minDistance != 0):
                    rayVector[m] = \
                      calcReflectionVector(rayVector[m], planeEq[int(crossWallIndex[m])][0:3])
                    distance[m] += minDistance
                    reflectionTimes[m] += 1
                    rayPosition[m] = crossPoint[m]
                    energy[m,:] *= (1 - absorpCoeff[absorpCoeffIndex[int(crossWallIndex[m])]])
                    crossPointArchive[m, reflectionTimes[m], :] = crossPoint[m]
                    minDistance = 0.0
                else:
                    print "error!!"
                    exit()

#-----------------------------------------
#    drawing results
#-----------------------------------------
### drawing ray tracing results
fig1 = matplotlib.pyplot.figure(1, figsize=(5,5))
ax1 = Axes3D(fig1)

for m in range(numberOfRays):
    x = crossPointArchive[m,:,0]
    y = crossPointArchive[m,:,1]
    z = crossPointArchive[m,:,2]
    ax1.plot(x,y,z, color=[float(numberOfRays-m)/numberOfRays,
                           float(abs(numberOfRays/2-m))/numberOfRays,
                           float(m)/numberOfRays])
matplotlib.pyplot.draw()

### drawing impulse responses
#fig2 = matplotlib.pyplot.figure(2)
#timeScale = linspace(0, totalTimeOfCalc, numbeOfElemofEchoTime)
#legend = ['125 Hz', '250 Hz', '500 Hz', '1 kHz', '2 kHz', '4 kHz']
#for n in range(6):
#    matplotlib.pyplot.subplot('32'+str(n+1))
#    matplotlib.pyplot.bar(timeScale, echoTime[:,n], width=echoTimeInterval*0.9)
#    matplotlib.pyplot.xlim([0, totalTimeOfCalc])
#    matplotlib.pyplot.ylim([0, echoTime.max()])
#    matplotlib.pyplot.text(0.8*totalTimeOfCalc, 0.8*echoTime.max(), legend[n])
#    matplotlib.pyplot.ylabel('energy')
#    if n==4 or n==5:
#        matplotlib.pyplot.xlabel('time (s)')

matplotlib.pyplot.show()
```

7.6 コーディングの応用 -sampleRay2.py-

音線法は音の伝搬の様子を視覚化することもできる。ここでは，前節で解説した`sampleRay1.py`と各種設定ファイル`control4sample1.csv`を改良して，指定した時間間隔ごとに音粒子を描くプログラム`sampleRay2.py`を作成する。

7.6.1 プログラムの概要

プログラムの変更部分は各種設定の追加とメインルーチンの部分である。

各種設定ファイル`control4sample1.csv`の末尾に以下を追加し`control4sample2.csv`とする。

───── プログラム 7-21 ─────
```
[calculation time interval (sec)], 0.005
```

また，`sampleRay1.py`のなかで，各種設定ファイルを読み込む`readCalcCondData`関数の定義部分に以下を追加し`sampleRay2.py`とする。

───── プログラム 7-22 ─────
```
global timeInterval
timeInterval = float64(file.readline().split(',')[1])
```

メインルーチンを全て書き直す。変更は大きく

- 変数宣言
- 音線の追跡計算
- 描画

の3点に分けられる。以降で詳しく説明する。

（1）変　　数　`sampleRay1.py`から利用しないものを削除し必要なものを加えた。表**7.3**にメインルーチンで用いる変数の一覧を示す。

7. 音線法

表 7.3 メインルーチンで用いる変数の一覧（2）

変数名	変数の意味	型
distance	音粒子が進んだ距離	float64, 1次元配列（音線の数）
reflectionTimes	反射回数	float64, 1次元配列（音線の数）
limitDistance	音粒子が進む距離の上限	float64
energy	音粒子のエネルギー	float64, 2次元（音線の数, 6帯域）
crossPoint	音線と壁面の交点	float64, 1次元配列（3）
tmpCrossPoint	音線と壁面の交点（一時的）	float64, 1次元配列（3）
tmpDistance	壁面までの距離（一時的）	float64
minDistance	壁面までの距離の最小値	float64
crossWallIndex	交差する壁面の番号	int, 1次元配列（音線の数）
aliveOrDead	音線の生死を示すフラグ	int, 1次元配列（音線の数）

（2）時間ステップごとの計算 音線の追跡計算はプログラム 7-23 のように組み立て直す。

───── プログラム 7-23 (時間ステップごとに描くための計算ルーチン) ─────

```
for (時間ステップ)
  for (音粒子の数)
    (残り距離) = (1 ステップで進む距離)
    while (残り距離が 0 でないなら)
      (1) あたる壁を探し，壁までの距離を求める
      if (残り距離が壁までの距離よりも長い場合（すなわち壁に当たる場合）)
          (2) 音粒子位置を壁まで移動し，反射ベクトルを求める
          (3) 残り距離から壁までの距離を減じ更新する
      else
          (4) （壁に当たらないので）残り距離だけ移動し，音粒子位置を更新する
```

1 ステップで進む距離を"残り距離"の初期値とし，変数名 `leftDistance` に代入する。この `leftDistance` が 0 になるまで計算を続ける。このアルゴリズムを Python で記述するとプログラム 7-24 のようになる。なお，可読性を高めるため，当たる壁面を探す部分を `searchCrossWall()` 関数として事前に定義している。また，`drawScat()` 関数は描画のための関数である。内容については後述する。

───── プログラム 7-24 (時間ステップごとに描くための計算ルーチン（プログラム）) ─────

```python
for k in range(int(totalTimeOfCalc/timeInterval)+1):
    if(sum(aliveOrDead) == 0):
        break
    for m in range(numberOfRays):
        #-------------------------------
        #  search cross wall
        #-------------------------------
        leftDistance = timeInterval * soundSpeed
        while(leftDistance != 0.0):
            searchCrossWall(m)
            #-------------------------------
            # Do this ray hit the wall?
```

```
                    #-------------------------------
                    if(minDistance <= leftDistance and aliveOrDead[m] == True):
                        #---------------------------------------------
                        # move to wall surface and refine sound ray properties
                        #---------------------------------------------
                        rayVector[m] = calcReflectionVector(rayVector[m],
                                        planeEquation[int(crossWallIndex[m])][0:3])
                        rayPosition[m] = crossPoint[m]
                        reflectionTimes[m] += 1
                        if(reflectionTimes[m] == limitNumOfReflectTimes+1):
                            aliveOrDead[m] = False
                            rayPosition[m] = [1000, 1000, 1000]   ## go far away!!
                        leftDistance -= minDistance
                        minDistance = 0.0
                    else:
                        rayPosition[m] += rayVector[m] * leftDistance
                        leftDistance = 0.0
                        minDistance = 0.0
    drawScat()
```

（**3**）**描　　画**　描画ルーチンは計算前に一度実行し，さらに計算ステップごとに実行する．そこで描画する部分を drawScat() 関数として定義し，計算ルーチンのなかで実行する．関数の内容をプログラム 7-25 に示し，以下に注意点を述べる．描画は scatter() 関数を用いる．引数の c は粒子それぞれの色を示す変数であり，反射回数により色を変化させる．色の最小値は vmin，最大値は vmax で指定する．つぎの段階で消すための準備として oldScat=scat を実行している．show() で一度画面に表示した後，アニメーションのために collections.remove(前段階) を用いて一度画面をリフレッシュする．

───────── プログラム **7-25**（波頭面図を描くための描画部分）─────────
```
##################################
### 4.2 draw sound particles #####
##################################
#
fig1 = matplotlib.pyplot.figure(1, figsize=(7,7))
ax1 = Axes3D(fig1)
def drawScat():
    x = rayPosition[0:numberOfRays-1,0]
    y = rayPosition[0:numberOfRays-1,1]
    z = rayPosition[0:numberOfRays-1,2]
    cc = reflectionTimes[0:numberOfRays-1]

    scat = ax1.scatter(x, y, z, c=cc, vmin=0, vmax=limitNumOfReflectTimes)
    oldScat = scat
    ax1.set_xlim3d( [min(point[:,0]), max(point[:,0])] )
    ax1.set_ylim3d( [min(point[:,1]), max(point[:,1])] )
    ax1.set_zlim3d( [min(point[:,2]), max(point[:,2])] )
    ax1.set_xlabel('x')
    ax1.set_ylabel('y')
    ax1.set_zlabel('z')
```

```
        matplotlib.pyplot.draw()
        fig1.show()
        ax1.collections.remove(oldScat)
```

7.6.2 sampleRay2.py メインルーチンプログラム

プログラム 7-26 に sampleRay2.py のメインルーチンを示す。

―――― プログラム **7-26** (sampleRay2.py メインルーチン) ――――

```
#-----------------------------------------------------------------------
#                         4. main routine
#-----------------------------------------------------------------------
print "#1 Read Room Data"
readRoomData("room.csv")

print "#2 Read Absorption Coefficient Data"
readAbsorptionCoefficientData("absorption.csv")

print "#3 Read Calculation Condition"
readCalculationConditionData("control4sample2.csv")

print "#4 Calculate Plane Equation"
calcPlaneEquation()

print "#5 Create Sound Souce"
createOmniSoundSource()

print "#6 Shoot off Sound Rays!!!!!!"

##############################
### define local varies ####
##############################
## propageted distance
distance = zeros((numberOfRays,1), "float64")

## number of reflection times
reflectionTimes = zeros((numberOfRays, 1), "int")

## maximum distance for calculation
limitDistance = totalTimeOfCalc * soundSpeed

# energy of all sound particle in each 1/1 Octave band (125 to 4k Hz)
energy = ones((numberOfRays,6), "float64") / numberOfRays

## closs point coordinates
crossPoint = zeros((numberOfRays,3), "float64")

## temporary cross point coordinates
tmpCrossPoint = zeros((numberOfRays,3), "float64")

## minimum length to cross point
global minDistance
```

```
## index of reflection wall
crossWallIndex = zeros((numberOfRays,1), "int")

## life of sound particle
aliveOrDead = ones((numberOfRays,1), "bool")

#########################################
### 4.1 calculate reflection vector #####
#########################################
# @param rayIdx: Index of sound ray
#
def searchCrossWall(rayIdx):
    global minDistance
    minDistance = 0.0
    for wallIdx in range(numberOfWalls):
        if(isTowardWall( rayVector[rayIdx], planeEquation[wallIdx][0:3]) == True):
            tmpCrossPoint = calcCrossPoint(rayVector[rayIdx],
                                           rayPosition[rayIdx],
                                           planeEquation[wallIdx])
            if( norm(tmpCrossPoint) < 10.0**3.0 ):     # avoid math domain error
                if( isInsideWall( tmpCrossPoint, wallIdx ) == True ):
                    tmpDistance = \
                        calcPointToPointDistance(tmpCrossPoint, rayPosition[rayIdx])
                    if(minDistance == 0.0 or minDistance > tmpDistance):
                        minDistance = tmpDistance
                        crossWallIndex[rayIdx] = wallIdx
                        crossPoint[rayIdx] = tmpCrossPoint


###################################
### 4.2 draw sound particles #####
###################################
#
fig1 = matplotlib.pyplot.figure(1, figsize=(7,7))
ax1 = Axes3D(fig1)
def drawScat():
    x = rayPosition[0:numberOfRays-1,0]
    y = rayPosition[0:numberOfRays-1,1]
    z = rayPosition[0:numberOfRays-1,2]
    cc = reflectionTimes[0:numberOfRays-1]

    scat = ax1.scatter(x, y, z, c=cc, vmin=0, vmax=limitNumOfReflectTimes)
    oldScat = scat
    ax1.set_xlim3d( [min(point[:,0]), max(point[:,0])] )
    ax1.set_ylim3d( [min(point[:,1]), max(point[:,1])] )
    ax1.set_zlim3d( [min(point[:,2]), max(point[:,2])] )
    ax1.set_xlabel('x')
    ax1.set_ylabel('y')
    ax1.set_zlabel('z')
    matplotlib.pyplot.draw()
    fig1.show()
    ax1.collections.remove(oldScat)

####################################################
```

```
###     main loop
##################################################
drawScat()
for k in range(int(totalTimeOfCalc/timeInterval)+1):
    if(sum(aliveOrDead) == 0):
        break
    for m in range(numberOfRays):
        #------------------------------
        # search cross wall
        #------------------------------
        leftDistance = timeInterval * soundSpeed
        while(leftDistance != 0.0):
            searchCrossWall(m)
            #------------------------------
            # Do this ray hit the wall?
            #------------------------------
            if(minDistance <= leftDistance and aliveOrDead[m] == True):
                #----------------------------------------------
                # move to wall surface and refine sound ray properties
                #----------------------------------------------
                rayVector[m] = calcReflectionVector(rayVector[m],
                                    planeEquation[int(crossWallIndex[m])][0:3])
                rayPosition[m] = crossPoint[m]
                reflectionTimes[m] += 1
                if(reflectionTimes[m] == limitNumOfReflectTimes+1):
                    aliveOrDead[m] = False
                    rayPosition[m] = [1000, 1000, 1000]   ## go far away!!
                leftDistance -= minDistance
                minDistance = 0.0
            else:
                rayPosition[m] += rayVector[m] * leftDistance
                leftDistance = 0.0
                minDistance = 0.0
    drawScat()
```

7.6.3 sampleRay2.py 実行例

音線数 1000，反射回数 10 回として表示する。音粒子の色が反射するたびに青から赤に変化していく。反射回数が 10 回を超えると音粒子は消える。

―――――――― プログラム **7-27** (control4sample2.csv の内容) ――――――――

```
[sound speed (m/s)], 340
[sound source position (x y z)], 0, 0, 0
[number of sound rays], 1000
[recieve position (x y z)], 8, 7, 9
[radius of recive point (m)], 0.5
[limit of reflection times], 10
[calculation Total time (sec)], 1
[echo time interval (sec)], 0.005
[calculation time interval (sec)], 0.005
```

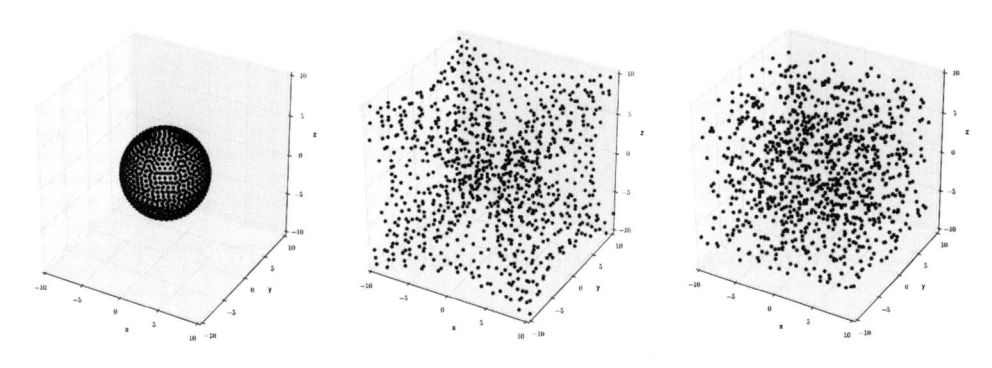

図 **7.22** sampleRay2.py 実行結果

実行結果を図 **7.22** に示す。

引用・参考文献

1) 日本建築学会. 室内音場予測手法 －理論と応用－. 丸善, 2001.
2) 石田康二. 幾何音響学に基づく各種シミュレーション手法について. 音響技術, Vol. No.129, 34, pp. 14–23, 1 (2005).
3) Michael Vorländer. *Auralization: Fundamentals of Acoustics, Modelling, Simulation, Algorithms and Acoustic Virtual Reality*. 2008.
4) 鶴秀生. 騒音シミュレーションソフト GEONOISE. 音響技術, Vol. No.129, 34, pp. 53–57, (2005).
5) G. Naylor. Odeon- another hybrid room acoustic model. *Applied Acoustics*, Vol. 38, pp. 131–143, (1993).
6) 羽入敏樹. 幾何音響プログラミング. 音響技術, Vol. No.129, 34, pp. 28–34, 1 (2005).
7) 前川純一, 森本政之, 阪上公博. 建築・環境音響学.

付　　　　録

A.1　Windows への OpenAcoustics パッケージのインストール

Windows では，標準では Python が付属していないため，Python パッケージそのもののインストールが必要になる。さらに，OpenAcoustics が使用する NumPy, SciPy, matplotlib パッケージをそれぞれの公式サイトからダウンロードしてインストールする必要がある。以下では，それらのパッケージのインストール方法も含めて，OpenAcoustics パッケージのインストール方法を解説する。なお，動作確認は Windows 7 および Windows XP で行っている。以下の解説では Windows 7 での操作を基本とし，Windows XP 特有の操作は括弧書きなどで注記している。

A.1.1　Python のインストール

Python は，Python の公式サイト

　　　http://www.python.org/download/

からダウンロード可能である。Python にはバージョン 3 系列とバージョン 2 系列が存在しているが，本書掲載のコードはバージョン 2 系列に対応している。本書執筆時点（2011 年 12 月）において，バージョン 2 系列の最新版はバージョン 2.7.2 である。

以下スクリーンショットは，Python 公式サイトにおける当該バージョンのダウンロードリンクのスクリーンショットである。Python は 32 ビットアーキテクチャ版と 64 ビットアーキテクチャ (X86-64) 版が用意されているが，NumPy および SciPy パッケージが 32 ビット版しか用意されていないため，Windows のアーキテクチャによらず 32 ビット版（下記スクリーンショットで枠囲みしたもの）を使用する。

ダウンロードしたパッケージをダブルクリックするとインストーラが起動するので，画面の指示に従ってインストールを行う．通常，デフォルト設定のままインストールを進めればよい．

A.1.2 NumPy，SciPy，および matplotlib のインストール

NumPy，SciPy，matplotlib についても，この順でそれぞれのサイトからダウンロードおよびインストールする．本書執筆時点での各パッケージ最新バージョンはそれぞれ 1.6.1，0.10.0，1.1.0 であり，これらのバージョンのダウンロードページへのリンクは以下のとおりである．

- NumPy: `http://sourceforge.net/projects/numpy/files/NumPy/1.6.1/`

- SciPy: `http://sourceforge.net/projects/scipy/files/scipy/0.10.0/`

- matplotlib:
  `http://sourceforge.net/projects/matplotlib/files/matplotlib/matplotlib-1.1.0/`

上記リンクにおいて，Windows 32 ビット版であることを表す "`win32`" および Python 2.7 対応であることを表す "`python2.7`"（matplotlib においては "`py2.7`"）をファイル名に含むリンク（例えば NumPy の場合，`numpy-1.6.1-win32-superpack-python2.7.exe`）をクリックしダウンロードする．ダウンロードが完了したら，ダウンロードされたファイルをダブルクリックして起動し，画面の指示に従ってインストールする．

インストールしたら，Windows コントロールパネルの「システム」を開き，「システムの詳細設定」リンク (Windows XP では「詳細設定」タブ) の「環境変数」をクリックし，ユーザ環境変数に "`PATH`" が存在するか確認する．存在する場合は，"`PATH`" をクリックして選択し，「編集」ボタンをクリック，変数値の冒頭に Python の実行ファイルである `python.exe` の存在するフォルダ（デフォルトインストールの場合，"`C:\Python27`"），およびそれに続けて既存の設定値との区切り文字であるセミコロン（"`;`"）を追加する．

存在しない場合は，「新規」ボタンをクリックして変数名に "`PATH`"，変数値に Python の実行ファイルである `python.exe` の存在するフォルダ（デフォルトインストールの場合，"`C:\Python27`"）を入力する．

A.1.3 OpenAcoustics パッケージのインストール

OpenAcoustics パッケージには，安定板と開発版が存在する．安定版は，最新ではないが安定した動作が確認されたバージョンとして配布される．一方，開発版は最新の機能が実装されているが，テストは十分ではない．前者は OpenAcoustics のウェブサイトからダウンロード可能である．それに対して後者は，Subversion と呼ばれるプログラムファイル管理ソフトウェアを用いてダウンロードする必要がある．Windows での Subversion のインストールおよび使用はやや高度なトピックとなるため，ここでは安定板のダウンロードおよびインストール方法を説明する．

OpenAcoustics 安定版は

`http://www.openacoustics.org/`

の "Software" セクションから

`openacousticsXXXXXXXX`

(XXXXXXXX はリリース日付であり，本書執筆時点では 20110226 である．以下同様とする）をクリックし，ここではデスクトップフォルダにダウンロードすることとする．ダウンロードした Zip 形式ファイルをマウスの右ボタンでクリックし，メニューから「すべて展開...」を選択する．続いて現れ

る「圧縮 (ZIP 形式) フォルダーの展開」(Windows XP では「圧縮フォルダの展開ウイザード」)画面では，デフォルトのファイル展開先フォルダへ展開する．

Windows アプリケーションメニューの「アクセサリ」→「コマンド　プロンプト」を起動し，以下のようにデスクトップフォルダに cd コマンドで移動する．以下の入力行末では，Enter を入力する．

───── 実行例 A.1 ─────
```
cd Desktop¥openacousticsXXXXXXXX¥openacousticsXXXXXXXX
```

ここで，"openacousticsXXXXXXXX" を 2 回入力することに注意されたい．ただし，Windows XP では

───── 実行例 A.2 ─────
```
cd デスクトップ¥openacousticsXXXXXXXX¥openacousticsXXXXXXXX
```

と入力する．ここで，「デスクトップ」の日本語入力には，Alt キーと「半角／全角」キーを同時に押す．

ついで，インストールスクリプト setup.py を実行するために，以下のコマンドを入力する．

───── 実行例 A.3 ─────
```
python setup.py install
```

これで，サンプルコードを実行する環境が整ったこととなる．サンプルコードは，OpenAcoustics のウェブサイトからダウンロード可能である．

A.2　Mac OS X への OpenAcoustics パッケージのインストール

Mac OS X には Python が標準インストールされている．しかし，NumPy, SciPy, matplotlib はインストールされていない．ここでは，動作確認が取れている Python を含めた 4 つのパッケージをインストールする方法について紹介する．

A.2.1　OS のバージョンと Python のバージョン関係

以下に Mac OS X の各バージョンにインストールされている Python のバージョンを記す．

- OS 10.5 (Leopard) Python 2.5
- OS 10.6 (Snow Leopard) Python 2.6
- OS 10.7 (Lion) Python 2.7

まずは OS のバージョンを確認し，それに対応した Python のバージョンを確認する．

A.2.2　Python, NumPy, SciPy, および matplotlib のインストール

Windows 用 Python インストール A.1.1 項と同様のサイトから Mac OS X 用の Python をダウンロードする．A.2.1 項で選定した Python のバージョンのほか，もっている Mac の CPU は何か (Intel または PowerPC) をよく調べ，自分のマシンに合ったパッケージ (*.dmg) をダウンロード，インストールする．

NumPy, SciPy, matplotlib についても Windows と同じく A.1.2 項に記述されているサイトからダウンロード，インストールする．なお，パッケージ名は，`numpy-1.6.1-py2.7-python.org-macosx10.3.dmg` など OS のバージョンがファイル名に含まれているが，自分の OS のバージョンのほうが新しければ問題ない．

A.2.3 Gmsh のインストールと設定

Gmsh は

　　　http://geuz.org/gmsh/

からダウンロードする．以下に示すように，当該ページの Downloads セクションから，Current stable release にある Mac OS X 用のパッケージ（*.dmg）をダウンロード，インストールする．

つぎに Python から Gmsh を呼び出せるように設定する．設定ファイルは `.bash_profile` である．[アプリケーション] フォルダにある [ユーティリティ] フォルダのなかに [ターミナル] がある．ターミナルを開き

───── 実行例 A.4 ─────
```
cd ~
open .bash_profile -a 'TextEdit'
```

と打ち込むと，ファイルが開くのでファイルの最後に

───── プログラム A-1 ─────
```
PATH="/Applications/Gmsh.app/Contents/MacOS:${PATH}"
```

と書いて保存する．その後，いったんログアウトし，再度ターミナルを立ち上げ

───── 実行例 A.5 ─────
```
gmsh
```

して Gmsh が起動すれば問題ない．

A.2.4 OpenAcoustics パッケージのインストール

Mac OS X にも Windows と同じように OpenAcoustics のパッケージをインストールすることができる．A.1.3 項に記述があるサイトから Zip ファイルをダウンロードする．解凍した後にターミナルを立ち上げ

───── 実行例 A.6 ─────
```
cd （解凍フォルダ）
python setup.py install
```

を実行すれば，利用可能となる．なお解凍したフォルダへの移動方法は `cd` と打ち込んだ後に，ターミナルにそのフォルダをドラッグアンドドロップすれば，自動的に入力してくれる．

以上の操作によって，サンプルコードの実行が可能となる．サンプルコードもまた，A.1.3 項の OpenAcoustics ウェブサイトからダウンロード可能である．

A.3 Linux への OpenAcoustics パッケージのインストール

Linux 環境の例として，Ubuntu ディストリビューション上で実行環境を構築する手順を示す．

A.3.1 Ubuntu

Ubuntu は，Debian GNU/Linux から派生した多言語対応のディストリビューションで，世界中で幅広く使われている Linux ディストリビューションのひとつである．ここでは，長期サポート版デスクトップ環境である Ubuntu 10.04 LTS Desktop[†]における環境構築例を紹介する．

Ubuntu 10.04 LTS Desktop には，初期状態で python-2.6.5 がインストールされている．また，OpenAcoustics の各種コードの実行に必要な，NumPy，SciPy，matplotlib，および Gmsh などは追加パッケージとして Ubuntu のレポジトリ上に用意されているので，パッケージマネージャから簡単にインストールできる．

Ubuntu 10.04 LTS Desktop 自体のインストールについては，Ubuntu[1] または Ubuntu Japanese Team[2] の Web ページを参照されたい．

A.3.2 NumPy，SciPy，および matplotlib のインストール

NumPy，SciPy，および matplotlib について，以下のパッケージとそれらが依存するパッケージをインストールする．依存関係はパッケージマネージャが解決するのでその指示に従えばよい．

- python-numpy
- python-scipy
- python-matplotlib
- python-matplotlib-doc（matplotlib 関係のドキュメント類．必須ではない．）
- ipython

パッケージのインストールは，ターミナルからコマンドラインで下記の apt-get コマンドを実行する．管理者権限が必要なので，sudo を冒頭に付ける必要がある．

――――― 実行例 A.7 ―――――
```
$ sudo apt-get install python-numpy python-scipy \
    python-matplotlib python-matplotlib-doc ipython
```

依存パッケージを含めてインストールプロセスの概要が示されので，y で続行するとパッケージのダウンロードとインストールが開始される．

A.3.3 Gmsh のインストール

一部のサンプルコードは，音場の離散化にフリーのメッシュソフト Gmsh を利用する．上記と同様に，apt-get コマンドで Gmsh パッケージと依存パッケージをインストールする．

[†] Ubuntu は半年ごとに新しいバージョンがリリースされているが，10.04 以降のバージョンでも本項に示したコマンドラインベースの手順により実行環境が構築できる．なお，10.04 LTS Desktop は 2013 年 4 月までサポートされるが，本書執筆時点（2012 年 5 月）では，つぎの長期サポート版である 12.04 LTS Desktop がリリースされている．

A.3 Linux への OpenAcoustics パッケージのインストール

───────────── 実行例 A.8 ─────────────
```
$ sudo apt-get install gmsh
```

A.3.4 OpenAcoustics パッケージのインストール

安定版または開発版をダウンロードし，OpenAcoustics の Python パッケージをインストールする．

（**a**）**安 定 版**　安定版は，最新ではないが安定した動作が確認されたバージョンとして配布される．OpenAcoustics のウェブサイト（http://www.openacoustics.org/）の "Software" セクションから安定版アーカイブをダウンロードし，適当なディレクトリ内で展開する．

───────────── 実行例 A.9 ─────────────
```
$ cd (アーカイブファイルをダウンロードしたディレクトリ)
$ unzip openacousticsXXXXXXXX.zip (XXXXXXXX はリリースの日付)
```

展開されたディレクトリに移動してインストールスクリプト setup.py を実行する．なお，インストールには管理者権限が必要なので，sudo を冒頭に付ける．

───────────── 実行例 A.10 ─────────────
```
$ cd openacousticsXXXXXXXX
$ sudo python setup.py install
```

以上の操作が完了したら，サンプルコードの実行が可能となる．サンプルコードもまた，OpenAcoustics のウェブサイトからダウンロード可能である．

（**b**）**開 発 版**　開発版は，openacoustics.org の Subversion レポジトリから取得できる．新しい機能が追加されている場合があるが，動作は保証されていない．

Ubuntu 10.04 LTS Desktop では，初期状態で Subversion はインストールされていないので，以下のコマンドによりパッケージを追加する．

───────────── 実行例 A.11 ─────────────
```
$ sudo apt-get install subversion
```

レポジトリをダウンロードするディレクトリに移動後，開発版を取得する．

───────────── 実行例 A.12 ─────────────
```
$ svn co http://www.openacoustics.org/svn-repo/openacoustics
```

開発版 OpenAcoustics の Python パッケージは openacoustics/trunk/以下にダウンロードされるので，そのディレクトリに移動してインストールスクリプトを実行する．

───────────── 実行例 A.13 ─────────────
```
$ cd openacoustics/trunk
$ sudo python setup.py install
```

開発版は非定期的にアップデートされるが，以下のコマンドにより最新版へ更新される．なお，openacoustics/trunk/ディレクトリで実行すれば開発版のみ更新され，openacoustics/ディレクトリで実行すれば sandbox（開発版へ提供される前のテストコードなどが置かれる）などを含むレ

ポジトリ全体が更新される。

─── 実行例 A.14 ───
```
$ svn update
```

（c） **Python パッケージの更新について**　　安定版の新しいバージョンを取得したり，開発版を更新した場合，インストールスクリプトを再度実行して，Python パッケージを更新する必要がある。

─── 実行例 A.15 ───
```
$ cd (安定版は openacousticsXXXXXXXX，開発版は openacoustics/trunk/)
$ sudo python setup.py install
```

引用・参考文献

1）http://www.ubuntu.com/. 2012 年 5 月 4 日閲覧.
2）http://www.ubuntulinux.jp/. 2012 年 5 月 4 日閲覧.

索　　引

【あ】
圧　力　　　10
後処理　　　3, 7
アニメーション　　　117
安定条件　　　6

【い】
位相誤差　　　6
移流方程式　　　126, 140
インタプリタ　　　7, 14
インデント　　　15
インピーダンス境界　　　33, 101

【う】
運動方程式　　　3, 7, 9, 102, 125

【え】
エコー障害　　　4
エコータイムパターン　　　178, 191
エルミート補間　　　127

【お】
音粒子　　　166
重み関数　　　33
重み付き残差法　　　32, 57
音　圧　　　3, 7, 125
音響アドミタンス　　　61, 73, 74, 87
音響インピーダンス　　　61, 73, 168, 173
音響数値シミュレーション手法　　　1, 6
音　線　　　166, 191
音線法　　　4, 6, 166, 169
音　速　　　10, 126
音　場　　　2

【か】
外部吸収境界　　　125
開領域問題　　　3
外　力　　　10
ガウシアンパルス　　　105
仮想音源　　　170

【き】
可聴化　　　3
Galerkin法　　　32
関数型　　　18
完全反射性境界　　　61, 86

【き】
幾何音響学（的手法）　　　1, 4, 6, 166
気体媒質　　　7
逆問題　　　166
吸音性境界　　　61, 86
吸音率　　　168
境界条件　　　2, 61, 73, 87
境界積分方程式　　　55, 59
境界要素　　　60, 73
境界要素のサイズ　　　61, 87
境界要素法　　　1, 3, 6, 30, 54
鏡像法　　　169
鏡面反射　　　168
虚音源　　　4, 170
局所座標　　　64, 67
局所作用　　　61
虚像法　　　4, 169

【く】
空間微分値　　　124, 128
繰返し　　　21

【け】
計算時間　　　146
形状関数　　　64

【こ】
後進差分　　　102
剛性行列　　　3
高速多重極境界要素法　　　3, 6, 56
高速ベクトル積和演算機構　　　6
コーディング　　　6
コマンド　　　14
コマンドプロンプト　　　14
コメント　　　15
固有音響インピーダンス　　　61
コンテナ型　　　19
コンパイラ言語　　　7

コンパイル　　　7

【さ】
サーフェスプロット　　　117
最適化　　　3
差　分　　　102
残響減衰過程　　　4
散乱係数　　　169

【し】
シェル　　　14
時間領域解法　　　1, 3, 122, 136
時間領域有限差分法　　　1, 3, 6, 100
時間領域有限要素法　　　5
試験関数　　　34
辞書型　　　19
実音源　　　4
室情報ファイル　　　173
質量行列　　　3
質量保存式　　　7
集合型　　　19
自由度　　　3
周波数領域解法　　　1
条件分岐　　　20
初期音圧　　　139
初期反射音構造　　　4
振動境界　　　61

【す】
数値散逸　　　125
数値振動　　　101
数値積分　　　30, 65, 69, 72
数値分散　　　6, 123
スクリプト　　　14
スタガード格子　　　3, 101

【せ】
制御文　　　20
整数型　　　18
積分方程式　　　3
積和演算　　　6
節　点　　　3, 33
セル　　　2

線形補間	128, 134	倍精度実数型	23	【む】	
前進差分	102	配　列	19, 22	無限要素	3
【そ】		波　数	5	【め】	
疎行圧縮行列	29	パッケージ	17	メッシュ	2
疎行列	3, 29, 42	波動音響学 (的手法)	1, 6	メモ帳	16
疎行列オブジェクト	29	波動方程式	2, 7, 10, 32	【も】	
【た】		パルス性信号	123	モード解析	5
ターミナル	14, 211, 212	反射境界	157	文字コード	16, 21
体積弾性率	8, 102, 125	反射率	168	モジュール	17
代表寸法	5	反復解法	5, 63	文字列型	18
多次元配列	25	【ひ】		【ゆ】	
多倍長整数型	18	微　分	102	有限要素法	1, 3, 5, 6, 32
タプル型	19, 22, 108	【ふ】		【よ】	
【ち】		ファイル出力	145	要　素	2, 3, 33
中心差分	102	ブール型	18	【り】	
直接解法	5, 63	複素数型	18	離散化式	6
直線と平面の交点	186	浮動小数点型	18	離散化手法	2
直交格子	123	部分配列	25	リスト型	19, 22, 23
【て】		プリプロセッシング	3	粒子速度	3, 7, 8, 125
テキストエディタ	14	【へ】		【る】	
デルタ関数	58	平面の方程式	185	ルンゲ–クッタ法	103
点と直線の距離	186	並列計算	5	【れ】	
伝搬経路	166	ベクトル化	75	レイトレーシング	166
【と】		【ほ】		連結リスト	29
特異積分	66, 69, 78	法線方向微分	57, 64, 68	連成問題	3
特性インピーダンス	61, 126	ポストプロセッシング	3	連想配列	19
特性曲線法	122, 125	【ま】		連続の式	3, 7, 102, 125
特性法	122	前処理	3	連立方程式のソルバ	63, 80
【に】		マトリクス方程式	38		
任意次元配列	27	【み】			
【は】		密行列	3		
媒　質	7	密　度	7, 125		

【A】		【B】		cd コマンド	210, 211
				CIP 法	6, 122
arange() 関数	23, 24	bar() 関数	183	clock() 関数	17, 146
array クラス	22	BEM	1	colorbar() 関数	92
array() 関数	22	bool	18	complex	18
ASCII コード	16	【C】		compressed sparse row	29
Axes3D クラス	118, 182	C 型 CIP 法	128, 132	constrained interpolation profile	6
		C 言語	7, 14	contourf() 関数	92

索　引

co-llocated grid	122	
CP932	16	
`cross()` 関数	186	
CSR 形式	29	
`csr_matrix` クラス	29	

【D】

`def` 文	16
direct factorization solver	30
`dot()` 関数	22, 81
`dsolve` サブパッケージ	30

【E】

`elif` 文	20
`else` 文	20

【F】

FDTD 法	1, 6, 124
FDTD(2,4) 法	124
FEM	1
Fermat の法則	166
`float`	18
`float64` クラス	23
`for` 文	20, 21
Fortran 言語	7, 14
`function`	18

【G】

Gauss 積分法	30
Gauss-Legendre 法	65
`getLines()` メソッド	87
`getNodes()` メソッド	87
Gmsh	45, 85, 211, 212
`gmsh` モジュール	87
`GMsh2D` クラス	46, 87
`GMsh3D` クラス	46
Green 関数	57, 74
Green の定理	34, 57

【H】

Hammer の公式	69
Hankel 関数	57, 66, 74
Helmholtz 方程式	56
Hermite 補間	127, 130, 131

【I】

`if` 文	20
`import` 文	17
`int`	18
`integrate` サブパッケージ	30

【L】

Lagrange 補間	134
`legend()` 関数	184
LIL 形式	29
`lil_matrix` クラス	29
`linalg` サブパッケージ	22, 28, 30, 72, 80
`linalg.norm()` 関数	27, 28
`linalg.solve()` 関数	27, 28
linear algebra	30
linked list	29
`linspace` サブパッケージ	22
`linspace()` 関数	23, 183
Linux	14, 212
`loadGeo()` メソッド	87
`long`	18

【M】

M 型 CIP 法	128, 134
Mac OS	14, 210
MATLAB	13, 47
matplotlib	7, 152, 208, 209
`matplotlib` パッケージ	47, 91, 111, 182
`mgrid()` 関数	27, 91
MM-MOC 法	122
multi-moments	124

【N】

Netlib	63, 66
`norm()` 関数	186
NumPy	7, 13, 22, 208, 209
`numpy` パッケージ	22
NumPy 表記	119

【O】

OpenAcoustics	208, 209, 211

【P】

`pass` 文	20
PATH	209
python.exe	209
`pi` 定数	27, 73
`plot_surface()` 関数	118
`plot()` 関数	92
points per wavelength	123
`PolyCollection` クラス	47
PPW	123
`print` 文	21
`pylab.cm` モジュール	92

Python	7, 13, 208, 209
python.exe	209

【Q】

`quadrature()` 関数	30, 72, 78

【R】

`return` 文	16

【S】

`savefig()` 関数	98
`scatter()` 関数	203
SciPy	7, 13, 28, 208, 209
`scipy` パッケージ	28, 42
`scipy.sparse` サブパッケージ	29
`scipy.sparse.linalg.dsolve` サブパッケージ	30
`setup.py`	210, 213
`shape` 属性	24, 80
`show()` 関数	93
`sin()` 関数	22
`size` 属性	24
`sleep()` 関数	17
sparse matrix solver	30
`special` サブパッケージ	28, 30, 72
`spsolve()` 関数	30
Staggered grid	101
staggered grid	123
`str`	18
`subplot()` 関数	183
Subversion	209

【T】

TD-FEM	5
`time` パッケージ	17
`title()` 関数	92
`tocsr()` 関数	29

【U】

Ubuntu	212
`unicode`	18
Unicode 体系	21
Unicode 文字列	21
Unicode 文字列型	18
UTF-8	16, 21

【V】

VTK	52

【W】

while 文	20
Windows	14, 208–210

【X】

xlabel() 関数	92, 184
xlim() 関数	184

【Y】

Yee	100
ylabel() 関数	92

【Z】

zeros() 関数	22, 23, 108

【記号，数字】

,	25
:	25
;	209
[ ]	29
1 次元配列	23, 27
1 次元リスト	22
2 次元配列	23, 27, 29

大嶋　拓也（おおしま　たくや）

1995年	東京大学工学部建築学科卒業
1998年	東京大学大学院工学系研究科修士課程修了（建築学専攻）
2000年	東京大学大学院工学系研究科博士課程中退（建築学専攻）
2000年	新潟大学助教
2005年	博士（環境学）東京大学
2013年	新潟大学准教授
	現在に至る

石塚　崇（いしづか　たかし）

1999年	九州芸術工科大学芸術工学部音響設計学科卒業
2001年	九州芸術工科大学大学院芸術工学研究科博士前期課程修了（情報伝達専攻）
2004年	九州芸術工科大学大学院芸術工学研究科博士後期課程修了（芸術工学専攻），博士（芸術工学）
2005年	清水建設株式会社技術研究所勤務
	現在に至る

大久保　寛（おおくぼ　かん）

1999年	東北大学工学部電気工学科卒業
2001年	東北大学大学院工学研究科博士前期課程修了（電気・通信工学専攻）
2001年	秋田県立大学助手・助教
2004年	東北大学大学院工学研究科博士後期課程修了（電子工学専攻），博士（工学）
2007年	首都大学東京助教
2009年	首都大学東京准教授
2020年	東京都立大学准教授（組織名称変更）
	現在に至る

鈴木　久晴（すずき　ひさはる）

2002年	九州芸術工科大学芸術工学部音響設計学科卒業
2004年	九州芸術工科大学大学院 芸術工学研究科 博士前期課程修了（芸術工学専攻）
2007年	九州大学大学院 芸術工学府 博士後期課程修了（芸術工学専攻），博士（芸術工学）
2007年	九州大学COE学術研究員
2008年	日本エヴィクサー株式会社研究開発部部長
	現在に至る

星　和磨（ほし　かずま）

1999年	日本大学理工学部建築学科卒業
2001年	日本大学大学院理工学研究科博士前期課程修了（建築学専攻）
2001年	株式会社アセント勤務
2002年	日本大学副手
2008年	日本大学大学院理工学研究科博士後期課程修了（建築学専攻），博士（工学）
2008年	日本大学助手
2014年	日本大学助教
2016年	日本大学准教授
2020年	日本大学教授
	現在に至る

はじめての音響数値シミュレーション　プログラミングガイド
Beginners' programming guide to numerical acoustic simulation

　　　　　　　　　　　　　　　　　　Ⓒ 一般社団法人 日本建築学会　2012

2012 年 11 月 30 日　初版第 1 刷発行
2022 年 7 月 10 日　初版第 3 刷発行

　　　　　　　　　　編　　者　一般社団法人 日本建築学会
　　　　　検印省略　発 行 者　株式会社　コ ロ ナ 社
　　　　　　　　　　代 表 者　牛来真也
　　　　　　　　　　印 刷 所　三美印刷株式会社
　　　　　　　　　　製 本 所　有限会社　愛千製本所

112–0011　東京都文京区千石 4–46–10
発 行 所　株式会社　コ ロ ナ 社
CORONA PUBLISHING CO., LTD.
Tokyo Japan
振替 00140-8-14844・電話(03)3941-3131(代)
ホームページ　https://www.coronasha.co.jp

ISBN 978–4–339–00838–8　　C3055　　Printed in Japan　　　　　　（新宅）

　　　〈出版者著作権管理機構　委託出版物〉
本書の無断複製は著作権法上での例外を除き禁じられています。複製される場合は，そのつど事前に，出版者著作権管理機構（電話 03-5244-5088，FAX 03-5244-5089，e-mail: info@jcopy.or.jp）の許諾を得てください。

本書のコピー，スキャン，デジタル化等の無断複製・転載は著作権法上での例外を除き禁じられています。購入者以外の第三者による本書の電子データ化及び電子書籍化は，いかなる場合も認めていません。
落丁・乱丁はお取替えいたします。

音響サイエンスシリーズ

（各巻A5判，欠番は品切です）

■日本音響学会編

			頁	本体
1.	音色の感性学 ―音色・音質の評価と創造― ―CD-ROM付―	岩宮　眞一郎編著	240	3400円
2.	空間音響学	飯田一博・森本政之編著	176	2400円
3.	聴覚モデル	森　周司・香田　徹編	248	3400円
4.	音楽はなぜ心に響くのか ―音楽音響学と音楽を解き明かす諸科学―	山田真司・西口磯春編著	232	3200円
6.	コンサートホールの科学 ―形と音のハーモニー―	上野　佳奈子編著	214	2900円
7.	音響バブルとソノケミストリー	崔　博坤・榎本尚也 原田久志・興津健二 編著	242	3400円
8.	聴覚の文法 ―CD-ROM付―	中島祥好・佐々木隆之 上田和夫・G.B.レメイン 共著	176	2500円
9.	ピアノの音響学	西口　磯春編著	234	3200円
10.	音場再現	安藤　彰男著	224	3100円
11.	視聴覚融合の科学	岩宮　眞一郎編著	224	3100円
13.	音と時間	難波　精一郎編著	264	3600円
14.	FDTD法で視る音の世界 ―DVD付―	豊田　政弘編著	258	3600円
15.	音のピッチ知覚	大串　健吾著	222	3000円
16.	低周波音 ―低い音の知られざる世界―	土肥　哲也編著	208	2800円
17.	聞くと話すの脳科学	廣谷　定男編著	256	3500円
18.	音声言語の自動翻訳 ―コンピュータによる自動翻訳を目指して―	中村　　哲編著	192	2600円
19.	実験音声科学 ―音声事象の成立過程を探る―	本多　清志著	200	2700円
20.	水中生物音響学 ―声で探る行動と生態―	赤松　友成 木村　里子 共著 市川　光太郎	192	2600円
21.	こどもの音声	麦谷　綾子編著	254	3500円
22.	音声コミュニケーションと障がい者	市川　熹・長嶋祐二編著 岡本　明・加藤直人 酒向慎司・滝口哲也 共著 原　大介・幕内　充	242	3400円
23.	生体組織の超音波計測	松川　真美 山口　匡 編著 長谷川　英之	244	3500円

以下続刊

笛はなぜ鳴るのか　足立　整治著
―CD-ROM付―

骨伝導の基礎と応用　中川　誠司編著

定価は本体価格+税です。
定価は変更されることがありますのでご了承下さい。

図書目録進呈◆

音響テクノロジーシリーズ

（各巻A5判，欠番は品切です）

■日本音響学会編

			頁	本体
1.	音のコミュニケーション工学 ―マルチメディア時代の音声・音響技術―	北脇信彦編著	268	3700円
3.	音の福祉工学	伊福部達著	252	3500円
4.	音の評価のための心理学的測定法	難波精一郎・桑野園子共著	238	3500円
7.	音・音場のディジタル処理	山崎芳男・金田豊編著	222	3300円
8.	改訂 環境騒音・建築音響の測定	橘秀樹・矢野博夫共著	198	3000円
9.	新版 アクティブノイズコントロール	西村正治・宇佐川毅・伊勢史郎・梶川嘉延共著	238	3600円
10.	音源の流体音響学 ―CD-ROM付―	吉川茂・和田仁編著	280	4000円
11.	聴覚診断と聴覚補償	舩坂宗太郎著	208	3000円
12.	音環境デザイン	桑野園子編著	260	3600円
14.	音声生成の計算モデルと可視化	鏑木時彦編著	274	4000円
15.	アコースティックイメージング	秋山いわき編著	254	3800円
16.	音のアレイ信号処理 ―音源の定位・追跡と分離―	浅野太著	288	4200円
17.	オーディオトランスデューサ工学 ―マイクロホン、スピーカ、イヤホンの基本と現代技術―	大賀寿郎著	294	4400円
18.	非線形音響 ―基礎と応用―	鎌倉友男編著	286	4200円
19.	頭部伝達関数の基礎と 3次元音響システムへの応用	飯田一博著	254	3800円
20.	音響情報ハイディング技術	鵜木祐史・西村竜一・伊藤彰則・西村明・近藤和弘・薗田光太郎共著	172	2700円
21.	熱音響デバイス	琵琶哲志著	296	4400円
22.	音声分析合成	森勢将雅著	272	4000円
23.	弾性表面波・圧電振動型センサ	近藤淳・工藤すばる共著	230	3500円
24.	機械学習による音声認識	久保陽太郎著	324	4800円
25.	聴覚・発話に関する脳活動観測	今泉敏編著	近刊	

以下続刊

物理と心理から見る音楽の音響	三浦雅展編著	超音波モータ	青柳学・黒澤実・中村健太郎共著
建築におけるスピーチプライバシー ―その評価と音空間設計―	清水寧編著	聴覚の支援技術	中川誠司編著
環境音分析	井本桂右・川口洋平・小泉悠馬共著	聴取実験の基本と実践	栗栖清浩編著

定価は本体価格＋税です。
定価は変更されることがありますのでご了承下さい。

図書目録進呈◆